普通高等教育"十三五"规划教材

计算机网络

赵 文 何小平 主编

中国铁道出版社有限公司
CHINA RAILWAY PUBLISHING HOUSE CO., LTD.

内 容 简 介

　　本书以五层协议的参考模型为基础，较系统地介绍了计算机网络的基本理论、网络技术、网络应用及网络安全。全书分为理论篇和实验篇，理论篇共7章，分别为概论、物理层、数据链路层、网络层、传输层、应用层、网络安全，各章均配有习题并在书后给出了参考答案，以便于读者进行自我检验。实验篇给出了5个实验，分别为网线制作与对等网构建，网络适配器资源测试与常用网络命令，网络状况、资源共享与子网划分，TCP-IP协议分析，PGP加密技术。为方便读者独立进行实验，给出了详细的实验操作步骤和过程。

　　本书既注重对计算机网络基本理论的阐述，同时也对计算机网络的新技术进行了介绍，突出了应用型人才培养的要求。

　　本书适合作为应用型高等院校计算机类专业的计算机网络教材，也可作为相关专业学生学习计算机网络技术的参考书。

图书在版编目（CIP）数据

计算机网络/赵文，何小平主编. —北京：中国铁道
出版社有限公司，2020.7 （2024.7重印）
　普通高等教育"十三五"规划教材
　ISBN 978-7-113-26963-0

　Ⅰ.①计… Ⅱ.①赵… ②何… Ⅲ.①计算机网络-
高等学校-教材 Ⅳ.①TP393

　中国版本图书馆CIP数据核字(2020)第094730号

书　　名：计算机网络
作　　者：赵 文　何小平

策　　划：唐 旭　　　　　　　　　　　编辑部电话：(010)51873202
责任编辑：唐 旭　李学敏
封面设计：高博越
责任校对：张玉华
责任印制：樊启鹏

出版发行：中国铁道出版社有限公司（100054，北京市西城区右安门西街8号）
网　　址：https://www.tdpress.com/51eds/
印　　刷：河北燕山印务有限公司
版　　次：2020年7月第1版　2024年7月第2次印刷
开　　本：787 mm×1 092 mm　1/16　印张：19.75　字数：476 千
书　　号：ISBN 978-7-113-26963-0
定　　价：49.80 元

前言

计算机网络是计算机技术和通信技术高度发展、紧密结合的产物。它的出现给整个世界带来了翻天覆地的变化，从根本上改变了人们的工作与生活方式。计算机网络在当今社会中起着非常重要的作用，已经成为人们社会生活中的重要组成部分。随着计算机网络技术的飞速发展，计算机网络教学越来越受到高度重视，计算机网络已成为计算机及相关专业教学的一门必修课程。为此，我们在多年计算机网络课程教学的基础上，依据应用型人才培养的需求，组织编写了本书。

本书以五层协议的参考模型为基础，分为理论篇和实验篇两部分。理论篇较系统地介绍了计算机网络的基本理论、网络技术、网络应用及网络安全，实验篇根据应用需求编写了五个相关实验。本书既注重对计算机网络基本理论的阐述，同时也对计算机网络的新技术进行了介绍，突出了应用型人才培养的要求。

理论篇共分七章，各章内容如下：

第 1 章概论，本章是全书的概要，首先介绍计算机网络的概念、组成、功能、分类、拓扑结构和分组交换技术，讨论了计算机网络的性能指标并简要介绍了计算机网络的标准化及相关知识；然后论述了理论性较强，但非常重要的计算机网络体系结构；最后，介绍了网络新技术。

第 2 章物理层，物理层是计算机网络 OSI 模型中最低的一层，它确保原始数据可在各种物理媒体上传输。本章介绍了物理层的基本概念、数据通信的基础知识、物理层下面的传输媒体、信息利用技术以及物理层设备。

第 3 章数据链路层，数据链路层最基本的功能是向该层用户提供透明的和可靠的数据传送基本服务。本章介绍了数据链路层的基本概念、数据链路层的相关协议、以太网、无线局域网和数据链路层设备。

第 4 章网络层，网络层最基本的功能是实现从源到目的端的数据包传输。本章介绍了网络层的基本概念、IP 协议、IP 地址、VLSM、CIDR 等概念、各种路由协议的相关特点及原理、NAT 与 VPN 技术。

第 5 章传输层，传输层最基本的功能是实现端到端的数据传输。本章介绍了传输层的基本概念、传输层的两个主要协议 TCP 和 UDP 及其相关特点。

第 6 章应用层，应用层协议是网络和用户之间的接口，本章在介绍应用层的概念后，主要介绍了在网络上广泛使用的几个应用层协议：域名系统、文件传输协议 FTP、远程登录协议 Telnet、电子邮件协议 SMTP、POP3 及 IMAP4、超文本传输协议 HTTP、动态主机配置协议 DHCP 等。

第 7 章网络安全，本章对网络安全相关问题进行了讨论，主要介绍了网络安全概念、数据加密技术、密钥管理、防火墙系统和入侵检测技术等。

实验篇共有 5 个实验，分别为：网线制作与对等网构建，网络适配器资源测试与常用网络命令，网络状况、资源共享与子网划分，TCP-IP 协议分析，PGP 加密技术。

本书由赵文、何小平任主编，谢文兰、陈伟、廖金祥任副主编。编写分工如下：理论篇第 1 章、第 6 章和第 7 章由赵文编写，第 2 章和第 3 章由谢文兰编写，第 4 章和第 5 章由何小平编写，各章的习题及参考答案由陈伟编写，实验篇由廖金祥编写。全书由赵文总体规划并负责统稿。

本书的出版得到了广东培正学院教材立项资助和中国铁道出版社有限公司的大力支持，在此表示衷心感谢。本书在编写过程中，阅读和参考了大量相关文献资料和互联网资料，在此向相关作者深表谢意。由于编者水平有限，书中难免存在疏漏和不足之处，恳请读者和同行不吝指正，赐教邮箱：pzcczw@foxmail.com。

编　者

2020 年 1 月

目 录

理 论 篇

实 验 篇

理论篇

第1章

概　论

第1章

 本章导读

计算机网络是计算机技术和通信技术高度发展、紧密结合的产物。它的出现给整个世界带来了翻天覆地的变化，从根本上改变了人们的工作与生活方式。计算机网络在当今社会中起着非常重要的作用，已经成为人们社会生活中的重要组成部分。本章是全书的概要，在介绍计算机网络的概念、组成、功能、分类、拓扑结构和分组交换技术后，讨论了计算机网络的性能指标，简要介绍了计算机网络的标准化及相关知识，然后论述了理论性较强、但非常重要的计算机网络体系结构。最后，介绍了目前实用的网络新技术。

通过对本章内容的学习，应做到：

◎了解：计算机网络的组成、功能、分类、网络拓扑结构和标准化知识。

◎熟悉：分组交换技术、网络的性能指标和 OSI 及 TCP/IP 体系结构。

◎掌握：计算机网络的基本概念和五层协议的参考模型。

1.1　计算机网络概述

计算机网络是计算机技术和通信技术高度发展、紧密结合的产物，是信息社会的基础设施，是信息交换、资源共享和分布式应用的重要手段。一个国家的信息基础设施和网络化程度已成为衡量其现代化水平的重要标志。

1.1.1　计算机网络的概念

随着计算机网络应用的不断深入，人们对计算机网络的定义也在不断地变化和完善中。简单来说，计算机网络就是相互连接但又相互独立的计算机集合。具体来说，计算机网络就是将位于不同地理位置、具有独立功能的多个计算机系统，通过通信设备和线路互相连接起来，在网络操作系统、网络管理软件及网络通信协议的管理和协调下，实现网络资源共享和数据通信的系统。

从上述定义可以看出计算机网络涉及三个方面的问题：

① 至少两台计算机互连。

② 通信设备与线路介质。

③ 网络软件、通信协议和 NOS。

1.1.2　计算机网络的组成

从资源构成的角度来讲，计算机网络是由硬件和软件组成，硬件包括各种主机、终端等用户端设备，以及交换机、路由器等通信控制处理设备，而软件则由各种系统程序和应用程序，以及大量的数据资源组成。从逻辑功能上可以将计算机网络划分为资源子网和通信子网。

1. 计算机网络的物理组成

计算机网络的物理组成包括网络硬件和网络软件两部分。在计算机网络中，硬件是物理基础，软件是支持网络运行提高效率和开发资源的工具。

（1）计算机网络硬件组成

① 主机：可独立工作的计算机是计算机网络的核心，也是用户主要的网络资源。

② 网络设备：网卡、调制解调器、集线器、中继器、网桥、交换机、路由器、网关等。

③ 传输介质：按其特性可分为有线通信介质和无线通信介质。如双绞线、同轴电缆和光缆；短波、微波、卫星通信和移动通信等。

（2）计算机网络软件组成

① 网络系统软件：是控制和管理网络运行、提供网络通信、管理和维护共享资源的网络软件。它包括网络操作系统、网络通信和网络协议软件、网络管理软件和网络编程软件等。

② 网络应用软件：网络应用软件一般是指为某一应用目的而开发的网络软件，它为用户提供了一些实际的应用。

2. 计算机网络的逻辑组成

计算机网络的逻辑组成包括资源子网和通信子网两部分，如图 1-1-1 所示。

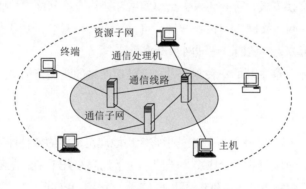

图 1-1-1　资源子网与通信子网

（1）通信子网

通信子网主要负责网络的数据通信，为网络用户提供数据传输、转接、加工和变换等数据信息处理工作。通信子网由通信控制处理机（又称网络节点）、通信线路、网络通信协议以及通信控制软件组成。

（2）资源子网

资源子网主要用于网络的数据处理功能，向网络用户提供各种网络资源和网络服务。它主要由主机、终端、I/O 设备、各种网络软件和数据资源组成。

1.1.3 计算机网络的功能

计算机网络的功能主要体现在信息交换、资源（硬件、软件、数据）共享、分布式处理和提高可用性及可靠性四个方面。

（1）信息交换（数据通信）

网络上的计算机间可进行信息交换。例如，可以利用网络收发电子邮件、发布信息，进行电子商务、远程教育及远程医疗等。

（2）资源共享

用户在网络中,可以不受地理位置的限制,在自己的位置使用网络上的部分或全部资源。例如,网络上的各用户共享网络打印机,共享网络系统软件,共享数据库中的信息。

（3）分布式处理

在网络操作系统的控制下,使网络中的计算机协同工作,完成仅靠单机无法完成的大型任务。

（4）提高可用性及可靠性

网络中的相关主机系统通过网络连接起来后，各主机系统可以彼此互为备份。如果某台主机出现故障，它的任务可由网络中的其他主机代为完成，这就避免了系统瘫痪，提高了系统的可用性及可靠性。

1.1.4 计算机网络的分类

根据不同的分类标准，可以将计算机网络划分为不同的类型。例如，按传输介质，可分为有线网络和无线网络；按传输技术，可分为广播式网络和点到点式网络；按使用范围，可分为公用网和专用网；按信息交换方式，可分为报文交换网络和分组交换网络；按服务方式，可分为客户机 / 服务器网络和对等网；按网络的拓扑结构，可分为总线、星状、环状、树状和网状网络等；按通信距离的远近，可分为广域网、城域网和局域网。

在上述分类方式中，最主要的一种划分方式就是按网络的覆盖范围即按通信距离的远近进行分类。

（1）局域网

局域网（Local Area Network，LAN）是指将较小地理范围内的各种计算机网络设备互连在一起而形成的通信网络，可以包含一个或多个子网，通常局限在几千米的范围内。局域网中的数据传输速率很高，一般可达到 100 ~ 1 000 Mbit/s，甚至可达到 10 Gbit/s。

（2）城域网

城域网（Metropolitan Area Network，MAN）是介于局域网和广域网之间的一种高速网络。它以光纤为主要传输介质，其传输速率为 100 Mbit/s 或更高，覆盖范围一般为 5 ~ 100 km。城域网是城市通信的主干网，它充当不同局域网之间的通信桥梁，并向外连入广域网。

（3）广域网

广域网（Wide Area Network，WAN）覆盖的范围为数十千米至数千千米。广域网可以覆盖一个国家、地区，或横跨几个洲，形成国际性的远程计算机网络。广域网的通信子网一般利用公用分组交换网、卫星通信网和无线分组交换网，将分布在不同地区的计算机系统互连起来，以达到资源共享和数据通信。

1.1.5 计算机网络的拓扑结构

计算机网络拓扑（Computer Network Topology）是指由计算机组成的网络之间设备的分布情况以及连接状态。把它们画出来就成了拓扑图，一般在图上要标明设备所处的位置，设备的名称类型，以及设备间的连接介质类型，它分为物理拓扑和逻辑拓扑两种。

1. 计算机网络拓扑的概念

计算机网络的拓扑结构，是指网上计算机或设备与传输媒介形成的节点与线的物理构成模式。网络的节点有两类：一类是转换和交换信息的转接节点，包括节点交换机、集线器和终端控制器等；另一类是访问节点，包括计算机主机和终端等。线则代表各种传输媒介，包括有形的和无形的。

每一种网络结构都由节点和链路组成。

① 节点：又称为网络单元，它是网络系统中的各种数据处理设备、数据通信控制设备和数据终端设备。常见的节点有服务器、工作站、集线路和交换机等设备。

② 链路：两个节点间的连线，可分为物理链路和逻辑链路两种，前者指实际存在的通信线路，后者指在逻辑上起作用的网络通路。

2. 计算机网络拓扑的分类

常用的计算机网络拓扑结构主要有：星状拓扑、环状拓扑、总线拓扑、树状拓扑、网状拓扑和混合拓扑，如图 1-1-2 所示。

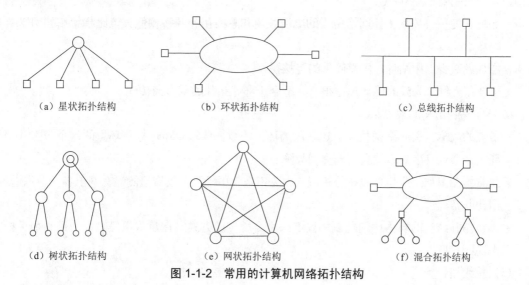

　（a）星状拓扑结构　　　（b）环状拓扑结构　　　（c）总线拓扑结构

　（d）树状拓扑结构　　　（e）网状拓扑结构　　　（f）混合拓扑结构

图 1-1-2　常用的计算机网络拓扑结构

（1）星状拓扑

星状拓扑是由中央节点和通过点到点通信链路接到中央节点的各个站点组成。中央节点执行集中式通信控制策略，因此中央节点相当复杂，而各个站点的通信处理负担都很小。星状网采用的交换方式有电路交换和报文交换，尤以电路交换更为普遍。这种结构一旦建立了通道连接，就可以无延迟地在连通的两个站点之间传送数据。流行的专用交换机（Private Branch Exchange

PBX）就是星状拓扑结构的典型实例，星状拓扑结构如图 1-1-2（a）所示。

① 星状拓扑结构的优点：

- 结构简单，连接方便，管理和维护都相对容易，而且扩展性强。
- 网络延迟时间较小，传输误差低。
- 在同一网段内支持多种传输介质，除非中央节点故障，否则网络不会轻易瘫痪。
- 每个节点直接连到中央节点，故障容易检测和隔离，可以很方便地排除有故障的节点。

因此，星状网络拓扑结构是应用最广泛的一种网络拓扑结构。

② 星状拓扑结构的缺点：

- 安装和维护的费用较高。
- 共享资源的能力较差。
- 一条通信线路只被该线路上的中央节点和边缘节点使用，通信线路利用率不高。
- 对中央节点要求相当高，一旦中央节点出现故障，则整个网络将瘫痪。

（2）环状拓扑

在环状拓扑中各节点通过环路接口连在一条首尾相连的闭合环型通信线路中，环路上任何节点均可以请求发送信息。请求一旦被批准，便可以向环路发送信息。环状网中的数据可以是单向也可是双向传输。由于环线公用，一个节点发出的信息必须穿越环中所有的环路接口，信息流中目的地址与环上某节点地址相符时，信息被该节点的环路接口所接收，而后信息继续流向下一环路接口，一直流回到发送该信息的环路接口节点为止。环状拓扑结构如图 1-1-2（b）所示。

① 环状拓扑结构的优点：

- 电缆长度短。环状拓扑网络所需的电缆长度和总线拓扑网络相似，但比星状拓扑网络要短得多。
- 增加或减少工作站时，仅需简单的连接操作。
- 可使用光纤。光纤的传输速率很高，适合于环状拓扑的单方向传输。

② 环状拓扑结构的缺点：

- 节点的故障会引起全网故障。这是因为环上的数据传输要通过接在环上的每个节点，一旦环中某节点发生故障就会引起全网故障。
- 故障检测困难。这与总线拓扑相似，因为不是集中控制，故障检测需在网上各个节点进行，因此非常烦琐。
- 环状拓扑结构的媒体访问控制协议都采用令牌传递方式，在负载很轻时，信道利用率相对来说比较低。

（3）总线拓扑

总线拓扑结构采用一个信道作为传输媒体，所有站点都通过相应的硬件接口直接连到这一公共传输媒体上，该公共传输媒体称为总线。任何一个站点发送的信号都沿着传输媒体传播，而且能被所有其他站点接收。

因为所有站点共享一条公用传输信道，所以一次只能由一个设备传输信号。通常采用分布式控制策略来确定哪个站点可以发送报文，发送站点将报文分成分组，然后依次发送这些分组，有时还要与其他站点的分组交替地在媒体上传输。当分组经过各站点时，其中的目的站点会识别到分组所携带的目的地址，然后复制下这些分组的内容。总线拓扑结构如图 1-1-2（c）所示。

① 总线拓扑结构的优点：

- 总线结构所需要的电缆数量少，线缆长度短，易于布线和维护。
- 总线结构简单，有较高的可靠性，传输速率高，可达 100 Mbit/s。
- 易于扩充，增加或减少用户比较方便，结构简单，组网容易，网络扩展方便。
- 多个节点共用一条传输信道，信道利用率高。

② 总线拓扑结构的缺点：

- 总线的传输距离有限，通信范围受到限制。
- 故障诊断和隔离较困难。
- 分布式协议不能保证信息的及时传送，不具有实时功能。站点必须是智能的，要有媒体访问控制功能，从而增加了站点的硬件和软件开销。

（4）树状拓扑

树状拓扑可以认为是多级星状结构组成的，只不过这种多级星状结构自上而下呈三角形分布，就像一棵倒立的树一样，最顶端的枝叶少些，中间的多些，而最下面的枝叶最多。树的最下端相当于网络中的边缘层，树的中间部分相当于网络中的汇聚层，而树的顶端则相当于网络中的核心层。它采用分级的集中控制方式，其传输介质可有多条分支，但不形成闭合回路，每条通信线路都必须支持双向传输。树状拓扑结构如图 1-1-2（d）所示。

① 树状拓扑结构的优点：

- 易于扩展。树状结构可以延伸出很多分支和子分支，这些新节点和新分支都能容易地加入网内。
- 故障隔离较容易。如果某一分支的节点或线路发生故障，很容易将故障分支与整个系统隔离开来。

② 树状拓扑结构的缺点：

各个节点对根的依赖性太大，如果根发生故障，则全网不能正常工作。从这一点来看，树状拓扑结构的可靠性有点类似于星状拓扑结构。

（5）网状拓扑

网状拓扑结构在广域网中得到了广泛应用，它的优点是不受瓶颈问题和失效问题的影响。由于节点之间有许多条路径相连，可以为数据流的传输选择适当的路由，从而绕过失效的部件或过忙的节点。这种结构虽然比较复杂，成本也比较高，提供上述功能的网络协议也较复杂，但由于它的可靠性高，仍然受到用户的欢迎。

网状拓扑的一个应用是在 BGP 协议中。为保证 IBGP 对等体之间的连通性，需要在 IBGP 对等体之间建立全连接关系，即网状网络。假设在一个 AS（自治系统）内部有 n 台路由器，那么应该建立的 IBGP 连接数就为 $n(n-1)/2$ 个。网状拓扑结构如图 1-1-2（e）所示。

① 网状拓扑结构的优点：

- 节点间路径多，碰撞和阻塞减少。

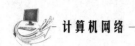

- 局部故障不影响整个网络，可靠性高。

② 网状拓扑结构的缺点：

- 网络关系复杂，建网困难，不易扩充。
- 网络控制机制复杂，必须采用路由算法和流量控制机制。

（6）混合拓扑

混合拓扑是将两种单一拓扑结构混合起来，取两者的优点构成的拓扑。一种是星状拓扑和环状拓扑混合成的"星－环"拓扑，另一种是星状拓扑和总线拓扑混合成的"星－总"拓扑。这两种混合型结构有相似之处，如果将总线拓扑的两个端点连在一起也就变成了环状拓扑。

在混合拓扑结构中，汇聚层设备组成环状或总线拓扑，汇聚层设备和接入层设备组成星状拓扑。混合拓扑结构如图 1-1-2（f）所示。

① 混合拓扑的优点：

- 故障诊断和隔离较为方便。一旦网络发生故障，只要诊断出哪个网络设备有故障，将该网络设备与全网隔离即可。
- 易于扩展。要扩展用户时，可以加入新的网络设备，也可在设计时，在每个网络设备中留出一些备用的可插入新站点的连接口。
- 安装方便。网络的主链路只要连通汇聚层设备，然后再通过分支链路连通汇聚层设备和接入层设备。

② 混合拓扑的缺点：

- 需要选用智能网络设备，实现网络故障自动诊断和故障节点的隔离，网络建设成本比较高。
- 与星状拓扑结构一样，汇聚层设备到接入层设备的线缆安装长度会增加较多。

1.1.6　分组交换技术概述

分组交换技术（Packet Switching Technology）又称包交换技术，是将用户传送的数据划分成一定的长度，每个部分叫作一个分组，通过传输分组的方式传输信息的一种技术。它是通过计算机和终端实现计算机与计算机之间的通信，在传输线路质量不高、网络技术手段还较单一的情况下，应运而生的一种交换技术。每个分组的前面有一个分组头，用以指明该分组发往何地址，然后由交换机根据每个分组的地址标志，将它们转发至目的地，这一过程称为分组交换。

进行分组交换的通信网称为分组交换网。从交换技术的发展历史看，数据交换经历了电路交换、报文交换、分组交换和综合业务数字交换的发展过程。分组交换实质上是在"存储—转发"基础上发展起来的。它兼有电路交换和报文交换的优点。分组交换在线路上采用动态复用技术传送按一定长度分割为许多小段的数据——分组。每个分组标识后，在一条物理线路上采用动态复用技术，同时传送多个数据分组。把来自发送端的数据暂存在交换机的存储器内，接着在网内转发。到达接收端，再去掉分组头将各数据字段按顺序重新装配成完整的报文。分组交换比电路交换的电路利用率高，比报文交换的传输时延小，交互性好。

分组交换网是继电路交换网和报文交换网之后一种新型交换网络，它主要用于数据通信。分组交换是一种存储—转发的交换方式，它将用户的报文划分成一定长度的分组，以分组为存储转发，因此，它比电路交换的利用率高，比报文交换的时延要小，而具有实时通信的能力。分组交换利用统计时分复用原理，将一条数据链路复用成多个逻辑信道，最终构成一条主叫、被叫用户之间的信息传送通路，称为虚电路（Virtual Circuit）实现数据的分组传送。

分组交换网具有如下特点：

①分组交换具有多逻辑信道的能力，故中继线的电路利用率高；②可实现分组交换网上的不同码型、速率和规程之间的终端互通；③由于分组交换具有差错检测和纠正能力，故电路传送的误码率极小；④分组交换的网络管理功能强。

分组交换的基本业务有交换虚电路（Switched Virtual Circuit，SVC）和永久虚电路（Permanent Virtual Circuit，PVC）两种。交换虚电路如同电话电路一样，即两个数据终端要通信时先用呼叫程序建立电路（即虚电路），然后发送数据，通信结束后用拆线程序拆除虚电路。永久虚电路如同专线一样，在分组网内两个终端之间的申请合同期间提供永久逻辑连接，无须呼叫建立与拆线程序，在数据传输阶段，与交换虚电路相同。

分组交换网由分组交换机、网络管理中心、远程集中器、分组装拆设备以及传输设备等组成。

1. 电路交换

电路交换就是计算机终端之间通信时，一方发起呼叫，独占一条物理线路。当交换机完成接续，对方收到发起端的信号，双方即可进行通信。在整个通信过程中双方一直占用该电路。它的特点是实时性强，时延小，交换设备成本较低。但同时也带来线路利用率低、电路接续时间长、通信效率低、不同类型终端用户之间不能通信等缺点。电路交换适用于信息量大、报文长、经常使用的固定用户之间的通信。

2. 报文交换

将用户的报文存储在交换机的存储器中。当所需要的输出电路空闲时，再将该报文发向接收交换机或终端，它以存储—转发方式在网内传输数据。报文交换的优点是中继电路利用率高，多个用户可以同时在一条线路上传送，可实现不同速率、不同规程的终端间互通。但它的缺点也是显而易见的。以报文为单位进行存储—转发，网络传输时延大，且占用大量的交换机内存和外存，不能满足对实时性要求高的用户。报文交换适用于传输的报文较短、实时性要求较低的网络用户之间的通信，如公用电报网。

3. 分组交换

分组交换实质上是在存储—转发基础上发展起来的。它兼有电路交换和报文交换的优点。分组交换在线路上采用动态复用技术传送按一定长度分割为许多小段的数据——分组，每个分组独立进行传送，到达接收端口，再重新组装为一个完整的数据报文。分组交换比电路交换的传输效率高，比报文交换的时延小。

1.1.7　计算机网络的性能指标

计算机网络的性能指标从不同方面对网络的性能进行度量，主要有:速率、带宽、吞吐量、时延、时延带宽积、RTT、利用率等。

1. 速率

网络技术中的速率是指连接在计算机网络上的主机在数字信道上的传输速率，又称数据率。速率的单位是 bit/s，日常生活中所说的一般是额定速率或标称速率，而且常常省略速率单位中的 bit/s，如 100M 以太网等。

2. 带宽

① 带宽本来是指某个信号具有的频带宽度，即信号的带宽是指该信号所包含的各种不同频率成分占据的频率范围。

② 在计算机网络中，带宽用来表示网络通信线路所能传送数据的能力，因此网络带宽表示在单位时间内从网络中的某一点到另一点所能通过的"最高数据率"。带宽的单位是 bit/s。当带宽或发送速率提高后，比特在链路上向前传播的速率并没有提高，只是每秒注入链路的比特数增加了。"速率提高"体现在单位时间内发送到链路上的比特数增多了，而并不是比特在链路上跑得更快。

3. 吞吐量

吞吐量表示单位时间内实际通过某个网络（或信道、接口）的数据量。吞吐量经常用于测量现实世界的网络，以便知道有多少数据能够通过网络，显然，吞吐量将受到带宽或速率的限制。吞吐量的单位是 bit/s，有时吞吐量还可用每秒传送的字节数或帧数来表示，吞吐量的增大将会增加时延。

4. 时延

时延是指数据从网络的一端传送到另一端所需的时间。网络中的时延由以下几部分组成。

（1）发送时延

发送时延是主机或路由器发送数据帧所需要的时间，也就是从发送数据帧的第一个比特开始到最后一个比特发送完毕所需的时间，因此发送时延又称传输时延，其计算公式为：

$$发送时延 = \frac{数据帧长度（bit）}{发送速率（bit/s）}$$

（2）传播时延

传播时延是电磁波在信道中传播一定的距离需要花费的时间，其计算公式为：

$$传播时延 = \frac{信道长度（m）}{电磁波在信道上的传播速率（m/s）}$$

（3）处理时延

主机或路由器在收到分组时要花费一定的时间进行处理。

（4）排队时延

分组通过网络传输时，要经过许多路由器。但分组在进入路由器后要先在输入队列中排队等待处理。在路由器确定转发接口后，还要在输出队列中排队等待转发。这样就产生了排队时延。

由此，数据在网络中经历的总时间，也就是总时延等于上述四种时延之和，即

$$总时延 = 发送时延 + 传播时延 + 处理时延 + 排队时延$$

对于高速网络链路，提高的仅仅是数据的发送速率而不是比特在链路上的传播速率。通常所说的"光纤信道的传输速率高"指的是光纤信道发送数据的速率可以很快，而光纤的实际传播速率比铜线的传播速率低。

5. 时延带宽积

将上述时延和带宽乘积后得到时延带宽积，即传播的时延带宽积：

$$时延带宽积 = 传播时延 \times 带宽$$

链路的时延带宽积又称以比特为单位的链路长度。对于一条正在传输数据的链路，只有在代表链路的管道都充满比特时，链路才得到充分利用。此时也就是时延带宽积较大。

6. 往返时间

往返时间（Round-Trip Time，RTT）也是一个非常重要的指标，它表示从发送方发送数据开始，到发送方收到来自接收方的确认，总共经历的时间。在互联网中 RTT 还包括中间各节点的处理时延、排队时延以及转发数据时的发送时延。

7. 利用率

利用率有信道利用率和网络利用率两种，信道利用率并非越高越好。下面假定在适当的条件下有如下表达式：

$$D（当前时延）= \frac{D_0（信道空闲时的时延）}{1-U（信道利用率）}$$

由此可以看出，当 U 接近于 1 时，时延会趋于无穷大；由此可以知道：信道或网络利用率过高会产生非常大的时延。

1.1.8　计算机网络的标准化及相关组织

计算机网络的标准化对计算机网络的发展和推广起到了极为重要的作用。因特网的所有标准都以 RFC（Request For Comments）的形式在因特网上发布，但并非每个 RFC 都是因特网标准，RFC 要上升为因特网正式标准需经过以下四个阶段：

① 因特网草案（Internet Draft），这个阶段还不是 RFC 文档。

② 建议标准（Proposed Standard），这个阶段开始就称为 RFC 文档。

③ 草案标准（Draft Standard）。

④ 因特网标准（Internet Standard）。

因特网草案的有效期只有六个月。只有到了建议标准阶段才以 RFC 文档形式发表。在国际上，有众多标准化组织负责制定、实施相关网络标准。主要有以下几种。

① 国际标准化组织（ISO）：制定的主要网络标准或规范有 OSI 参考模型、HDLC 等。

② 国际电信联盟（ITU）：其前身为国际电话电报咨询委员会（CCITT），其下属机构 ITU-T 制定了大量有关远程通信的标准。

③ 国际电气电子工程师协会（IEEE）：世界上最大的专业技术团队，由计算机和工程学专业人士组成。IEEE 在通信领域最著名的研究成果是 802 标准。

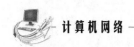

1.2　计算机网络体系结构

1.2.1　网络体系结构的基本概念

为了使互连的计算机之间很好地进行相互通信，将每台计算机互连的功能划分为定义明确的层次，规定了同层次进程通信的协议及相邻层之间的接口服务。将这些同层进程间通信的协议以及相邻层接口统称为网络体系结构。因此，计算机网络体系结构是计算机网络的各层及其协议的集合，是对这个计算机网络及其部件所应完成功能的精确定义。

1. 网络协议

（1）网络协议的概念

网络协议就是为在网络节点之间进行数据交换而建立的规则、标准或约定。当计算机网络中的两台设备需要通信时，双方应遵守共同的协议才能进行数据交换。也就是说，网络协议是计算机网络中任意两节点间的通信规则。

（2）网络协议的三要素

① 语法：即数据与控制信息的结构或格式。

② 语义：即需要发出何种控制信息，完成何种动作以及做出何种响应。

③ 同步：即事件实现顺序的详细说明。

由于计算机网络通信的复杂性，在计算机网络体系结构中，也需要多个网络协议来加以约定。

2. 网络体系结构

为了降低网络协议设计的复杂性，便于网络维护，提高网络运行效率，国际标准化组织制定的计算机网络协议系统采用了层次结构。进行层次划分可以带来很多好处：

① 各层相对独立。某一层并不需要知道它的下一层是如何实现的，而仅仅需要知道该层通过层间的接口（界面）所提供的服务。由于每一层只实现一种相对独立的功能，因此可以将一个难以处理的复杂问题分解为若干个较容易处理的更小一些的问题。这样，整个问题的复杂程度就降低了。

② 灵活性好。当任何一层发生变化时，只要层间接口关系保持不变，那么在这层以上的或以下的各层均不受影响。此外，对某一层提供的服务还可进行修改，当某层提供的服务不再需要时，甚至可以将这一层取消。

③ 结构上可分割开。各层都可以采用最合适的技术来实现。

④ 易于实现和维护。这种结构易于实现和调试一个庞大而又复杂的系统，因为整个系统已被分解成为若干相对独立的子系统。

⑤ 能促进标准化工作。每一层的功能及其所提供的服务都已有了精确的说明。

分层时应注意使每一层的功能非常明确。若层数太少，就会使每一层的协议太复杂。但是层数太多又会在描述和综合各层功能的系统工程任务时遇到较多困难。

3. 典型的网络体系结构

世界上著名的网络体系结构有：

（1）ARPANET 网络体系

美国国防部高级计划署的网络体系结构，是互联网的前身，其核心是 TCP/IP 协议。

（2）SNA 集中式网络

美国 IBM 公司的网络体系结构，是国际标准化组织 ISO 制定 OSI 参考模型的主要基础。

（3）DNA 网络体系

DEC 公司的网络体系结构。

（4）OSI 参考模型

国际标准化组织 ISO 制定的全球通用的国际标准网络体系结构。

1.2.2 OSI 参考模型

开放系统互连参考模型（Open System Interconnection Reference Model，OSI/RM）是国际标准化组织 ISO 在 1980 年颁布的全球通用的国际标准网络体系结构。OSI 不是实际物理模型，而是对网络协议进行规范化的逻辑参考模型。它根据网络系统的逻辑功能将其分为七层，如图 1-1-3 所示。OSI 参考模型规定了每一层的功能、要求和技术特性等内容。

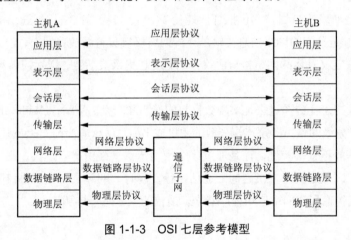

图 1-1-3　OSI 七层参考模型

在 OSI 七层参考模型中，每一层协议都建立在下一层之上，信赖下一层，并向上一层提供服务。其中第 1 ～ 3 层属于通信子网层，提供通信功能；第 5 ～ 7 层属于资源子网层，提供资源共享功能；第 4 层（传输层）起着衔接上下三层的作用。每一层的主要功能简述如下：

① 物理层，定义传输介质的物理特性，实现比特流的传输。物理层对应的网络设备有网卡、网线、集线器、中继器、调制解调器等。

② 数据链路层，在物理层提供的服务基础上，在通信的实体间建立数据链路连接，传输以帧为单位的数据包，并采用帧同步、差错控制、流量控制、链路管理等方法，使有差错的物理线路变成无差错的数据链路，实现数据从链路一端到另一端的可靠传输。数据链路层对应的网络设备有网桥、交换机。

③ 网络层，在该层进行编址，通过路由选择算法为分组通过通信子网选择最适当的路径，以及实现拥塞控制、异种网络互连等功能，该层数据传输单元是分组。网络层对应的网络设备有路由器。

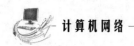

④ 传输层，建立端到端的通信连接，进行流量控制、实现透明可靠的数据传输。网关工作在传输层及其以上各层。

⑤ 会话层，在网络节点间建立会话关系，并维持会话的畅通。

⑥ 表示层，处理在两个通信系统中交换信息的表示方式，主要包括数据格式转换、数据加密与解密、数据压缩与恢复等功能。

⑦ 应用层，负责应用管理和执行应用程序，提供与用户应用有关的功能，为应用程序提供网络服务。

1.2.3 TCP/IP 参考模型

TCP/IP 参考模型协议族是一个四层协议系统，自底而上分别是网络接口层、网际层、传输层和应用层。每一层完成不同的功能，且通过若干协议来实现，上层协议使用下层协议提供的服务，TCP/IP 四层参考模型如图 1-1-4 所示。

图 1-1-4　TCP/IP 四层参考模型

1. 网络接口层

模型的基层是网络接口层，它包括那些能使 TCP/IP 与物理网络进行通信的协议。负责数据帧的发送和接收，帧是独立的网络信息传输单元。网络接口层将帧放在网上，或从网上把帧取下来。TCP/IP 标准并没有定义具体的网络接口协议，而是旨在提供灵活性，以适应各种网络类型。

2. 网际层

网际层负责数据怎样传递过去，实现数据包的选路和转发。WAN（Wide Area Network，广域网）通常使用众多分级的路由器来连接分散的主机或 LAN（Local Area Network，局域网），因此，通信的两台主机一般不直接相连，而是通过多个中间节点（路由器）连接。网际层的任务就是选择这些中间节点，以确定两台主机之间的通信路径。同时，网际层对上层协议隐藏了网络拓扑连接的细节，使得在传输层和网络应用程序看来，通信的双方是直接相连的。

3. 传输层

传输层负责传输数据的控制（准确性、安全性）。为两台主机上的应用程序提供端到端（end to end）的通信。与网际层使用的逐跳通信方式不同，传输层只关心通信的起始端和目的端，而不在乎数据包的中转过程。

4. 应用层

应用层负责数据的展示和获取。网络接口层、网际层、传输层负责处理网络通信细节，这部分必须既稳定又高效，因此它们都在内核空间中实现。而应用层则在用户空间中实现，因为它负责处理众多逻辑，比如文件传输、名称查询和网络管理等。如果应用层也在内核中实现，则会让内核变得十分庞大。当然，也有少数服务器程序是在内核中实现的，这样代码就无须在用户空间和内核空间来回切换（主要是数据的复制），从而极大地提高工作效率。不过这种代码实现起来较复杂，不够灵活且不便于移植。

1.2.4 OSI 与 TCP/IP 参考模型的比较

OSI 和 TCP/IP 两个参考模型虽然在层次的划分上有所不同，但它们完成计算机网络的通信功能都是相同的。对比一下两个参考模型的层次划分可以看到，TCP/IP 参考模型的应用层功能包含了 OSI 参考模型的应用层、表示层和会话层的上三层的功能，网络接口层功能包含了 OSI 参考模型的数据链路层和物理层下二层功能，其他层次功能基本上是一致的。TCP/IP 参考模型与 OSI 参考模型的对应关系如图 1-1-5 所示。

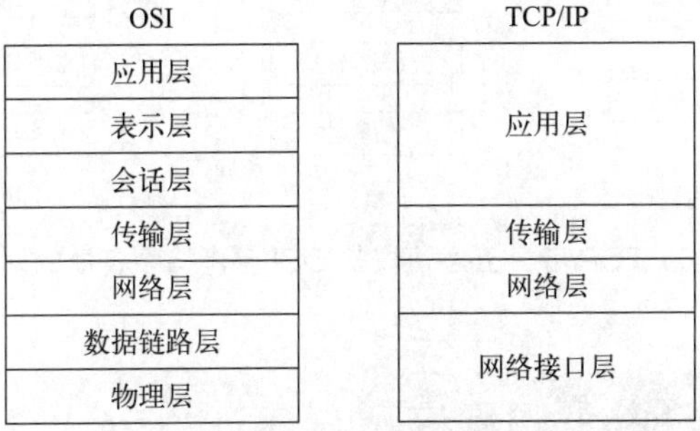

图 1-1-5　OSI 与 TCP/IP 模型各层的对应关系

无论是 OSI 参考模型与协议，还是 TCP/IP 参考模型与协议都不完美。在 20 世纪 80 年代，几乎所有专家都认为 OSI 参考模型与协议将风靡世界，但却事与愿违。造成 OSI 协议不能流行的原因之一是模型与协议自身的缺陷。大多数人都认为 OSI 参考模型的层次数量与内容可能是最佳选择，其实并不是这样的。会话层在大多数应用中很少用到，表示层几乎是空的。在数据链路层与网络层有很多子层插入，每个子层都有不同的功能。OSI 参考模型将"服务"与"协议"的定义相结合，使得参考模型变得格外复杂，实现起来更加困难。寻址、流量与差错控制在每层中重复出现，这必然会降低系统效率。虚拟终端协议最初安排在表示层，现在安排在应用层。关于数据安全性、加密与网络管理等方面的问题也在参考模型的设计初期被忽略。有人批评参考模型的设计更多是被通信的思想所支配，很多选择不适于计算机与软件的工作方式。很多"原语"在软件的很多高级语言中实现起来容易，但是严格按照层次模型编程，软件效率低。

TCP/IP 参考模型与协议也有自身的缺陷。第一，它在服务、接口与协议的区别上就不是很清楚。一个好的软件工程应该将功能与实现方法区分开来，TCP/IP 参考模型恰恰没有很好地做到这点，这就使得 TCP/IP 参考模型对于使用新技术的指导意义不够，TCP/IP 参考模型不适合于其他非 TCP/IP 协议族。第二，网络接口层本身并不是实际的一层，它只定义了物理层与数据链路层的接口。物理层与数据链路层的划分是必要和合理的，一个好的参考模型应该将它们区分开，而 TCP/IP 参考模型却没有做到这点。

1.2.5　五层协议的参考模型

由于 OSI 或 TCP/IP 参考模型都有成功和不足的方面。为了保证计算机网络教学的科学性与系统性，本书将采用 Andrew S.Tanenbaum 建议的一种混合的参考模型。这是对 OSI 和 TCP/IP 模型的一种折中方案，它吸收了 OSI 和 TCP/IP 各自的优点，采用了五层协议的参考模型。它与 OSI 参考模型相比少了表示层与会话层，并用数据链路层与物理层代替了 TCP/IP 参考模型的网络接口层。这样使概念阐述起来既简洁又清晰。TCP/IP、五层协议与 OSI 参考模型各层的对应关系如图 1-1-6 所示。

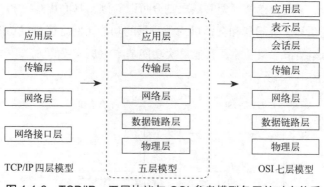

图 1-1-6 TCP/IP、五层协议与 OSI 参考模型各层的对应关系

1.3　网络新技术

1.3.1　网络存储

网络存储（Network Storage）是数据存储的一种方式，网络存储结构大致分为三种：直连式存储（Direct Attached Storage，DAS）、网络附加存储（Network Attached Storage，NAS）和存储区域网（Storage Area Network，SAN）。由于 NAS 对于普通消费者而言较为熟悉，所以一般网络存储都指 NAS。

网络存储被定义为一种特殊的专用数据存储服务器，包括存储器件（如磁盘阵列、CD/DVD 驱动器、磁带驱动器或可移动的存储介质）和内嵌系统软件，可提供跨平台文件共享功能。网络存储通常在一个 LAN 上占有自己的节点，无须应用服务器的干预，允许用户在网络上存取数据，在这种配置中，网络存储集中管理和处理网络上的所有数据，将负载从应用或企业服务器上卸载下来，有效降低总拥有成本，保护用户投资。

高端服务器使用的专业网络存储技术大概分为四种，有 DAS、NAS、SAN、iSCSL，它们可以使用 RAID 阵列提供高效的安全存储空间。

1.　直接附加存储

直接附加存储是指将存储设备通过 SCSI 接口直接连接到一台服务器上使用。DAS 购置成本低、配置简单，使用过程和使用本机硬盘并无太大差别，对于服务器的要求仅仅是一个外接的 SCSI 口，因此对于小型企业很有吸引力。但是 DAS 也存在诸多问题：

① 服务器本身容易成为系统瓶颈。

② 服务器发生故障，数据不可访问。

③ 对于存在多个服务器的系统来说，设备分散，不便管理。同时多台服务器使用 DAS 时，存储空间不能在服务器之间动态分配，可能造成相当的资源浪费。

④ 数据备份操作复杂。

2.　网络附加存储

NAS 实际是一种带有瘦服务器的存储设备，这个瘦服务器实际是一台网络文件服务器。NAS

设备直接连接到 TCP/IP 网络上，网络服务器通过 TCP/IP 网络存取管理数据。NAS 作为一种瘦服务器系统，易于安装和部署，管理使用也很方便。同时由于可以允许客户机不通过服务器直接在 NAS 中存取数据，因此对服务器来说可以减少系统开销。NAS 为异构平台使用统一存储系统提供了解决方案。由于 NAS 只需要在一个基本的磁盘阵列柜外增加一套瘦服务器系统，对硬件要求很低，软件成本也不高，甚至可以使用免费的 Linux 解决方案，成本只比直接附加存储略高。NAS 存在的主要问题是：

① 由于存储数据通过普通数据网络传输，因此易受网络上其他流量的影响，当网络上有其他大数据流量时会严重影响系统性能。

② 由于存储数据通过普通数据网络传输，因此容易产生数据泄露等安全问题。

③ 存储只能以文件方式访问，而不能像普通文件系统一样直接访问物理数据块，因此会在某些情况下严重影响系统效率，比如大型数据库就不能使用 NAS。

3. 存储区域网

SAN 实际是一种专门为存储建立的独立于 TCP/IP 网络之外的专用网络。一般的 SAN 提供 2 Gbit/s 到 4 Gbit/s 的传输速率，同时 SAN 网络独立于数据网络存在，因此存取速度很快。另外，SAN 一般采用高端的 RAID 阵列，使 SAN 的性能在几种专业网络存储技术中傲视群雄。SAN 由于其基础是一个专用网络，因此扩展性很强，不管是在一个 SAN 系统中增加一定的存储空间还是增加几台使用存储空间的服务器都非常方便。通过 SAN 接口的磁带机，SAN 系统可以方便高效地实现数据的集中备份。SAN 作为一种新兴的存储方式，是未来存储技术的发展方向，但是，它也存在一些缺点：

① 价格昂贵。不论是 SAN 阵列柜还是 SAN 必需的光纤通道交换机价格都十分昂贵，就连服务器上使用的光通道卡的价格也不易被小型商业企业所接受。

② 需要单独建立光纤网络，异地扩展比较困难。

4. iSCSI

使用专门的存储区域网成本很高，而利用普通的数据网来传输 SCSI 数据实现和 SAN 相似的功能可以大大地降低成本，同时提高系统的灵活性。iSCSI 就是这样一种技术，它利用普通的 TCP/IP 网络传输本来用存储区域网来传输的 SCSI 数据块。iSCSI 的成本相对 SAN 来说要低不少。随着千兆网的普及，万兆网也逐渐进入主流，使 iSCSI 的速度相对 SAN 来说并没有太大的劣势。iSCSI 存在的主要问题是：

① 新兴的技术，提供完整解决方案的厂商较少，对管理者技术要求高。

② 通过普通网卡存取 iSCSI 数据时，解码成 SCSI 需要 CPU 进行运算，增加了系统性能开销。如果采用专门的 iSCSI 网卡，虽然可以减少系统性能开销，但会大大增加成本。

③ 使用数据网络进行存取，存取速度冗余受网络运行状况的影响。

上述四种网络存储技术方案各有优劣。对于小型且服务较为集中的商业企业，可采用简单的 DAS 方案。对于中小型商业企业，服务器数量比较少，有一定的数据集中管理要求，且没有大型数据库需求的可采用 NAS 方案。对于大中型商业企业，SAN 和 iSCSI 是较好的选择。如果希望使用存储的服务器相对比较集中，且对系统性能要求极高，可考虑采用 SAN 方案；对于希望使用存储的服务器相对比较分散，又对性能要求不是很高的，可以考虑采用 iSCSI 方案。

计算机网络

1.3.2 网格计算与云计算

分布式计算是利用互联网上计算机的 CPU 闲置处理能力来解决大型计算问题的一种计算科学。专业定义是：分布式计算是一种新提出的计算方式。所谓分布式计算就是在两个或多个软件互相共享信息，这些软件既可以在同一台计算机上运行，也可以在通过网络连接起来的多台计算机上运行。

1. 网格计算

网格计算是分布式计算的一种，是一门计算机科学。它研究如何把一个需要非常巨大计算能力才能解决的问题分成许多小的部分，然后把这些部分分配给许多计算机进行处理，最后把这些计算结果综合起来得到最终结果。最近的分布式计算项目已经用于使用世界各地成千上万志愿者的计算机的闲置计算能力，通过因特网，用户可以分析来自外太空的电信号，寻找隐蔽的黑洞，并探索可能存在的外星智慧生命；用户可以寻找超过 1 000 万位数字的梅森质数；用户也可以寻找并发现对抗艾滋病毒更为有效的药物，用以完成需要惊人的计算量的庞大项目。

网格计算的目的是，通过任何一台计算机都可以提供无限的计算能力，可以接入浩如烟海的信息。这种环境将能够使各企业解决以前难以处理的问题，最有效地使用他们的系统，满足客户要求并降低他们计算机资源的拥有和管理总成本。网格计算的主要目的是设计一种能够提供以下功能的系统：

① 提高或拓展企业内所有计算资源的效率和利用率，满足最终用户的需求，同时能够解决以前由于计算、数据或存储资源的短缺而无法解决的问题。

② 建立虚拟组织，通过让他们共享应用和数据来对公共问题进行合作。

③ 整合计算能力、存储和其他资源，能使得需要大量计算资源的巨大问题求解成为可能。

通过对这些资源进行共享、有效优化和整体管理，能够降低计算的总成本。

2. 云计算

云计算（Cloud Computing）是分布式计算的一种，指的是通过网络"云"将巨大的数据计算处理程序分解成无数个小程序，然后，通过多部服务器组成的系统进行处理和分析这些小程序得到结果并返回给用户。云计算早期，简单地说，就是简单的分布式计算，解决任务分发，并进行计算结果的合并。因而，云计算又称网格计算。通过这项技术，可以在很短的时间内（几秒）完成对数以万计数据的处理，从而实现强大的网络服务。

现阶段所说的云服务已经不单单是一种分布式计算，而是分布式计算、效用计算、负载均衡、并行计算、网络存储、热备份冗杂和虚拟化等计算机技术混合演进并跃升的结果。

"云"实质上就是一个网络，狭义上讲，云计算就是一种提供资源的网络，使用者可以随时获取"云"上的资源，按需求量使用，并且可以看成是无限扩展的，只要按使用量付费就可以，"云"就像自来水厂一样，人们可以随时接水，并且不限量，按照自己家的用水量，付费给自来水厂即可。

从广义上说，云计算是与信息技术、软件、互联网相关的一种服务，这种计算资源共享池称为"云"，云计算把许多计算资源集合起来，通过软件实现自动化管理，只需要很少的人参与，就能让资源被快速提供。也就是说，计算能力作为一种商品，可以在互联网上流通，就像水、电、煤气一样，可以方便地取用，且价格较为低廉。

总之，云计算不是一种全新的网络技术，而是一种全新的网络应用概念，云计算的核心概念就是以互联网为中心，在网站上提供快速且安全的云计算服务与数据存储，让每一个使用互联网的人都可以使用网络上的庞大计算资源与数据中心。

1.3.3 无线传感器网络与物联网

1. 无线传感器网络

无线传感器网络是一项通过无线通信技术把数以万计的传感器节点以自由式进行组织与结合进而形成的网络形式。构成传感器节点的单元分别为：数据采集单元、数据传输单元、数据处理单元以及能量供应单元。其中数据采集单元通常都是采集监测区域内的信息并加以转换，比如光强度跟大气压力与湿度等；数据传输单元则主要以无线通信和交流信息以及发送接收那些采集进来的数据信息为主；数据处理单元通常处理的是全部节点的路由协议和管理任务以及定位装置等；能量供应单元为缩减传感器节点占据的面积，会选择微型电池的构成形式。无线传感器网络当中的节点分为两种：一种是汇聚节点；一种是传感器节点。汇聚节点主要指的是网关能够在传感器节点当中将错误的报告数据剔除，并与相关的报告相结合，将数据加以融合，对发生的事件进行判断。汇聚节点与用户节点连接可借助广域网或者卫星直接通信，并对收集到的数据进行处理。

传感器网络实现了数据的采集、处理和传输三种功能。它与通信技术和计算机技术共同构成信息技术的三大支柱。无线传感器网络（Wireless Sensor Network，WSN）是由大量的静止或移动的传感器以自组织和多跳的方式构成的无线网络，以协作地感知、采集、处理和传输网络覆盖地理区域内被感知对象的信息，并最终把这些信息发送给网络的所有者。

无线传感器网络所具有的众多类型的传感器，可探测包括地震、电磁、温度、湿度、噪声、光强度、压力、土壤成分、移动物体的大小、速度和方向等周边环境中多种多样的现象。潜在的应用领域可以归纳为：军事、航空、防爆、救灾、环境、医疗、保健、家居、工业、商业等领域。

2. 物联网

物联网（the Internet of Things，IoT）是指通过信息传感器、射频识别技术、全球定位系统、红外感应器、激光扫描器等各种装置与技术，实时采集任何需要监控、连接、互动的物体或过程，采集其声、光、热、电、力学、化学、生物、位置等各种需要的信息，通过各类可能的网络接入，实现物与物、物与人的泛在连接，实现对物品和过程的智能化感知、识别和管理。物联网是一个基于互联网、传统电信网等的信息承载体，它让所有能够被独立寻址的普通物理对象形成互连互通的网络。

物联网即"万物相连的互联网"，是互联网基础上的延伸和扩展的网络，将各种信息传感设备与互联网结合起来而形成的一个巨大网络，实现在任何时间、任何地点，人、机、物的互连互通。

物联网是新一代信息技术的重要组成部分，IT 行业又称泛互连，意指物物相连，万物万连。由此，"物联网就是物物相连的互联网"，这有两层意思：第一，物联网的核心和基础仍然是互联网，是在互联网基础上的延伸和扩展的网络；第二，其用户端延伸和扩展到了任何物品与物品之间，进行信息交换和通信。因此，物联网的定义是通过射频识别、红外感应器、全球定位系统、激光扫描器等信息传感设备，按约定的协议，把任何物品与互联网相连接，进行信息交换和通信，以实现对物品的智能化识别、定位、跟踪、监控和管理的一种网络。

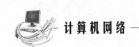

物联网的应用领域涉及方方面面，在工业、农业、环境、交通、物流、安保等基础设施领域的应用，有效地推动了这些方面的智能化发展，使得有限的资源更加合理地使用分配，从而提高了行业效率、效益。在家居、医疗健康、教育、金融与服务业、旅游业等与生活息息相关的领域的应用，从服务范围、服务方式到服务的质量等方面都有了极大的改进，大大提高了人们的生活质量;在涉及国防军事领域方面，虽然还处在研究探索阶段，但物联网应用带来的影响也不可小觑，大到卫星、导弹、飞机、潜艇等装备系统，小到单兵作战装备，物联网技术的嵌入有效提升了军事智能化、信息化、精准化，极大提升了军事战斗力，是未来军事变革的关键。

1.3.4 软件定义网络与网络功能虚拟化

1. 软件定义网络

软件定义网络（Software Defined Network，SDN）是由美国斯坦福大学 CLean State 研究组提出的一种新型网络创新架构，可通过软件编程的形式定义和控制网络，其控制平面和转发平面分离及开放性可编程的特点，被认为是网络领域的一场革命，为新型互联网体系结构研究提供了新的实验途径，也极大地推动了下一代互联网的发展。

传统的网络世界在水平方向标准和开放的，每个网元可以和周边网元进行完美互连。而在计算机的世界里，不仅水平方向是标准和开放的，同时垂直方向也是标准和开放的，从下到上有硬件、驱动、操作系统、编程平台、应用软件等，编程者可以很容易地创造各种应用。从某个角度和计算机对比，在垂直方向上，网络是"相对封闭"和"没有框架"的，在垂直方向创造应用、部署业务是相对困难的。但 SDN 将在整个网络（不仅仅是网元）的垂直方向变得开放、标准化、可编程，从而让人们更容易、更有效地使用网络资源。

因此，SDN 技术能够有效降低设备负载，协助网络运营商更好地控制基础设施，降低整体运营成本，成为了最具前途的网络技术之一。

利用分层的思想，SDN 将数据与控制相分离。在控制层，包括具有逻辑中心化和可编程的控制器，可掌握全局网络信息，方便运营商和科研人员管理配置网络和部署新协议等。在数据层，包括哑的（Dumb）交换机（与传统的二层交换机不同，专指用于转发数据的设备），仅提供简单的数据转发功能，可以快速处理匹配的数据包，适应流量日益增长的需求。两层之间采用开放的统一接口（如 OpenFlow 等）进行交互。控制器通过标准接口向交换机下发统一标准规则，交换机仅需按照这些规则执行相应的动作即可。

软件定义网络的思想是通过控制与转发分离，将网络中交换设备的控制逻辑集中到一个计算设备上，为提升网络管理配置能力带来新的思路。SDN 的本质特点是控制平面和数据平面的分离以及开放可编程性。通过分离控制平面和数据平面以及开放的通信协议，SDN 打破了传统网络设备的封闭性。此外，南北向和东西向的开放接口及可编程性，也使得网络管理变得更加简单、动态和灵活。

2. 网络功能虚拟化

网络功能虚拟化（Network Functions Virtualization，NFV）是一种对于网络架构（Network Architecture）的概念，利用虚拟化技术，将网络节点阶层的功能，分割成几个功能区块，分别以软件方式实作，不再局限于硬件架构。

网络功能虚拟化的核心是虚拟网络功能。它提供只能在硬件中找到的网络功能，包括很多应用，比如路由、CPE、移动核心、IMS、CDN、饰品、安全性、策略等。但是，虚拟化网络功能需要把应用程序、业务流程和可以进行整合和调整的基础设施软件结合起来。

网络功能虚拟化技术的目标是在标准服务器上提供网络功能，而不是在定制设备上。虽然供应商和网络运营商都急于部署 NFV，早期 NFV 部署将不得不利用更广泛的原则，随着更多细节信息浮出水面，这些原则将会逐渐被部署。

为了在短期内实现 NFV 部署，供应商需要作出四个关键决策：部署云托管模式，选择网络优化的平台，基于 TM 论坛的原则构建服务和资源以促进操作整合，以及部署灵活且松耦合的数据 / 流程架构。

习 题

单项选择题

1. 网络转发数据包根据虚电路数字网络称为（   ）。

    A. 电路交换　　　　B. 分封交换的　　　　C. 虚电路　　　　D. 数据报

2. 数据链路层协议所交换的单位为（   ）。

    A. 帧　　　　B. 数据段　　　　C. 数据报　　　　D. 比特流

3. （   ）属于电路交换网络。

    A. FDM　　　　B. TDM　　　　C. VC 网络　　　　D. A 和 B

4. （   ）意味着交换必须接收整个包才可以开始发送接收到的包到出站链接。

    A. 存储转发传输　　　　B. FDM　　　　C. 端到端连接　　　　D. TDM

5. 数据报网络和虚电路网络的区别在于（   ）。

    A. 数据报网络是电路交换网络，而虚电路网络是分组交换网络

    B. 数据报网络是分组交换网络，而虚电路网络是电路交换网络

    C. 数据报网络使用目的地址，虚电路网络使用 VC 数字向目的地转发数据包

    D. 数据报网络使用 VC，虚电路网络使用目的地地址将数据包转发到目的地

6. 移动互联网的网络层负责将网络层（   ）从一个宿主传播到另一个。

    A. 数据帧　　　　B. 数据报　　　　C. 段　　　　D. 消息

7. 网络存储是数据存储的一种方式，（   ）不是网络存储结构？

    A. 直连式存储　　　　B. 网络附加存储　　　　C. 交换式存储　　　　D. 存储区域网

8. 分组交换网络可分为：（   ）网络和虚电路网络。

    A. 数据报　　　　B. 电路交换　　　　C. 电视　　　　D. 电话

9. 互联网允许（   ）运行在端系统交换数据。

    A. 客户端应用程序　　　　　　　　B. 服务器应用程序

    C. P2P 应用程序　　　　　　　　D. 分布式应用程序

10. 互联网提供两种服务的分布式应用程序：面向无连接不可靠的服务和（　　）服务。

    A. 流控制　　　　　B. 面向连接的可靠　　　C. 拥塞控制　　　　　D. TCP

11. （　　）定义了在两个或两个以上的通信实体之间交换消息的格式和顺序，以传输或接收消息。

    A. 互联网　　　　　B. 协议　　　　　　　　C. 内部网　　　　　　D. 网络

12. 在以下选项中，对协议的定义不正确的是（　　）。

    A. 两个或两个以上的通信实体之间交换消息的格式

    B. 两个或两个以上的通信实体之间交换消息的顺序

    C. 发生在消息的传输或其他事件的行动

    D. 传输信号是数字信号或模拟信号

13. 以下选项中，协议的定义是（　　）。

    A. 传输和 / 或接收一条消息或其他事件上的行动

    B. 通信实体之间交换的对象

    C. 交换消息中的内容

    D. 主机的位置

14. 应用程序可以依赖于连接以正确的顺序无错误地传送所有的数据，这句话描述了（　　）。

    A. 流控制　　　　　　　　　　　　　B. 拥塞控制

    C. 可靠的数据传输　　　　　　　　　D. 面向连接的服务

15. 确保连接的任何一方都不能发送数据包太快太多，这句话描述了（　　）。

    A. 流量控制　　　　　　　　　　　　B. 拥塞控制

    C. 面向连接的服务　　　　　　　　　D. 可靠的数据传输

16. 这有助于阻止互联网进入僵局的状态，当一个包交换变得拥挤，它的缓冲区会产生溢出和包丢失，这句话描述了（　　）。

    A. 流控制　　　　　　　　　　　　　B. 拥塞控制

    C. 面向连接的服务　　　　　　　　　D. 可靠的数据传输

17. 互联网面向连接的服务的名称是（　　）。

    A. TCP　　　　　　B. UDP　　　　　　　　C. TCP/IP　　　　　D. IP

18. 以下选项中，TCP 不提供给应用程序的服务是（　　）。

    A. 可靠传输　　　　B. 流控制　　　　　　　C. 视频会议　　　　　D. 拥塞控制

19. 互联网的无连接服务称为（　　）。

    A. TCP　　　　　　B. UDP　　　　　　　　C. TCP/IP　　　　　D. IP

20. 以下选项中，不使用 TCP 的是（　　）。

    A. SMTP　　　　　B. 互联网电话　　　　　C. FTP　　　　　　　D. HTTP

第2章

物 理 层

 本章导读

物理层是计算机网络 OSI 模型中最低的一层，它确保原始的数据可在各种物理媒体上传输。本章介绍了物理层的基本概念、数据通信的基础知识、物理层下面的传输媒体、信道利用技术以及物理层的设备。

通过对本章内容的学习，应做到：

◎ 了解：数据通信的基础知识。

◎ 熟悉：物理层的基本概念和信道复用技术。

◎ 掌握：物理层下面的传输媒体和物理层设备。

2.1 物理层的基本概念

物理层（Physical Layer）是计算机网络 OSI 模型中最低的一层。物理层规定：为传输数据所需要的物理链路创建、维持、拆除，而提供具有机械的、电子的、功能的和规范的特性。简单地说，物理层确保原始的数据可在各种物理媒体上传输。

物理层虽然处于最底层，却是整个计算机网络开放系统的基础。物理层为设备之间的数据通信提供传输媒体及互连设备，为数据传输提供可靠的环境。物理层通过屏蔽不同物理设备、传输媒体和通信手段的差异，使数据链路层感觉不到这些差异的存在。

首先要强调指出，物理层要解决的是怎样才能在连接各种计算机的传输媒体上传输数据比特流，而不是指具体的传输媒体。大家知道，现有计算机网络中的硬件设备和传输媒体的种类非常繁多，而通信手段也有许多不同方式。物理层的作用正是要尽可能地屏蔽掉这些差异，使物理层上面的数据链路层感觉不到这些差异，这样就可使数据链路层只需要考虑如何完成本层的协议和服务，而不必考虑网络具体的传输媒体是什么。物理层的协议又称物理层规程（Procedure）。

可以将物理层的主要任务描述为确定与传输媒体的接口有关的一些特性，即：

① 机械特性：指明接口所用接线器的形状和尺寸、引脚数目和排列、固定和锁定装置等。平时常见的各种规格的接插件都有严格的标准化规定。

② 电气特性：指明在接口电缆的各条线上出现的电压范围。

③ 功能特性：指明某条线上出现的某一电平的电压表示何种意义。

④ 过程特性：指明对于不同功能的各种可能事件的出现顺序。

大家知道，数据在计算机中多采用并行传输方式，数据在通信线路上的传输方式一般都是串行传输（这是出于经济上的考虑），即逐个比特按照时间顺序进行传输。因此物理层还要完成传输方式的转换。

具体的物理层协议种类较多。这是因为物理连接的方式很多（可以是点对点的，也可以采用多点连接或广播连接），而传输媒体的种类也非常多（如架空明线、双绞线、对称电缆、同轴电缆、光缆，以及各种波段的无线信道等）。物理层带着"物理"二字，可并不意味着这一层是实体，物理层规定传输数据所需要的物理链路创建、维持、拆除，主要关心如何传输信号。

有一点需要注意的是，传送二进制位流的传输介质，如双绞线、同轴电缆以及光纤等，并不属于物理层要考虑的问题。

2.2 数据通信的基础知识

2.2.1 数据通信系统的模型

下面通过一个简单的例子来说明数据通信系统的模型。将两个 PC 经过普通电话机的连线，再经过公用电话网进行通信。

如图 1-2-1 所示，一个数据通信系统可划分为三大部分，即源系统（或发送端、发送方）、传输系统（或传输网络）和目的系统（或接收端、接收方）。

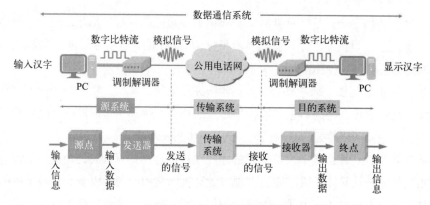

图 1-2-1　数据通信系统模型

1. 源系统

源系统一般包括以下两部分：

① 源点：源点设备产生要传输的数据，例如，从主机的键盘输入汉字。源点又称源站，或信源。

② 发送器：通常源点生成的数字比特流要通过发送器编码后才能够在传输系统中进行传输。典型的发送器就是调制器。现在很多主机使用内置的调制解调器（包含调制器和解调器），用户在主机外面看不见调制解调器。

2. 目的系统

目的系统一般也包括以下两部分：

① 接收器：接收传输系统传送过来的信号，并把它转换为能够被目的设备处理的信息。典型的接收器就是解调器，它把来自传输线路上的模拟信号进行解调，提取出发送端置入的消息，还原出发送端产生的数字比特流。

② 终点：终点设备从接收器获取传送来的数字比特流，然后把信息输出（如在主机屏幕上显示汉字）。终点又称为目的站或信宿。

在源系统和目的系统之间的传输系统可以是简单的传输线，也可以是连接在源系统和目的系统之间的复杂网络系统。

图 1-2-1 所示的数据通信系统，说它是计算机网络也可以。这里使用数据通信系统这个术语，主要是为了从通信的角度介绍一个数据通信系统中的一些要素。

下面先介绍一些常用术语。

通信的目的是传送消息（Message），如话音、文字、图像等。数据（Data）是运送消息的实体。信号（Signal）则是数据电气的或电磁的表现。

如图 1-2-2 所示，根据信号中代表消息的参数的取值方式不同，信号可分为模拟信号和数字信号。

① 模拟信号，或连续信号——代表消息的参数取值是连续的。

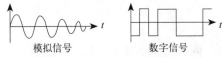

模拟信号　　　　　　数字信号

图 1-2-2　模拟信号和数字信号

② 数字信号，或离散信号——代表消息的参数取值是离散的。在使用时间域（又称时域）的波形表示数字信号时，代表不同离散数值的基本波形称为码元。在使用二进制编码时，只有两种不同的码元，一种代表 0 状态，另一种代表 1 状态。

2.2.2　有关信道的几个基本概念

在许多情况下，要使用"信道（Channel）"这一术语。信道和电路并不等同。信道一般都是用来表示向某个方向传送信息的媒体。因此，一条通信电路往往包含一条发送信道和一条接收信道。

从通信的双方信息交互方式来看，有以下三种基本方式：

① 单工通信。又称单向通信，即只能有一个方向的通信。无线电广播或有线电广播以及电视广播就属于这种类型。

② 半双工通信。又称双向交替通信，即通信双方都可以发送信息，但不能双方同时发送（或同时接收）。这种通信方式是一方发送另一方接收，过一段时间后再反过来。

③ 全双工通信。又称双向同时通信，即通信双方可以同时发送和接收信息。

单向通信只需要一条信道，而双向交替通信或双向同时通信则都需要两条信道（每个方向各一条）。显然，双向同时通信的传输效率最高。

基带信号就是信源发出的未经调制（进行频谱搬移和波形变换）的原始电信号（例如人说话的声波就是基带信号，计算机输出的代表各种文字或图像文件的数据信号也属于基带信号）。根据原始电信号的特征，基带信号可分为数字基带信号和模拟基带信号。基带信号往往包含有较多的低频成分，甚至有直流成分，而许多信道并不能传输这种低频分量或直流分量。为了解决这一问

题，就必须对基带信号进行调制（Modulation）。

调制可分为两大类。一类是对数字基带信号的波形进行变换，使它能与信道特性相适应，变换后的信号仍然是数字基带信号。这类调制称为基带调制。由于这种基带调制是把数字信号转换为另一种形式的数字信号，因此也被称为编码（Coding）。常见的编码方式有非归零编码、曼彻斯特编码和差分曼彻斯特编码等等。另一类则需要使用载波（Carrier）进行调制，把基带信号的频率范围搬移到较高的频段以便在信道中传输。经过载波调制后的信号称为带通信号（即仅在一段频率范围内能够通过信道），而使用载波的调制称为带通调制。载波是指被调制以用来传输信号的高频波，一般为正弦波。载波信号一般要求正弦载波的频率远远高于调制信号的带宽，否则会发生混叠，使传输信号失真。

如图 1-2-3 所示，最基本的带通调制方法有：

① 调幅（AM），即载波的振幅随基带数字信号而变化。例如，0 和 1 分别对应于无载波或有载波输出。

② 调频（FM），即载波的频率随基带数字信号而变化。例如，0 和 1 分别对应于频率 f1 或频率 f2。

③ 调相（PM），即载波的初始相位随基带数字信号而变化。例如，0 和 1 分别对应相位 0° 或 180°。

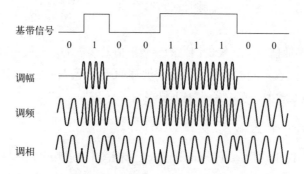

图 1-2-3　对基带数字信号的三种调制方法

2.2.3　信道的极限容量

几十年来，通信领域的学者一直在努力寻找提高数据传输速率的途径。这个问题很复杂，因为任何实际的信道都不是理想的，在传输信号时会产生各种失真。数字通信的优点就是：只要能在接收端从失真的波形中识别出原来的信号，那么这种失真对通信质量就没有影响。例如，图 1-2-4（a）表示信号通过实际的信道后虽然有失真，但在接收端还可以识别出原来的码元。但图 1-2-4（b）就不同了，这时失真已很严重，在接收端无法识别码元是 1 还是 0。码元传输的速率越高，或信号传输的距离越远，或噪声干扰越大，或传输媒体质量越差，在接收端的波形的失真就越严重。

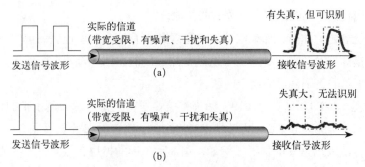

图 1-2-4　数字信号通过实际的信道

从概念上讲，限制码元在信道中的传输速率的因素有以下两个。

1. 信道能够通过的频率范围

具体的信道所能通过的频率范围总是有限的。信号中的许多高频分量往往不能通过信道。像图 1-2-4 所示的发送信号是一种典型的矩形脉冲信号，它包含很丰富的高频分量。如果信号中的高频分量在传输时受到衰减，那么在接收端收到的波形前沿和后沿就变得不那么陡峭了，每个码元所占的时间界限也不再是很明确的，而是前后都拖了"尾巴"。也就是说，扩散了的码元波形所占的时间也变得更宽了。这样，在接收端收到的信号波形就失去了码元之间的清晰界限。这种现象叫作码间串扰。严重的码间串扰使得本来分得很清楚的一串码元变得模糊而无法识别。早在 1924 年，奈奎斯特（Nyquist）就推导出了著名的奈氏准则。他给出了在假定的理想条件下，为了避免码间串扰，码元的传输速率的上限值。在任何信道中，码元传输的速率是有上限的，传输速率超过此上限，就会出现严重的码间串扰的问题，使接收端对码元的判决（即识别）成为不可能。

如果信道的频带越宽，也就是能够通过的信号高频分量越多，那么就可以用更高的速率传送码元而不出现码间串扰。

2. 信噪比

噪声存在于所有的电子设备和通信信道中。由于噪声是随机产生的，它的瞬时值有时会很大。因此噪声会使接收端对码元的判决产生错误（1 判决为 0 或 0 判决为 1）。但噪声的影响是相对的。如果信号相对较强，那么噪声的影响就相对较小。因此，信噪比就很重要。所谓信噪比就是信号的平均功率和噪声的平均功率之比，常记为 S/N，并用分贝（dB）作为度量单位。即：

$$信噪比（dB）=10 \lg (S/N)（dB）$$

例如，当 S/N=10 时，信噪比为 10 dB，而当 S/N=1 000 时，信噪比为 30 dB。

在 1948 年，信息论的创始人香农（Shannon）推导出了著名的香农公式。香农公式指出：信道的极限信息传输速率 C 是：

$$C=W \log_2(1+S/N)（bit/s）$$

式中，W 为信道的带宽（以 Hz 为单位）；S 为信道内所传信号的平均功率；N 为信道内部的高斯噪声功率。

香农公式表明，信道的带宽或信道中的信噪比越大，信息的极限传输速率就越高。香农公式指出了信息传输速率的上限。香农公式的意义在于：只要信息传输速率低于信道的极限信息传输

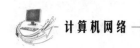

速率，就一定可以找到某种办法来实现无差错的传输。

对于频带宽度已确定的信道，如果信噪比不能再提高了，并且码元传输速率也达到了上限值，那么还有什么办法提高信息的传输速率呢？这就是用编码的方法让每一个码元携带更多比特的信息量。下面用一个简单的例子来说明这个问题。

假定基带信号是101011000110111010。如果直接传送，则每个码元所携带的信息量是 1 bit。现将信号中的每 3 个比特编为一个组，即 101,011,000,110,111,010。3 个比特共有 8 种不同的排列。可以用不同的调制方法表示这样的信号。例如，用 8 种不同的振幅，或 8 种不同的频率，或 8 种不同的相位进行调制。假定采用幅度调制，用幅度 a_0 表示 000，a_1 表示 001，a_2 表示 010，...，a_7 表示 111。这样，原来的 18 个码元的信号就转换为由 6 个码元组成的信号：

$$101011000110111010 = a_5 a_3 a_0 a_6 a_7 a_2$$

也就是说，若以同样的速率发送码元，则同样时间所传送的信息量就提高到了 3 倍。

自从香农公式发表后，各种新的信号处理和调制方法不断出现，其目的都是为了尽可能地接近香农公式给出的传输速率极限。在实际信道上能够达到的信息传输速率要比香农的极限传输速率低不少。这是因为在实际信道中，信号还要受到其他一些损伤，如各种脉冲干扰和在传输中产生的失真等。

2.3 物理层下面的传输媒体

传输媒体又称传输介质或传输媒介，它就是数据传输系统中在发送器和接收器之间的物理通路。传输媒体可分为两大类，即导向传输媒体和非导向传输媒体。在导向传输媒体中，电磁波被导向沿着固体媒体（铜线或光纤）传播，而非导向传输媒体就是指自由空间，在非导向传输媒体中电磁波的传输常称为无线传输。

2.3.1 导向传输媒体

1. 双绞线

双绞线是最古老但又是最常用的传输媒体。把两根互相绝缘的铜导线并排放在一起，然后用规则的方法绞合起来就构成了双绞线。绞合可减少对相邻导线的电磁干扰。使用双绞线最多的地方就是到处都有的电话系统。几乎所有电话都用双绞线连接到电话交换机。

模拟传输和数字传输都可以使用双绞线，其通信距离一般为几到十几千米。距离太长时就要加放大器以便将衰减了的信号放大到合适的数值（对于模拟传输），或者加上中继器以便将失真了的数字信号进行整形（对于数字传输）。导线越粗，其通信距离就越远，但导线的价格也越高。在数字传输时，若传输速率为每秒几兆比特，则传输距离可达几千米。由于双绞线的价格便宜且性能良好，因此使用十分广泛。如局域网中就使用双绞线作为传输媒体。

为了提高双绞线的抗电磁干扰能力，可以在双绞线的外面再加上一层用金属丝编织成的屏蔽层，这就是屏蔽双绞线（Shielded Twisted Pair, STP）。它的价格比无屏蔽双绞线（Unshielded Twisted Pair, UTP）要贵一些。图 1-2-5（a）为无屏蔽双绞线，图 1-2-5（b）为屏蔽双绞线。

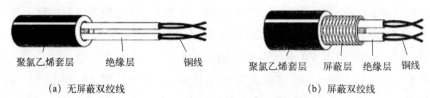

（a）无屏蔽双绞线　　　　　　　　　　（b）屏蔽双绞线

图 1-2-5　无屏蔽双绞线和屏蔽双绞线

表 1-2-1 给出了常用绞合线的类别、带宽和典型应用。

表 1-2-1　常用绞合线的类别、带宽和典型应用

绞合线类型	带宽 /MHz	典 型 应 用
3	16	低速网络；模拟电话
4	20	短距离 10BASE-T 以太网
5	100	10BASE-T 以太网；某些 100Base-T 快速以太网
5E（超 5 类）	100	100BASE-T 快速以太网；某些 1000BASE-T 吉比特以太网
6	250	1000BASE-T 吉比特以太网；ATM 网络
7	600	可能用于今后的 10 吉比特以太网

无论是哪种类别的线，衰减都随频率的升高而增大。使用更粗的导线可以降低衰减，但却增加了导线的价格和质量。线对之间的绞合度（即单位长度内的绞合次数）和线对内两根导线的绞合度都必须经过精心设计，并在生产中加以严格控制，使干扰在一定程度上得以抵消，这样才能提高线路的传输特性。

2. 同轴电缆

同轴电缆由内导体铜质芯线（单股实心线或多股绞合线）、绝缘层、网状编织的外导体屏蔽层（也可以是单股的）以及保护塑料外层所组成（见图 1-2-6）。由于外导体屏蔽层的作用，同轴电缆具有很好的抗干扰特性，被广泛用于传输较高速率的数据。

图 1-2-6　同轴电缆

同轴电缆又分为基带同轴电缆（阻抗 50 Ω）和宽带同轴电缆（阻抗 75 Ω）。基带同轴电缆用来直接传输数字信号，宽带同轴电缆用于频分多路复用（FDM）的模拟信号发送，还用于不使用频分多路复用的高速数字信号发送和模拟信号发送。闭路电视所使用的 CATV 电缆就是宽带同轴电缆。

在局域网发展的初期曾广泛使用同轴电缆作为传输媒体。但随着技术的进步，在局域网领域基本上都是采用双绞线作为传输媒体。目前同轴电缆主要用在有线电视网的居民小区中。同轴电缆的带宽取决于电缆的质量，目前高质量的同轴电缆的带宽已接近 1 GHz。

同轴电缆有以下一些特点：

① 物理特性。单根同轴电缆的直径约为 1.02 ～ 2.54 cm，可在较宽的频率范围内工作。

② 传输特性。50 Ω 仅仅用于数字传输，并使用曼彻斯特编码，数据传输率最高可达 10 Mbit/s。公用 CATV 电缆既可用于模拟信号发送又可用于数字信号发送。

③ 连通性。同轴电缆适用于点到点和多点连接。基带 50 Ω 电缆可以支持数千台设备，在高数据传输率下（50 Mbit/s）使用 75 Ω 电缆时设备数目限制在 20 ～ 30 台。

④ 地理范围。典型基带电缆的最大距离限制在几千米，宽带电缆可以达到几十千米。高速的数字传输或模拟传输（50 Mbit/s）限制在约 1 km 的范围内。由于有较高的数据传输率，因此总线上信号间的物理距离非常小，这样，只允许有非常小衰减或噪声，否则数据就会出错。

⑤ 抗干扰性。同轴电缆的抗干扰性能比双绞线强。

⑥ 价格。安装同轴电缆的费用比双绞线贵，但比光纤便宜。

3. 光缆

从 20 世纪 70 年代到现在，通信和计算机都发展得非常快。据统计，计算机的运行速度大约每 10 年提高 10 倍。但在通信领域中，信息的传输速率则提高得更快，从 20 世纪 70 年代的 56 kbit/s 提高到现在的 100 Gbit/s（使用光纤通信技术）。相当于每 10 年提高 100 倍。因此光纤通信就成为现代通信技术中的一个十分重要的领域。

光纤通信就是利用光导纤维（以下简称为光纤）传递光脉冲进行通信。有光脉冲相当于 1，而没有光脉冲相当于 0。由于可见光的频率非常高，约为 10^8 MHz 量级。因此一个光纤通信系统的传输带宽远远大于目前其他各种传输媒体的带宽。

光纤是光纤通信的传输媒体。在发送端有光源，可以用发光二极管或半导体激光器，它们在电脉冲的作用下能产生光脉冲。在接收端利用光电二极管做成光检测器，在检测到光脉冲时可还原出电脉冲。

图 1-2-7 为光波在纤芯中传播的示意图。现代的生产工艺可以制造出超低损耗的光纤，即做到光线在纤芯中传输数千米而基本上没有什么衰耗。这一点是光纤通信得到飞速发展的最关键因素。

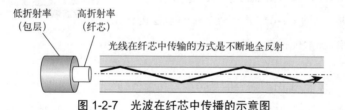

图 1-2-7　光波在纤芯中传播的示意图

图 1-2-7 中只画了一条光线。实际上，只要从纤芯中射到纤芯表面的光线的入射角大于某一个临界角度，就可产生全反射。因此，可以存在许多条不同角度入射的光线在一条光纤中传输，这种光纤称为多模光纤，如图 1-2-8（a）所示。光脉冲在多模光纤中传输时会逐渐展宽，造成失真。因此多模光纤只适合于近距离传输。若光纤的直径减小到只有一个光的波长，则光纤就像一根波导那样，它可使光线一直向前传播，而不会产生多次反射，这样的光纤称为单模光纤，如图 1-2-8（b）所示。单模光纤的纤芯很细，其直径只有几微米，制造起来成本较高。同时单模光纤的光源要使用昂贵的半导体激光器，而不能使用较便宜的发光二极管。但单模光纤的衰耗较小，在 100 Gbit/s 的高速率下可传输数百千米而不必采用中继器。

单模光纤能够使光纤直接发射到中心，一般用于长距离的数据传输，单模光纤常用于远距离和传输速率相对较高的城域网；多模光纤中光信号通过多个通路传播，因此多模光纤常用于短距离的数据传输中。

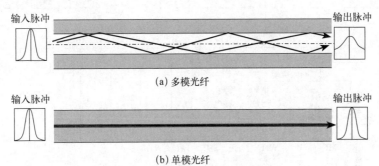

图 1-2-8 多模光纤和单模光纤

光纤不仅具有通信容量大的优点，而且还具有其他一些特点：

① 传输损耗小，中继距离长，对远距离传输特别经济。

② 抗雷电和抗电磁干扰性能好。这在有大电流脉冲干扰的环境下尤为重要。

③ 无串音干扰，保密性好，也不易被窃听或截取数据。

④ 体积小，质量小。这在现有电缆管道已拥塞不堪的情况下特别有利。例如，1 km 长的 1 000 对双绞线电缆质量约为 8 000 kg，而同样长度但容量大得多的一对两芯光缆质量约为 100 kg。

光纤也有一定的缺点，这就是要将两根光纤精确地连接需要专用设备。目前光电接口还较贵，但价格是在逐年下降的。

2.3.2 非导向传输媒体

前面介绍了几种导向传输媒体。但是，若通信线路要通过一些高山或岛屿，有时就很难施工。当通信距离很远时，铺设电缆既昂贵又费时。但利用无线电波在自由空间的传播就可较快地实现多种通信。无线传输媒体都不需要架设或铺埋电缆或光纤，而通过大气传输。由于这种通信方式不使用各种导向传输媒体，因此就将自由空间称为"非导向传输媒体"。

无线传输可使用的频段很广。如图 1-2-9 所示，人们现在已经利用了好几个波段进行通信。紫外线和更高的波段目前还不能用于通信。图 1-2-9 还给出了 ITU 对波段取的正式名称。LF、MF 和 HF 的中文名字分别是低频、中频和高频。更高频段中的 V、U、S 和 E 分别对应于 Very、Ultra、Super 和 Extremely，相应频段的中文名称分别是甚高频、特高频、超高频和极高频，最高频段中的 T 是 Tremendously，目前尚无标准译名。

1. 短波通信

短波通信（即高频通信）是波长在 10 ～ 100 m，频率范围 3 ～ 30 MHz 的一种无线电通信技术。短波主要是靠电离层的反射（天波）进行长距离（几千千米）通信。短波也可以像长、中波一样靠地波进行短距离（几十千米）通信。

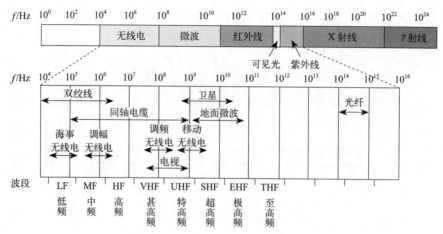

图 1-2-9　电信领域使用的电磁波频谱

短波通信主要是靠电离层的反射。短波通信发射电波要经电离层的反射才能到达接收设备，通信距离较远，是远程通信的主要手段。电离层反射产生多径效应，同一个信号经过不同的反射路径到达同一个接收点，但各反射路径的衰减和时延都不相同，使得最后得到的合成信号失真很大。由于电离层的高度和密度容易受昼夜、季节、气候等因素影响，所以短波通信的稳定性较差，噪声较大。因此，当使用短波无线电台传送数据时，一般都是低速传输，即速率为一个标准模拟话路传几十至几百比特每秒。只有在采用复杂的调制解调技术后，才能使数据的传输速率达到几千比特每秒。

但是，随着技术进步，特别是自适应技术、数字信号处理技术、差错控制技术、扩频技术、超大规模集成电路技术和微处理器的出现和应用，短波通信进入了一个崭新的发展阶段由于价格低廉、抗毁性强等固有优点，仍然是支撑短波通信战略地位的重要因素。

2. 微波通信

微波通信是波长在 10 mm ~ 1 m 之间，频率范围 300 MHz ~ 300 GHz（主要使用 2 ~ 40 GHz 的频率范围）的一种无线电通信技术。

微波通信是直接使用微波作为介质进行的通信，不需要固体介质，当两点间直线距离内无障碍时就可以使用微波传送。利用微波进行通信具有容量大、质量好并可传至很远的距离的特点，因此是国家通信网的一种重要通信手段，也普遍适用于各种专用通信网。

微波在空间主要是直线传播。由于微波会穿透电离层而进入宇宙空间，因此它不像短波那样可以经电离层反射传播到地面上很远的地方。传统的微波通信主要有两种方式：即地面微波接力通信和卫星通信。

由于微波在空中的传播特性与光波相近，也就是直线前进，遇到阻挡就被反射或被阻断，因此数字微波通信的主要方式是视距通信。受地球曲面和空间传输衰落的影响较大，要进行远距离的通信，需要接力传输，即对信号进行多次中继转发（包括变频、中放等环节），这种数字通信方式又称地面数字微波中继传输方式。终端站处在数字微波传输线路的两端，中继站是数字微波传输线路数量最多的站型，一般都有几个到几十个，每隔 50 km 左右就需要设置一个中继站。中继站的主要作用是将数字信号接收，进行放大，再转发到下一个中继站，并确保传输数字信号的质量。

所以数字微波传输又称数字微波接力传输，这种长距离数字微波传输干线，可以经过几十次中继而传至数千千米外仍可保持很高的传输质量。

微波接力通信可传输电话、电报、图像、数据等信息。其主要特点是：

① 微波波段频率很高，其频段范围很宽，因此其通信信道的容量很大。

② 因为工业干扰和天电干扰的主要频谱成分比微波频率低得多，对微波通信的危害比对短波和米波（即甚高频）通信小得多，因而微波传输质量较高。

③ 与相同容量和长度的电缆载波通信比较，微波接力通信建设投资少，见效快，易于跨越山区、江河。

当然，微波接力通信也存在如下一些缺点：

① 相邻站之间必须直视 [常称为视距 LOS (Line Of Sight)]，不能有障碍物。有时一个天线发射出的信号也会分成几条略有差别的路径到达接收天线，因而造成失真。

② 微波的传播有时也会受到恶劣气候的影响。

③ 与电缆通信系统比较，微波通信的隐蔽性和保密性较差。

④ 对大量中继站的使用和维护要耗费较多的人力和物力。

常用的卫星通信方法是在地球站之间利用位于约 36 000 km 高空的人造同步地球卫星作为中继器的一种微波接力通信。对地静止通信卫星就是在太空的无人值守的微波通信的中继站。可见卫星通信的主要优缺点应当大体上和地面微波通信的差不多。

卫星通信的最大特点是通信距离远，且通信费用与通信距离无关。同步地球卫星发射出的电磁波能辐射到地球上的通信覆盖区的跨度达 18000 km，面积约占全球的三分之一。只要在地球赤道上空的同步轨道上，等距离地放置 3 颗相隔 120°的卫星，就能基本上实现全球通信。

和微波接力通信相似，卫星通信的频带很宽，通信容量很大，信号所受到的干扰也较小，通信比较稳定。为了避免产生干扰，卫星之间相隔如果不小于 2°，那么赤道上空只能放置 180 个同步卫星。好在人们想出来可以在卫星上使用不同的频段进行通信。因此总的通信容量还是很大的。

3. 红外线通信

红外线通信，顾名思义，就是通过红外线传输数据。在计算机技术发展早期，数据都是通过线缆传输的，线缆传输连线烦琐，需要特制接口，颇为不便。于是就有了红外线、蓝牙、802.11等无线数据传输技术。

在红外线通信技术发展早期，存在好几个红外线通信标准，不同标准之间的红外线设备不能进行红外通信。为了使各种红外线设备能够互连互通，1993 年，由二十多个大厂商发起成立了红外线数据标准协会（IrDA），统一了红外线通信标准，这就是被广泛使用的 IrDA 红外线数据通信协议及规范。

4. 激光通信

激光通信是一种利用激光传输信息的通信方式。激光是一种新型光源，具有亮度高、方向性强、单色性好、相干性强等特征。按传输媒质的不同，可分为大气激光通信和光纤通信。大气激光通信是利用大气作为传输媒质的激光通信，光纤通信是利用光纤传输光信号的通信方式。

激光通信系统组成设备包括发送和接收两部分。发送部分主要有激光器、光调制器和光学发射天线。接收部分主要包括光学接收天线、光学滤波器、光探测器。要传送的信息送到与激光器相连的光调制器中，光调制器将信息调制在激光上，通过光学发射天线发送出去。在接收端，光学接收天线将激光信号接收下来，送至光探测器，光探测器将激光信号变为电信号，经放大、解调后变为原来的信息。

大气激光通信可传输语言、文字、数据、图像等信息。

（1）激光通信的优点

① 通信容量大。在理论上，激光通信可同时传送 1000 万路电视节目和 100 亿路电话。

② 保密性强。激光不仅方向性特强，而且可采用不可见光，因而不易被敌方所截获，保密性能好。

③ 结构轻便，设备经济。由于激光束发散角小，方向性好，激光通信所需的发射天线和接收天线都可做得很小，一般天线直径为几十厘米，质量不过几千克，而功能类似的微波天线，质量则为几吨或十几吨。

（2）激光通信的弱点

① 通信距离限于视距（数千米至数十千米范围），易受气候影响，在恶劣气候条件下甚至会造成通信中断。大气中的氧、氮、二氧化碳、水蒸气等大气分子对光信号有吸收作用；大气分子密度的不均匀和悬浮在大气中的尘埃、烟、冰晶、盐粒子、微生物和微小水滴等对光信号有散射作用。云、雨、雾、雪等使激光受到严重衰减。地球表面的空气对流引起的大气湍流能对激光传输产生光束偏折、光束扩散、光束闪烁（光束截面内亮斑和暗斑的随机变化）和像抖动（光束汇聚点的随机跳动）等影响。

不同波长的激光在大气中有不同的衰减。理论和实践证明：波长为 0.4 ~ 0.7 µm 以及波长为 0.9、1.06、2.3、3.8、10.6 µm 的激光衰减较小，其中波长为 0.6 µm 的激光穿雾能力较强。大气激光通信可用于江河湖泊、边防、海岛、高山峡谷等地的通信；还可用于微波通信或同轴电缆通信中断抢修时的临时顶替设备。波长为 0.5 µm 附近的蓝绿激光可用于水下通信或对潜艇通信。

② 瞄准困难。激光束有极高的方向性，这给发射和接收点之间的瞄准带来不少困难。为保证发射和接收点之间瞄准，不仅对设备的稳定性和精度提出很高的要求，而且操作也复杂。

2.4　信道复用技术

"复用"是一种将若干个彼此独立的信号，合并为一个可在同一信道上同时传输的复合信号的方法。比如，传输的语音信号的频谱一般在 300 ~ 3 400 Hz，为了使若干这种信号能在同一信道上传输，可以把它们的频谱调制到不同频段，合并在一起而不致相互影响，并能在接收端彼此分离开来。

图 1-2-10（a）表示 A_1、B_1 和 C_1 分别使用一个单独信道和 A_2、B_2 和 C_2 进行通信，总共需要三个信道。但如果在发送端使用一个复用器，就可以让大家合起来使用一个共享信道进行通信。在接收端再使用分用器，把合起来传输的信息分别送到相应的终点。图 1-2-10（b）是复用的示意

图。当然复用要付出一定代价（共享信道由于带宽较大因而费用也较高，再加上复用器和分用器的费用）。但如果复用的信道数量较大，那么在经济上还是合算的。

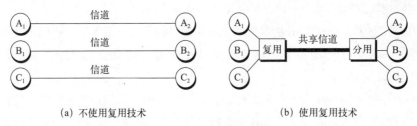

(a) 不使用复用技术   (b) 使用复用技术

图 1-2-10   复用示意图

2.4.1   频分复用

频分复用（Frequency Division Multiplexing，FDM）就是将用于传输信道的总带宽划分成若干子频带（又称子信道），每个子信道传输一路信号。频分复用要求总频率宽度大于各子信道频率之和，同时为了保证各子信道中所传输的信号互不干扰，应在各子信道之间设立隔离带，这样就保证了各路信号互不干扰（条件之一）。频分复用技术的特点是所有子信道传输的信号以并行方式工作，每路信号传输时可不考虑传输时延，因而频分复用技术取得了非常广泛的应用。频分复用技术除传统意义上的频分复用（FDM）外，还有一种是正交频分复用（OFDM）。

频分复用的基本思想：要传送的信号带宽是有限的，而线路可使用的带宽则远远大于要传送的信号带宽，通过对多路信号采用不同频率进行调制的方法，使调制后的各路信号在频率位置上错开，以达到多路信号同时在一个信道内传输的目的。因此，频分复用的各路信号是在时间上重叠而在频谱上不重叠的信号。频分复用是指按照频率的不同来复用多路信号的方法。在频分复用中，信道的带宽被分为若干个相互不重叠的频段，每路信号占用其中一个频段，因而在接收端可以采用适当的带通滤波器将多路信号分开，从而恢复出所需的信号。

如图 1-2-11 所示，用户在分配到一定的频带后，在通信过程中自始至终都占用这个频带。可见频分复用的所有用户在同样的时间占用不同的带宽资源（注意，这里的"带宽"是频率带宽而不是数据的发送速率）。

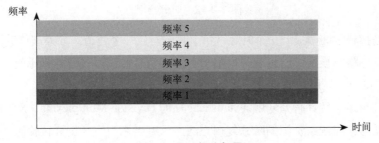

图 1-2-11   频分复用

2.4.2   时分复用

时分复用（Time Division Multiplexing，TDM）是采用同一物理连接的不同时段来传输不同

的信号，也能达到多路传输的目的。时分多路复用以时间作为信号分割的参量，故必须使各路信号在时间轴上互不重叠。时分复用就是将提供给整个信道传输信息的时间划分成若干时间片（又称时隙），并将这些时隙（Timeslot）分配给每个信号源使用。

时分复用技术是将不同的信号相互交织在不同的时间段内，沿着同一个信道传输；在接收端再用某种方法，将各个时间段内的信号提取出来还原成原始信号的通信技术，这种技术可以在同一个信道上传输多路信号。

时分多路复用技术适用于数字信号的传输。由于信道的位传输速率超过每一路信号的数据传输速率，因此可将信道按时间分成若干片段轮换地给多个信号使用。每一时间片由复用的一个信号单独占用，在规定的时间内，多个数字信号都可按要求传输到达，从而也实现了一条物理信道上传输多个数字信号。假设每个输入的数据比特率是 9.6kbit/s，线路的最大比特率为 76.8kbit/s，则可传输 8 路信号。在接收端，复杂的解码器通过接收一些额外的信息来准确地区分出不同的数字信号。

时分复用是建立在抽样定理基础上的，抽样定理使连续（模拟）的基带信号有可能被在时间上离散出现的抽样脉冲值所代替。这样，当抽样脉冲占据较短时间时，在抽样脉冲之间就留出了时间空隙，利用这种空隙便可以传输其他信号的抽样值。因此，这就有可能沿一条信道同时传送若干个基带信号。

如图 1-2-12 所示，有 A、B、C 和 D4 个用户，每个用户所占用的时隙周期性地出现（其周期就是 TDM 帧的长度）。因此 TDM 信号又称等时（Isochronous）信号。可以看出，时分复用的所有用户是在不同的时间占用同样的频带宽度。

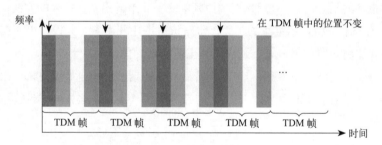

图 1-2-12　时分复用

时分复用是指将时间分成若干个时隙，每个时隙对应一个信道。如果该信道被某特定用户固定使用，如传统电路交换网中。也就是说不管有没有信息传送，该信道都不能被其他用户使用。如果该信道能被多用户复用，则为统计时分复用。

如图 1-2-13 所示，统计时分复用（Statistical Time Division Multiplexing，STDM）是一种根据用户实际需要动态分配线路资源的时分复用方法。只有当用户有数据要传输时才分配线路资源，当用户暂停发送数据时，不分配线路资源，线路的传输能力可以被其他用户使用。采用统计时分复用时，每个用户的数据传输速率可以高于平均速率，最高可达到线路总的传输能力。

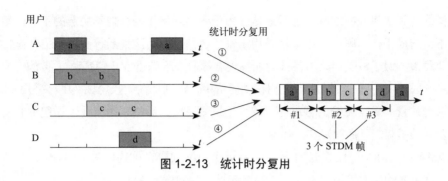

图 1-2-13　统计时分复用

2.4.3　波分复用

　　波分复用（Wavelength Division Multiplexing，WDM）是将两种或多种不同波长的光载波信号（携带各种信息）在发送端经复用器（亦称合波器）汇合在一起，并耦合到光线路的同一根光纤中进行传输的技术；在接收端，经解复用器将各种波长的光载波分离，然后由光接收机作进一步处理以恢复原信号。这种在同一根光纤中同时传输两个或众多不同波长光信号的技术，称为波分复用。

　　如图 1-2-14 所示，波分复用就是光的频分复用。光纤技术的应用使得数据的传输速率空前提高。目前一根单模光纤的传输速率可达到 2.5 Gbit/s，再提高传输速率就比较困难了。如果设法对光纤传输中的色散（Dispersion）问题加以解决，如采用色散补偿技术，则一根单模光纤的传输速率可达到 20 Gbit/s，这几乎已到了单个光载波信号传输的极限值。

　　但是，人们借用传统载波电话的频分复用概念，就能做到使用一根光纤同时传输多个频率很接近的光载波信号，这样就使光纤的传输能力成倍地提高了。由于光载波的频率很高，因此习惯上用波长而不用频率来表示所使用的光载波。这样就得出了波分复用这一术语。最初，人们只能在一根光纤上复用两路光载波信号，这种复用方式称为波分复用（WDM）。随着技术的发展，在一根光纤上复用的光载波信号路数越来越多。现在已能做到在一根光纤上复用 80 路或更多路数的光载波信号。于是就使用了密集波分复用（Dense Wavelength Division Multiplexing DWDM）这一术语。

图 1-2-14　波分复用

2.4.4　码分复用

　　码分复用（Code Division Multiplexing，CDM）是另一种共享信道的方法。码分复用是靠不同的编码来区分各路原始信号的一种复用方式，主要和各种多址技术结合产生了各种接入技术，包括无线和有线接入。

　　实际上，人们更常用的术语是码分多址（Code Division Multiple Access，CDMA）。每个用户

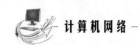

可以在同样的时间使用同样的频带进行通信。由于各用户使用经过特殊挑选的不同码型，因此各用户之间不会造成干扰。码分复用最初是用于军事通信，因为这种系统发送的信号有很强的抗干扰能力，其频谱类似于白噪声，不易被敌人发现。随着技术的进步，CDMA 设备的价格和体积都大幅度下降，因而现在已广泛使用在民用移动通信中，特别是在无线局域网中。采用 CDMA 可提高通信的话音质量和数据传输的可靠性，减少干扰对通信的影响，增大通信系统的容量，降低手机的平均发射功率等。下面简述其工作原理。

在 CDMA 中，每一个比特时间再划分为 m 个短的间隔，称为码片（Chip）。通常 m 的值是 64 或 128。在下面的原理性说明中，为了简单起见，我们设 m 为 8。

使用 CDMA 的每一个站被指派一个唯一的 m bit 码片序列（Chip Sequence）。一个站如果要发送比特 1，则发送它自己的 m bit 码片序列。如果要发送比特 0，则发送该码片序列的二进制反码。例如，指派给 S 站的 8 bit 码片序列是 00011011，当 S 发送比特 1 时，它就发送序列 00011011；而当 S 发送比特 0 时，就发送 11100100。

为了方便，我们按惯例将码片中的 0 写为 −1，将 1 写为 +1。因此 S 站的码片序列是（−1 −1 −1 +1 +1 −1 +1 +1）。现假定 S 站要发送信息的数据率为 n bit/s。由于每一个比特要转换成 m 个比特的码片，因此 S 站实际上发送的数据率提高到 mn bit/s，同时 S 站所占用的频带宽度也提高到原来数值的 m 倍。这种通信方式是扩频（Spread Spectrum）通信中的一种。扩频通信通常有两大类：一种是直接序列扩频（Direct Sequence Spread Spectrum，DSSS），如上面讲的使用码片序列就是这一类；另一种是跳频扩频（Frequency Hopping Spread Spectrum，FHSS）。

CDM 系统的一个重要特点就是这种体制给每一个站分配的码片序列不仅必须各不相同，并且还必须互相正交（Orthogonal）。在实用的系统中是使用伪随机码序列。

令向量 S 表示站 S 的码片向量，令 T 表示其他站的码片向量。两个不同站的码片序列正交，就是向量 S 和 T 的规格化内积（Inner Product）都是 0。

$$S \cdot T \equiv \frac{1}{m} \sum_{i=1}^{m} S_i T_i = 0$$

现在假定在一个 CDMA 系统中有很多站都在相互通信，每个站所发送的是数据比特和本站的码片序列的乘积，因而是本站的码片序列（相当于发送比特 1）和该码片序列的二进制反码（相当于发送比特 0）的组合序列，或什么也不发送（相当于没有数据发送）。还假定所有的站所发送的码片序列都是同步的，即所有码片序列都在同一时刻开始，利用全球定位系统（GPS）不难实现。

2.5　因特网接入技术

接入技术解决的就是最终用户接入本地 ISP "最后一公里" 的问题。通常，人们将端系统连接到 ISP 边缘路由器的物理链路及相关设备的集合称为接入网（Access Network，AN）。

2.5.1　数字用户线接入

xDSL 技术就是用数字技术对现有的模拟电话用户线进行改造，使它能够承载宽带业务。虽然标准模拟电话信号的频带被限制在 300 ～ 3 400 Hz，但用户线本身实际可通过的信号频率仍然超过 1 MHz。因此 xDSL 技术就把 0 ~ 4 kHz 低端频谱留给传统电话使用，而把原来没有被利用的高端频谱留给用户上网使用。DSL 就是数字用户线（Digital Subscriber Line）的缩写。各种 DSL 技术最大的区别体现在信号传输速率和距离的不同，以及上行信道和下行信道的对称性不同两方面。xDSL 是各种类型 DSL 的总称，包括 ADSL、RADSL、VDSL、SDSL、IDSL 和 HDSL 等。

非对称数字用户线路（Asymmetric Digital Subscriber Line，ADSL）是数字用户线路服务中最流行的一种。所谓非对称主要体现在上行速率和下行速率的非对称性上。它利用数字编码技术从现有铜质电话线上获取最大数据传输容量，同时又不干扰在同一条线上进行的常规话音服务。其原因是它用电话话音传输以外的频率传输数据。用户可以在上网的同时打电话或发送传真，而这将不会影响通话质量或降低下载 Internet 内容的速度。

由于用户在上网时主要是从因特网下载各种文档，而向因特网发送的信息一般都不大，因此 ADSL 把上行和下行带宽做成不对称的。上行指从用户到 ISP，而下行指从 ISP 到用户。ADSL 在用户线（铜线）的两端各安装一个 ADSL 调制解调器，这种调制解调器的实现方案有许多种。我国目前采用的方案是离散多音调（Discrete Multi-Tone，DMT）调制技术。这里的"多音调"就是"多载波"或"多子信道"的意思。DMT 调制技术采用频分复用方法，把 40 kHz ~ 1.1 MHz 的高端频谱划分为多个子信道，其中 25 个子信道用于上行信道，而 249 个子信道用于下行信道。每个子信道占据 4 kHz 带宽（严格讲是 4.3125 kHz），并使用不同的载波（即不同的音调）进行数字调制。这种做法相当于在一对用户线上使用许多小的调制解调器并行地传送数据。由于用户线的具体条件往往相差很大（距离、线径、受到相邻用户线的干扰程度等都不同），因此 ADSL 采用自适应调制技术使用户线能够传送尽可能高的数据率。

当 ADSL 启动时，用户线两端的 ADSL 调制解调器就测试可用的频率、各子信道受到的干扰情况，以及在每个频率上测试信号的传输质量。对具有较高信噪比的频率，ADSL 就选择一种调制方案可获得每码元对应于更多的比特。反之，对信噪比较低的频率，ADSL 就选择一种调制方案使得每码元对应于较少的比特。因此，ADSL 不能保证固定的数据率。对于质量很差的用户线甚至无法开通 ADSL。因此电信局需要定期检查用户线的质量，以保证能够提供向用户承诺的 ADSL 数据率。通常下行数据率在 32 kbit/s ~ 6.4 Mbit/s，而上行数据率在 32 ~ 640 kbit/s。图 1-2-15 表示这种 DMT 技术的频谱分布。

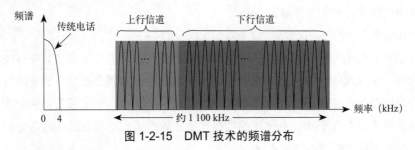

图 1-2-15　DMT 技术的频谱分布

2.5.2　光纤同轴混合网接入

混合光纤同轴电缆（HFC）接入网，是以光纤作为传输主干，采用模拟传输技术，通过频分复用的方式传输模拟和数字信息的网络。也可以说，它是一种综合应用模拟和数字技术、同轴电

缆和光缆技术以及射频技术的高分布式接入网络，是电信网和 CATV 网相结合的产物。它实际上是将现有光纤 / 同轴电缆混合组成的单向模拟 CATV 网改造为双向网络，除了提供原有的模拟广播电视业务外，利用频分复用技术和专用电缆解调器实现话音、数据和交互式视频等宽带双向业务的接入和应用。

HFC 系统的典型结构由馈线网、配线网和用户引入线 3 部分组成。HFC 网是在目前覆盖面很广的有线电视网 CATV 的基础上开发的一种居民宽带接入网。HFC 网除可传送 CATV 外，还提供电话、数据和其他宽带交互型业务。

1. 馈线网

HFC 的馈线网对应 CATV 网络中的干线部分，即从前端（局端）至服务区（SA）的光纤节点之间的部分。与 CATV 不同的是，从前端到服务区的光纤节点是用一根单模光纤代替了传统的干线电缆和一连串的几十个有源干线放大器。从结构上说则是相当于星状结构代替了传统的树状一分支型结构。服务区又称光纤服务区，因此这种结构又称光纤到服务区（FSA）。

一个典型服务区的用户数为 500 户，将来可进一步降至 125 户甚至更少。由于取消了传统 CATV 网干线段的一系列放大器，使得由于放大器失效所影响的用户数减少至 500 户，也无须电源供给，因而 HFC 网可使每个用户的年平均不可用时间减少至 170 min，使网络可用性提高到 99.97%，可以与电话网相比。此外，由于采用高质量的光纤传输，使得传输质量获得改进，维护成本得以降低。

2. 配线网

配线网是指从服务区光纤节点至分支点之间的部分，大致相当于电话网中远端节点与分线盒之间的部分。在 HFC 网中，配线网部分还是采用与传统 CATV 网基本相同的同轴电缆网，而且很多情况下为简单的总线结构，但其覆盖范围大大扩展，可达 5 ~ 10 km，因而仍需保留几个干线 / 桥接放大器。这一部分非常重要，其好坏往往决定了整个 HFC 网的业务量和业务类型。

在设计配线网时采用服务区的概念可以灵活构成与电话网类似的拓扑，从而提供低成本的双向通信业务。将这一大网分解为多个物理上独立的基本相同的子网，每个子网为相对较少的用户服务，可以简化及降低通道设备的成本。同时，各子网络允许采用相同的频谱安排而不互相影响，最大程度地利用有限的频谱资源。服务区越小，各个用户可用的双向通信带宽越大，通信质量越好，并可明显地减少故障率及维护工作量。

3. 用户引入线

用户引入线与传统的 CATV 网相同，是指从分支点至用户之间的部分。其中分支点上的分支器是配线网和用户引入线的分界点。分支器是信号分路器和方向耦合器结合的无源器件，功能是将配线的信号分配给每个用户。每隔 40 ~ 50 m 就有一个分支器，引入线负责将分支器的信号引入到用户，传输距离只有几十米。它使用的物理媒质是软电缆，这种电缆比较适合在用户的住宅出处铺设，与配线网使用的同轴电缆不同。

2.5.3 光纤接入

光纤接入指的是终端用户通过光纤连接到局端设备。光纤是宽带网络中多种传输媒介中最理想的一种，它的特点是传输容量大，传输质量好，损耗小，中继距离长等。

光纤接入可以分为有源光接入和无源光接入。光纤用户网的主要技术是光波传输技术。光纤传输的复用技术发展相当快，多数已处于实用化。复用技术用得最多的有时分复用（TDM）、波分复用（WDM）、频分复用（FDM）、码分复用（CDM）等。由于光纤接入网使用的传输媒介是光纤，因此根据光纤深入用户群的程度，可将光纤接入网分为 FTTC（光纤到路边）、FTTZ（光纤到小区）、FTTB（光纤到大楼）、FTTO（光纤到办公室）和 FTTH（光纤到户），它们统称为 FTTx。FTTx 不是具体的接入技术，而是光纤在接入网中的推进程度或使用策略。

光纤到户（Fiber To The Home，FTTH），即将光纤一直铺设到用户家庭，这可能是居民接入网最后的解决方法，但目前将光纤铺设到每个家庭还无法普及。这里有两个问题：第一，光纤到户的费用还不是很便宜，这里包括铺设光缆的费用和安装在用户家中的光端机等接口设备的费用，以及应交给电信公司的月租费等；第二，现在很多用户还不需要使用这样大的带宽，目前因特网或各地区的信息网所能提供的信息并非必须使用光纤才行。因此 FTTH 可能在目前还不是广大网民最迫切需要的一种宽带接入方式。

考虑中的 FTTH 将使用时分复用的方式进行双向传输，数据率为 155 Mbit/s。对于上行信道需要有合适的 MAC 协议解决用户共享信道的问题。

当一幢大楼有较多用户需要使用宽带业务时，可采用光纤到大楼（Fiber To The Building，FTTB）方案。光纤进入大楼后就转换为电信号，然后用电缆或双绞线分配到各用户。这种方案可支持大中型企业、商业或大公司高速率的宽带业务需求。它比 FTTH 要经济些。

但现在比较流行的是光纤到路边（Fiber To The Curb，FTTC）。从路边到各个用户可使用星状结构的双绞线作为传输媒体，这可以根据具体的条件分批分阶段地实现最终的光纤到家的目标。FTTC 的传输速率为 155 Mbit/s。FTTC 与交换局之间的接口采用 ITU-T 制定的接口标准 V5。

2.5.4　以太网接入

基于以太网技术的宽带接入网由局端设备和用户端设备组成，局端设备一般位于小区内或商业大楼内，用户端设备一般位于居民楼。局端设备提供与 IP 主干网的接口，用户端设备提供与用户终端计算机相接的 10/100BASE-T 接口。用户端设备不同于以太网交换机，以太网交换机隔离单播数据帧，不隔离广播地址的数据帧，而用户端设备的功能仅仅是以太网帧的复用和解复用。局端设备不同于路由器，路由器维护的是端口－网络地址映射表，而局端设备维护的是端口－主机地址映射表。用户端设备只有链路层功能，工作在复用器方式下，各用户之间在物理层和链路层相互隔离，从而保证用户数据的安全。局端设备支持对用户的认证、授权和计费以及用户 IP 地址的动态分配，还具有汇聚用户端设备网管信息的功能。

以太网是目前使用最广泛的局域网技术。由于其简单、低成本、可扩展性强、与 IP 网能够很好结合等特点，以太网技术的应用正从企业内部网络向公用电信网领域迈进。以太网接入是指将以太网技术与综合布线相结合，作为公用电信网的接入网，直接向用户提供基于 IP 的多种业务的传送通道。

以太网技术的实质是一种二层的媒质访问控制技术，可以在五类线上传送，也可以与其他接入媒质相结合，形成多种宽带接入技术。以太网与电话铜缆上的 VDSL 相结合，形成 EoVDSL 技术；与无源光网络相结合，产生 EPON 技术；在无线环境中，发展 WLAN 技术。

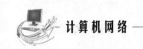

但由于接入网是一个公用的网络环境，因此其要求与局域网等私有网络环境会有很大不同，它仅借用了用于局域以太网的帧结构和接口，网络结构和工作原理完全不一样，由于以太网从本质上说仍是一种局域网技术，采用这种技术提供公用电信网的接入，建设可运营、可管理的宽带接入网络，需要妥善解决一系列技术问题，包括认证计费和用户管理、用户和网络安全、服务质量控制、网络管理等。

以太网作为一种局域网技术，没有认证、计费等机制，但要利用这种技术作为可运营、可管理的用户接入方式，必须考虑用户认证授权计费（AAA）。

AAA 一般包括用户终端、AAA Client、AAA Server 和计费软件四个环节。AAA Client 与 AAA Server 之间的通信采用 RADIUS 协议。AAA Server 和计费软件之间的通信为内部协议。计费上可根据经营方式的需要，考虑按时长、流量、次数、应用、带宽等多种方式。用户终端与 AAA Client 之间的通信方式通常称为"认证方式"，目前的主要技术有以下三种。

① PPPoE 方式的标准、设备成熟；承载数据与认证数据都需通过 PPPoE 封装，对用户控制能力强，但网络性能和设备处理效率低，容易形成流量瓶颈；设备价格高。

② DHCP+WEB 方式无特殊封装，认证通过后承载数据可直接转发，网络性能和设备处理效率较高，但对用户控制能力相对较弱；不论是否通过认证，均占用 IP 地址；另外，认证层次过高会影响认证效率，也会给某些网络资源的安全性带来一定隐患。

③ 近年来 IEEE 802.1x 技术发展很快，这种方式中承载数据通道与认证通道分开，网络性能和设备处理效率较高；认证通过后分配 IP 地址；认证效率较高；更重要的是，它基于以太网内核，实现比较简单，与以太网设备能够很好融合，设备成本低。总之，三种方式各有特点，应根据具体应用情况合理选择。

2.5.5　无线接入

伴随着通信的飞速发展和电话普及率的日益提高，在人口密集的城市或位置偏远的山区安装电话，在铺设最后一段用户线的时候面临着一系列难以解决的问题，比如山区、岛屿以及城市用户密度较大而管线紧张的地区用户线架设困难而导致耗时、费力，成本居高不下。为了解决这个"最后一公里"的问题，达到安装迅速、价格低廉的目的，作为接入网技术中的一个重要部分——无线接入技术便应运而生了。

无线接入是指从交换节点到用户终端之间，部分或全部采用了无线手段。典型的无线接入系统主要由控制器、操作维护中心、基站、固定用户单元和移动终端等几部分组成。

无线接入技术目前最常用的有两种：

① 无线广域接入：通过蜂窝移动通信系统接入到因特网（典型的如 3G、4G）。

② 无线局域接入：通过无线局域网接入到因特网（典型的如 Wi-Fi）。

无线局域网（Wireless LAN）是计算机网络与无线通信技术相结合的产物。它不受电缆束缚，可移动，能解决因有线网布线困难等带来的问题，并且组网灵活，扩容方便，与多种网络标准兼容，应用广泛等。WLAN 既可满足各类便携机的入网要求，也可实现计算机局域网远端接入、图文传真、电子邮件等多种功能。

2.6 物理层的设备

2.6.1 中继器

中继器是工作在物理层上的连接设备，主要功能是通过对数据信号的重新发送或者转发，来扩大网络传输的距离。中继器对在线路上的信号具有放大再生的功能，用于扩展局域网网段的长度（仅用于连接相同的局域网网段）。

中继器的主要功能是将信号整形并放大再转发出去，以消除信号由于经过一长段电缆，因噪声或其他原因而造成的失真和衰减，使信号的波形和强度达到所需要的要求，来扩大网络传输的距离。其原理是信号再生（而不是简单地将衰减的信号放大）。中继器有两个端口，将一个端口输入的数据从另一个端口发送出去，它仅作用于信号的电气部分，而不管数据中是否有错误数据或不适于网段的数据。

从理论上来讲，中继器的使用数目是无限的，网络因而也可以无限延长。但事实上这是不可能的，因为网络标准中都对信号的延迟范围作了具体规定，中继器只能在此规定范围内进行有效工作，否则会引起网络故障。由于传输线路噪声的影响，承载信息的数字信号或模拟信号只能传输有限的距离，中继器的功能是对接收信号进行再生和发送，从而增加信号传输的距离。它连接同一个网络的两个或多个网段。如以太网常常利用中继器扩展总线的电缆长度，标准细缆以太网的每段长度最大 185 m，最多可有 5 段，因此增加中继器后，最大网络电缆长度则可提高到 925 m。

注意：放大器和中继器都是起放大作用，只不过放大器放大的是模拟信号，原理是将衰减的信号放大，中继器放大的是数字信号，原理是将衰减的信号整形再生。如果某个网络设备具有存储—转发功能，那么认为该设备可以连接两个不同的协议，如果该网络设备没有存储—转发功能，则认为该设备不能连接两个不同的协议。中继器是没有存储—转发功能的，因此中继器不能连接两个速率不同的网段，中继器两端的网段一定是要有同一个协议。

1. 中继器的优点

① 扩大了通信距离。

② 增加了节点的最大数目。

③ 提高了可靠性。当网络出现故障时，一般只影响个别网段。

④ 性能得到改善。

2. 中继器的缺点

① 由于中继器对收到被衰减的信号再生（恢复）到发送时的状态，并转发出去，增加了延时。

② CAN 总线的 MAC 子层并没有流量控制功能。当网络上的负荷很重时，可能因中继器中缓冲区的存储空间不够而发生溢出，以致产生帧丢失的现象。

③ 中继器若出现故障，对相邻两个子网的工作都将产生影响。

2.6.2 集线器

传统以太网最初使用粗同轴电缆，后来演进到使用比较便宜的细同轴电缆，最后发展为使用更便宜和更灵活的双绞线。这种以太网采用星状拓扑，在星状的中心则增加了一种可靠性非常高的设备，叫作集线器，如图 1-2-16 所示。

集线器（Hub）的主要功能是对接收到的信号进行再生整形放大，以扩大网络的传输距离，同时把所有节点集中在以它为中心的节点上。集线器实质上是一个多端口的中继器，也工作在物理层。在 Hub 工作时，当一个端口接收到数据信号后，由于信号从端口到 Hub 的传输过程中已经有了衰减，所以 Hub 便将该信号进行整形放大，使之再生（恢复）到发送时的状态，紧接着转发到其他所有（除输入端口以外）处于工作状态的端口上。

集线器不用电缆而使用无屏蔽双绞线。每个站需要用两对双绞线，分别用于发送和接收，如图 1-2-17 所示。

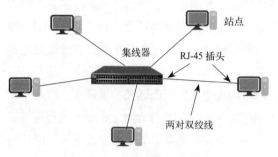

图 1-2-16　集线器

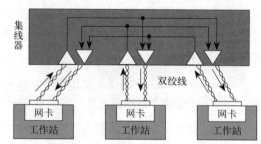

图 1-2-17　具有三个接口的集线器

集线器使用了大规模集成电路芯片，因此这样的硬件设备的可靠性就大大提高了。集线器与网卡、网线等传输介质一样，属于局域网中的基础设备。集线器每个接口简单地收发比特，收到 1 就转发 1，收到 0 就转发 0，不进行碰撞检测。如果同时有两个或多个端口输入，则输出时会发生冲突，致使这些数据都成为无效的。

集线器属于纯硬件网络底层设备，基本上不具有类似于交换机的"智能记忆"能力和"学习"能力。它也不具备交换机所具有的 MAC 地址表，所以它发送数据时都是没有针对性的，而是采用广播方式发送。也就是说当它要向某节点发送数据时，不是直接把数据发送到目的节点，而是把数据包发送到与集线器相连的所有节点。

由 Hub 组成的网络是共享式网络，在逻辑上仍然是一个总线网。Hub 每个端口连接的网络部分是同一个网络的不同网段。同时 Hub 也只能够在半双工下工作，网络的吞吐率因而受到限制。

习　题

单项选择题

1. 在中继系统中，中继器处于（　　）。

  A. 物理层　　　　　　B. 数据链路层　　　　C. 网络层　　　　　　D. 高层

2. 各种网络在物理层互连时要求（　　）。

  A. 数据传输率和链路协议都相同　　　　　　B. 数据传输率相同，链路协议可不同

  C. 数据传输率可不同，链路协议相同　　　　D. 数据传输率和链路协议都可不同

3. 下面关于集线器的缺点，描述正确的是（　　　）。

  A. 集线器不能延伸网络可操作的距离

  B. 集线器不能过滤网络流量

  C. 集线器不能在网络上发送变弱的信号

  D. 集线器不能放大变弱的信号

4. 在同一个信道的同一时刻，能够进行双向数据传送的通信方式是（　　　）。

  A. 单工　　　　　　　　　　　　B. 半双工

  C. 全双工　　　　　　　　　　　D. 上述三种均不是

5. 有关光缆描述正确的是（　　　）。

  A. 光缆的光纤通常是偶数，一进一出　　B. 光缆不安全

  C. 光缆传输慢　　　　　　　　　　　　D. 光缆较电缆传输距离近

6. 通过改变载波信号的相位值来表示数字信号1、0的方法叫作（　　　）。

  A. ASK　　　　B. FSK　　　　C. PSK　　　　D. ATM

7. 同轴电缆与双绞线相比，同轴电缆的抗干扰能力（　　　）。

  A. 弱　　　　　B. 一样　　　　C. 强　　　　D. 不能确定

8. 数据传输速率是描述数据传输系统的重要指标之一。数据传输速率在数值上等于每秒传输构成数据代码的二进制（　　　）。

  A. 比特数　　　B. 字符数　　　C. 帧数　　　D. 分组数

9. 将一条物理信道按时间分成若干时间片轮换地给多个信号使用，每一时间片由复用的一个信号占用，这样可以在一条物理信道上传输多个数字信号，这就是（　　　）。

  A. 频分多路复用

  B. 时分多路复用

  C. 波分多路复用

  D. 频分与时分混合多路复用

10. 下面描述正确的是（　　　）。

  A. 数字信号是电压脉冲序列

  B. 数字信号不能在有线介质上传输

  C. 数字信号可以方便地通过卫星传输

  D. 数字信号是表示数字的信号

11. 通信系统必须具备的三个基本要素是（　　　）。

  A. 终端、电缆、计算机

  B. 信号发生器、通信线路、信号接收设备

  C. 信源、通信媒体、信宿

  D. 终端、通信设施、接收设备

12. UTP与计算机连接，最常用的连接器为（　　　）。

  A. RJ-45　　　B. AUI　　　C. BNC-T　　　D. NNI

13. 调制解调器的功能是（　　　）。

    A. 将数字信号转换为模拟信号

    B. 将模拟信号转换为数字信号

    C. 都将模拟信号转换为数字信号，将数字信号转换为模拟信号

    D. 将一种数字信号转换为数字信号

14. 在 OSI 中，物理层存在四个特性，其中，通信媒体的参数和特性方面的内容属于（　　　）。

    A. 机械特性　　　　B. 电气特性　　　　C. 功能特性　　　　D. 规程特性

15. 用一条双绞线可以把两台计算机直接相连构成一个网络，这条双绞线运用（　　　）。

    A. 直连线　　　　　B. 交叉线　　　　　C. 反接线　　　　　D. 以上都可以

16. 基带系统是使用（　　　）进行数据传输的。

    A. 模拟信号　　　　B. 多信道模拟信号　　C. 数字信号　　　　D. 宽带信号

17. 网络设备中继器处于 OSI 七层模型的（　　　）。

    A. 物理层　　　　　B. 数据链路层　　　　C. 网络层　　　　　D. 高层

18. 不受电磁干扰或噪声影响的传输媒体是（　　　）。

    A. 双绞线　　　　　B. 同轴电缆　　　　　C. 光纤　　　　　　D. 微波

19. 将物理信道的总频带宽分割成若干个子信道，每个子信道传输一路信号，这种多路复用方式称为（　　　）。

    A. 同步时分多路复用　　　　　　　　B. 波分多路复用

    C. 异步时分多路复用　　　　　　　　D. 频分多路复用

20. 用载波信号相位来表示数字数据的调制方法称为（　　　）键控法。

    A. 相移（或移相）　B. 幅移（或移幅）　C. 频移（或移频）　D. 混合

第 3 章

数据链路层

 本章导读

在五层体系模型中，数据链路层位于网络层和物理层的中间。数据链路层最基本的功能是向该层用户提供透明的和可靠的数据传送基本服务。本章介绍了数据链路层的基本概念、数据链路层的相关协议、以太网、无线局域网和数据链路层的设备。

通过对本章内容的学习，应做到：

◎ 了解：数据链路层的基本概念。

◎ 熟悉：数据链路层的相关协议和设备。

◎ 掌握：以太网的拓扑结构及相关知识。

3.1 概述

在五层体系模型中，数据链路层位于网络层和物理层的中间。数据链路层在物理层提供服务的基础上向网络层提供服务，其主要作用是加强物理层传输原始比特流的功能，将物理层提供的可能出错的物理连接改造成逻辑上无差错的数据链路，使之对网络层表现为一条无差错的链路。

数据链路层的主要功能是在发送节点和接收节点之间进行可靠的、透明的数据传输，主要包括以下内容：

① 在物理连接的基础上，当有数据传输时，建立数据链路连接；在结束数据传输后，及时释放数据链路连接。

② 将要发送的数据组织成一定大小的数据块，即帧，以此作为数据传输单元进行数据的发送、接收、应答和校验。

③ 在接收端要对收到的数据帧进行差错检验，如发现差错，则必须重新发送出错的数据帧，这个功能称为差错控制。

④ 对发送数据帧的速率必须进行控制，以免发送的数据帧太多，接收端来不及处理而丢失数据，此功能称为流量控制。

3.1.1 数据链路层的基本概念

网络中的主机（Host）和路由器（Router）称为节点。链路（link）就是一条无源的点到点的物理线路段。链路是一个节点到另一个节点之间的物理线路，而中间没有其他交换节点。当传输数据时，还需要一些必要的通信协议来控制数据传输。把实现控制传输规程的软件和硬件加到链路上，就形成了数据链路。因此，链路加上通信协议就是数据链路。现在最常用的方法是使用网卡来实现这些协议的硬件和软件，而网卡包括了数据链路层和物理层这两层的功能。

数据链路层像个数字传输管道，数据链路层的协议数据单元为帧。常常在两个对等的数据链路层之间画出一个数字管道，而在这条数字管道上传输的数据单位是帧，如图 1-3-1 所示。

图 1-3-1　数据链路层像个数字传输管道

早期的数据通信协议曾叫作通信规程（Procedure）。因此在数据链路层，规程和协议是同义语。链路管理主要是发送数据前后的一些控制活动，包括链路建立、链路维护和拆除链路。

① 链路建立：在通信以前，通信双方要交换一些信息，确认对方已准备好。

② 链路维护：通信过程中维持链路。

③ 拆除链路：通信结束后释放链路。

3.1.2　数据链路层的简化模型

下面看一下两台主机通过互联网进行通信时数据链路层所处的地位。图 1-3-2 表示用户主机 H_1 通过电话线上网，中间经过 3 个路由器（R_1、R_2 和 R_3）连接到远程主机 H_2。当主机 H_1 向 H_2 发送数据时，从层次上看数据的流动，如图 1-3-3 所示。主机 H_1 和 H_2 都有完整的五层协议栈，数据从主机 H_1 到主机 H_2 需要在路径中的各节点的协议栈向上和向下流动多次。

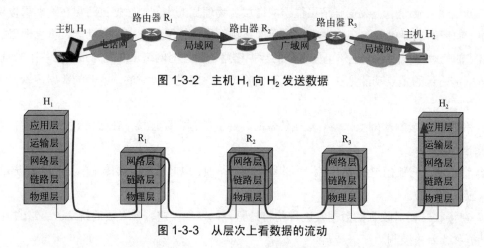

图 1-3-2　主机 H_1 向 H_2 发送数据

图 1-3-3　从层次上看数据的流动

当只专门研究数据链路层的问题时，可以仅从数据链路层观察帧的流动，如图 1-3-4 所示。所以，当主机 H_1 向主机 H_2 发送数据时，可以想象，数据就是在数据链路层从左到右沿水平方向传送，即从 H_1 的链路层经过 R_1 的链路层再经过 R_2 的链路层再经过 R_3 的链路层最后到 H_2 的链路层。

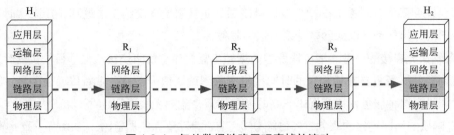

图 1-3-4　仅从数据链路层观察帧的流动

数据链路层把网络层交下来的 IP 数据报封装成帧发送到链路上，以及把接收到的帧中数据取出并上交给网络层。

为了把主要精力放在点对点信道的数据链路层协议上，可以采用图 1-3-5 所示的三层模型。在这种三层模型中，不管哪一段链路上的通信（主机和路由器之间或两个路由器之间）都可看成是节点和节点的通信，每个节点只考虑下三层，即网络层、数据链路层和物理层。

数据链路层将网络层下发的 IP 数据报封装成帧。

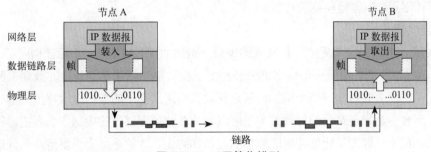

图 1-3-5　三层简化模型

数据链路层在进行通信时的主要步骤如下：

① 节点 A 的数据链路层将网络层下发的 IP 数据报封装成帧。

② 节点 A 通过物理层将帧传输给节点 B。

③ 若节点 B 的数据链路层收到的帧无差错（比特差错、传输差错），则将提取到的 IP 数据报交给网络层。

数据链路层不必考虑物理层如何实现比特流传输的细节。还可以更简单地设想好像是沿着两个数据链路层的水平方向把帧直接发送给对方，如图 1-3-6 所示。

图 1-3-6　只考虑数据链路层把帧发送给对方

3.1.3　数据链路层向网络层提供的服务

数据链路层在物理层提供服务的基础上向网络层提供服务。

① 无确认的无连接的服务。源机器发送数据帧之前不用先建立链路连接，目的机器收到数据

帧后也不要发回确认。对丢失的帧，数据链路层不负责重发而交给上层处理，用来实时通信或者误码率较低的通信信道。以太网就是采用这种服务。

② 有确认无连接的服务。源机器发送数据帧不需要建立链路连接，但是目的机器收到数据帧后必须发回确认。源机器在所规定的时间内没有收到确认信号，就会重新传丢失的帧。用来提高传输的可靠性。这种服务常用在误码率高的通信信道，比如无线通信。

③ 有确认的面向连接的服务。帧传输分为三个过程：建立数据链路、传输帧、释放数据链路。目的机器对收到的每一帧都要给出确认，源机器收到确认后才能发送下一帧，因而该服务的可靠性最高。这种服务适用于通信要求（可靠性、实时性）较高的场合。

数据链路层的主要任务是封装成帧，透明传输和差错检测。数据链路层以帧为单位传输和处理数据，网络层的 IP 数据报下交给数据链路层，数据链路层必须在它的前面和后面分别添加首部和尾部，封装成一个完整的帧。希望数据链路层提供的是一种"透明传输"的服务，即对上层交给的传输数据没有任何限制，就好像数据链路层不存在一样。现在的通信链路都不会是理想的，比特在传输过程中可能会产生差错：1 可能会变成 0，而 0 也可能变成 1。这称为比特差错，因此数据链路层还必须具有差错检测的功能。

1. 封装成帧

封装成帧（Framing）就是在一段数据的前后分别添加首部和尾部，然后就构成了一个帧，如图 1-3-7 所示。帧的长度等于帧的数据部分长度加上帧首部和帧尾部的长度。数据链路层必须使用物理层提供的服务来传输一个个帧。物理层将数据链路层交给的数据以比特流的形式在物理链路上传输。因此，数据链路层的接收方为了能以帧为单位处理接收的数据，必须能够正确识别每个帧的开始和结束。即能从比特流中区分帧的起始和终止，这就是帧定界要解决的问题。首部和尾部的一个重要作用就是进行帧定界。一种常用的方法是在每个帧的开始和结束添加一个特殊的帧定界标志，标记一个帧的开始或结束。帧开始标志和帧结束标志可以不同也可以相同，如图 1-3-8 所示。注意：SOH（Start of Header）和 EOT（End of Transmission）都是控制符的名称。

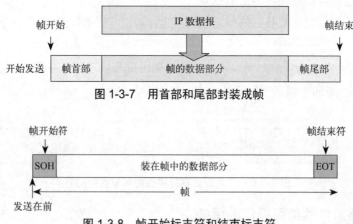

图 1-3-7　用首部和尾部封装成帧

图 1-3-8　帧开始标志符和结束标志符

2. 透明传输

透明传输指不管所传数据是什么样的比特组合，都应当能够在链路上传送。当所传数据中的比特组合恰巧与某一个控制信息完全一样时，就必须采取适当的措施，使接收方不会将这样的数据误认为是某种控制信息，这样才能保证数据链路层的传输是透明的。如果一段数据中出现 EOT，那要如何告诉计算机，这个不是结束标志符，不然的话后面的数据部分会被接收端当成无效帧而丢弃，如图 1-3-9 所示。

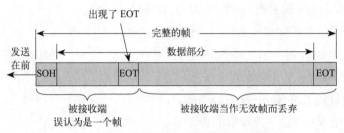

图 1-3-9　帧开始标志符和结束标志符

通过字节填充法可以解决上面的问题（透明传输的问题）。发送端的数据链路层在数据中出现控制字符 SOH 或 EOT 的前面插入一个转义字符 ESC（其十六进制编码是 1B），接收端的数据链路层在将数据送往网络层之前删除插入的转义字符。如果转义字符也出现在数据当中，那么应在转义字符前面插入一个转义字符。当接收端收到连续的两个转义字符时，就删除其中前面的一个，如图 1-3-10 所示。

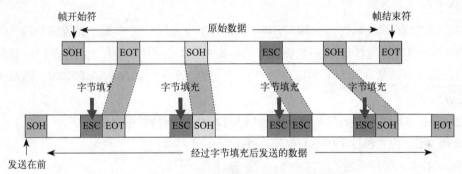

图 1-3-10　用字节填充法解决透明传输的问题

也就是说，ESC 字符的加加减减只在数据链路层中实现，到其他层之后就好像没有发生过，像没加过一样，所以称为透明传输，把这个 ESC 字符的加加减减称为字节填充或者字符填充。

3. 差错检测

在传输过程中可能会产生比特差错：1 可能会变成 0，而 0 也可能变成 1。在一段时间内，传输错误的比特占所传输比特总数的比率称为误码率（Bit Error Rate，BER）。误码率与信噪比有很大的关系。为了保证数据传输的可靠性，在计算机网络传输数据时，必须采用各种差错检测措施。目前在数据链路层广泛使用了循环冗余检测（Cycle Redundancy Check，CRC）的检错技术。CRC 运算实际上就是在数据长度为 k 的后面添加供差错检测用的 n 位冗余码，然后构成帧 $k+n$ 位发送出去。

首先来介绍几个概念：

① 模 2 运算：实际上是按位异或运算，即相同为 0，不相同为 1，不考虑进位、借位的二进

制加减运算。如 1010+1110=0100。

② FCS：其实就是冗余码，帧检验序列。

③ 生成多项式：其实就是除数，如生成多项式 $P(x)=x^3+x^2+1$，对应的除数就是 1101。

现假定待传输的数据 $M=101001$（$k=6$），采用生成多项式 $P(x)=x^3+x^2+1$。在 M 的后面添加供差错检测用的 n 位冗余码一起发送。这时 n 为 3，比除数少一位。

这 n 位冗余码可以用下面的方法得出，计算过程如图 1-3-11 所示。

用二进制的模 2 运算进行 (2^n) 乘 M 的运算，这相当于在 M 后面添加 n 个 0。得到的 $(k+n)$ 位的数除以事先选定好的长度为 $(n+1)$ 位的除数 P，得出商是 Q 而余数是 R，余数 R 比除数 P 少 1 位，即 R 是 n 位。

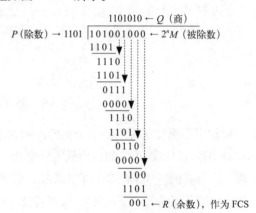

现在 $k=6$，$M=101001$。被除数在 M 的后面添加 3 个 0，即 101001000。除数 $P=1101$。模 2 运算的结果是：商 $Q=110101$，余数 $R=001$。

把余数 R 作为冗余码添加在数据 M 的后面发送出去。发送的数据是：$2^n M+R$。即：101001001，共 $(k+n)$ 位。

图 1-3-11　冗余码计算过程

在接收端把接收到的数据 $M=101001001$ 以帧为单位进行 CRC 检验：把收到的每一个帧都除以相同的除数 P（模 2 运算），然后检查得到的余数 R。如果在传输过程中没有差错，那么经过检验后得到余数 R 肯定是 0。（读者可以自己检验下，被除数现在是 $M=101001001$，除数 $P=1101$，看余数是否为 0）。

总之，在接收端对接收到的每个帧经过 CRC 检验后，有两种情况：

① 余数 $R=0$，则判断这个帧没有问题，就接受。

② 余数 $R!=0$，则判断这个帧有差错，就丢弃。

注意：CRC 这样的差错检测技术，只能检测出帧在传输过程中是否出现了差错，并不能纠正错误。虽然任何差错检测技术都无法做到检测出所有差错，但通常认为："凡是接收端数据链路层通过差错检测并接受的帧，都能以非常接近于 1 的概率认为这些帧在传输过程中没有产生差错。"接收端丢弃的帧虽然曾收到了，但最终还是因为有差错被丢弃，即没有被接收。

在数据链路层若仅仅使用 CRC 差错检验技术，则只能做到对帧的无差错接收（有差错的帧就丢弃而不接受），但还不是可靠传输。要做到"可靠传输"（即发送什么就收到什么）就必须再加上确认和重传机制。

3.2　数据链路层协议

数据链路层使用的信道主要有以下两种类型：点对点信道，这种信道使用一对一的点对点通信方式。广播信道，这种信道使用一对多的广播通信方式，因此过程比较复杂。广播信道上连接的主机很多，因此必须使用专用的共享信道协议来协调这些主机的数据发送。

数据链路控制协议也称链路通信规程，也就是 OSI 参考模型中的数据链路层协议。主要有点对点协议（PPP）、PPPoE 协议、CSMA/CD 协议等。

3.2.1　点对点协议（PPP）

目前，点对点的信道上使用最多的协议是点对点协议（Point-to-Point Protocol，PPP）。

点对点协议是为在同等单元之间传输数据包这样的简单链路设计的链路层协议。这种链路提供全双工操作，并按照顺序传递数据包。设计目的主要是用来通过拨号或专线方式建立点对点连接发送数据，使其成为各种主机、网桥和路由器之间简单连接的一种共通的解决方案。如图 1-3-12 所示，用户使用拨号电话线接入因特网时，一般都是使用 PPP 协议。

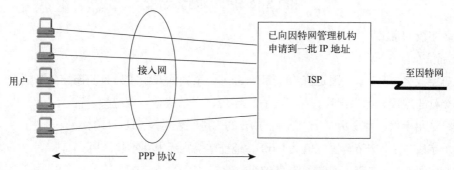

图 1-3-12　用户到 ISP 的链路使用 PPP 协议

1. PPP 的功能

① 在同一条物理链路上进行点对点的数据传输，对数据链路层的帧不进行纠错，不需要序号，不需要流量控制。

② 封装成帧：加入帧界定符。

③ 透明性：字节填充法。

④ 多种网络层协议：在同一条物理链路上同时支持多种网络层协议，如 IP 和 IPX 等的运行。

⑤ 多种链路类型：PPP 必须能够在多种类型的链路上运行，例如，串行或并行链路。

⑥ 差错检测：接收方收到一个帧后进行 CRC 检验，若正确就收下这个帧，反之则丢弃。

⑦ 检测连接状态：自动检测链路是否处于正常工作状态。

2. PPP 协议的组成

① 封装。一个将 IP 数据报封装到串行链路的方法。IP 数据报在 PPP 帧中就是信息部分，长度受最大传送单元 MTU 的限制。PPP 支持异步链路（无奇偶校验的 8 比特数据）和面向比特的同步链路。

② 链路控制协议（Link Control Protocol，LCP）。一种扩展链路控制协议，用于建立、配置、测试和管理数据链路连接。

③ 网络控制协议（Network Control Protocol，NCP）。协商该链路上所传输的数据包格式与类型，建立、配置不同的网络层协议。

为了建立点对点链路通信，PPP 链路的每一端，必须首先发送 LCP 包以便设定和测试数据链路。在链路建立，LCP 所需的可选功能被选定之后，PPP 必须发送 NCP 包以便选择和设定一个或更多的网络层协议。一旦每个被选择的网络层协议都被设定好了，来自每个网络层协议的数据报就能在链路上发送了。

3. PPP 帧的格式

PPP 帧的格式如图 1-3-13 所示。

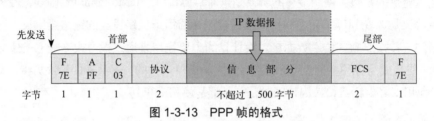

图 1-3-13　PPP 帧的格式

（1）各字段的意义

① 首部信息。

- 标志字段 F：1 字节，固定值为 0x7E，标志一个帧的开始或结束。连续 2 个帧之间只需要一个标志字段，如果出现连续两个标志字段，表示这是一个空帧。符号"0x"表示后面的字符是用十六进制表示。十六进制的 7E 的二进制表示是 01111110。
- 地址字段 A：1 字节，固定值为 0xFF。地址字段实际上并不起作用。
- 控制字段 C：1 字节，通常置为 0x03。
- 协议字段：2 字节，值不同，后面信息部分表示的数据类型不同。

0x0021——信息字段是 IP 数据报。

0xC021——信息字段是链路控制数据 LCP。

0x8021——信息字段是网络控制数据 NCP。

0xC023——信息字段是安全性认证 PAP。

② 信息部分，长度不超过 1 500 字节。

③ 尾部。FCS：使用 CRC 的帧校验序列。

（2）字节填充法

① 当信息字段中出现 0x7E 时，将每个 0x7E 字节转变成 2 字节序列（0x7D，0x5E）。

② 若信息字段中出现一个 0x7D 时，则将其转变成 2 字节序列（0x7D，0x5D）。

③ 若信息字段中出现 ASCII 码的控制字符（即数值小于 0x20 的字符），则该字符前面需要加入一个 0x7D 字节，同时将该字符的编码加以改变（+20）。例如，出现 0x03，就要将其变成 2 字节序列（0x7D，0x23）。

（3）0 比特填充法

PPP 协议用在 SONET/SDH 链路时，使用同步传输（一连串的比特连续传送），此时使用 0 比特填充法，如图 1-3-14 所示。

① 在发送端扫描整个信息字段，当有 5 个 1 连续出现时，立即填入一个 0，保证信息字段中不会出现 6 个连续 1。

② 在接收端删除连续 5 个 1 后面的 0。

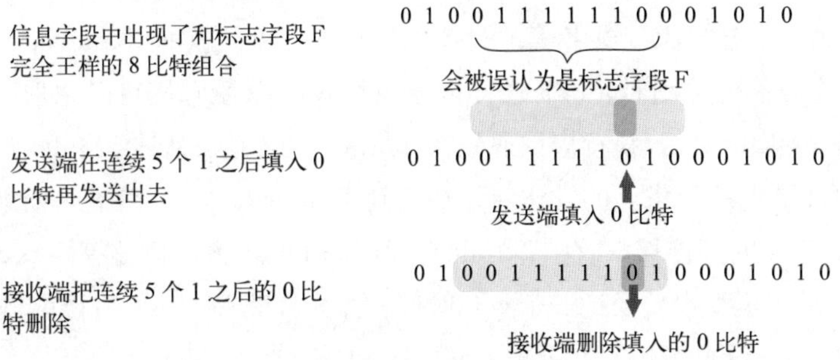

信息字段中出现了和标志字段 F
完全王样的 8 比特组合

0 1 0 0 1 1 1 1 1 1 0 0 0 1 0 1 0

会被误认为是标志字段 F

发送端在连续 5 个 1 之后填入 0
比特再发送出去

0 1 0 0 1 1 1 1 1 0 1 0 0 0 1 0 1 0

发送端填入 0 比特

接收端把连续 5 个 1 之后的 0 比
特删除

0 1 0 0 1 1 1 1 1 0 1 0 0 0 1 0 1 0

接收端删除填入的 0 比特

图 1-3-14　0 比特填充法

4. PPP 协议的工作状态

PPP 通信是两个端点之间的通信，每一端必须首先发送 LCP 分组数据来设定和测试数据链路，当链路建立后，peer 才可以被认证，认证完成后，再通过发送 NCP 分组来选定网络层协议，这些后续的通信就可以在网络层进行了。具体过程如下：

（1）链路静止状态

链路一定开始并结束于这个阶段。当一个外部事件（如载波侦听或网络管理员设定）指出物理层已经准备就绪时，PPP 将进入链路建立阶段。在这个阶段，LCP 自动机器将处于初始状态，向链路建立阶段的转换将给 LCP 自动机器一个 UP 事件信号。

（2）链路建立状态

LCP 用于交换配置信息包（Configure Packets），建立连接。一旦一个配置成功信息包（ConfigureAckpacket）被发送且被接收，就完成了交换，进入了 LCP 开启状态。所有配置选项都假定使用默认值，除非被配置交换所改变。有一点要注意：只有不依赖于特别的网络层协议的配置选项才被 LCP 配置。在网络层协议阶段，个别网络层协议的配置由个别网络控制协议处理。在这个阶段，接收的任何非 LCP 分组必须被丢弃。收到 LCP 配置要求能使链路从网络层协议阶段或者认证阶段返回到链路建立阶段。

（3）鉴别状态

双方建立了 LCP 链路后，接着就进入"鉴别"阶段。鉴别是不需要强制执行的。如果使用口令鉴别协议（Password Authentication Protocol，PAP），则需要发起通信的一方发送身份标识符和口令。如果需要有更好的安全性，则可以使用更加复杂的口令握手鉴别协议。若鉴别身份失败，则转到链路终止状态。若鉴别成功，则进入网络层协议状态。

（4）网络层协议状态

一旦 PPP 完成了前面的阶段，每个网络层协议（如 IP、IPX 或 AppleTalk）必须被适当的网络控制协议分别设定。比如，NCP 可以给新接入的 PC 分配一个临时的 IP 地址，这样 PC 就成为 Internet 上一个主机了，每个 NCP 可以随时被打开和关闭。当一个 NCP 处于 Opened 状态时，PPP 将携带相应的网络层协议分组。当相应的 NCP 不处于 Opened 状态时，任何接收到的被支持的网络层协议分组都将被丢弃。

（5）链路终止状态

PPP 可以在任意时间终止链路。引起链路终止的原因很多：载波丢失、认证失败、链路质量失败、空闲周期定时器期满，或者管理员关闭链路。LCP 用交换 Terminate（终止）分组的方法终止链路。当链路正被关闭时，PPP 通知网络层协议，以便它们可以采取正确的行动。交换 Terminate（终止）packets 之后，执行应该通知物理层断开，以便强制链路终止，尤其当认证失败时。Terminate-Request（终止－要求）的发送者，在收到 Terminate-Ack（终止－允许）后，或者在重启计数器期满后，应该断开连接。收到 Terminate-Request 的一方，应该等待 peer 去切断，在发出 Terminate-Request 后，至少也要经过一个重启时间，才允许断开。PPP 应该前进到链路死亡阶段，在该阶段收到的任何非 LCP 分组，必须被丢弃。

PPP 协议的工作状态如图 1-3-15 所示。

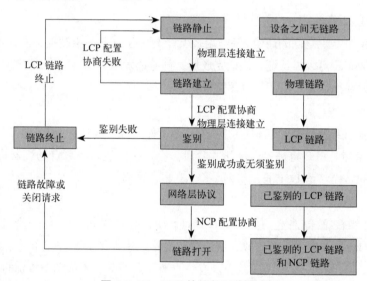

图 1-3-15　PPP 协议的工作状态

3.2.2　PPPoE 协议

PPPoE（Point-to-Point Protocol over Ethernet，基于以太网的点对点协议）是将点对点协议封装在以太网框架中的一种网络隧道协议。由于协议中集成 PPP 协议，所以实现了传统以太网不能提供的身份验证、加密以及压缩等功能，也可用于缆线调制解调器（Cable Modem）和数字用户线路（DSL）等以以太网协议向用户提供接入服务的协议体系。通过 PPPoE 协议，远端接入设备能够实现对每个接入用户的控制和计费。

目前流行的宽带接入方式 ADSL 就使用了 PPPoE 协议。随着低成本的宽带技术变得日益流行，DSL 数字用户线技术更是使得许多计算机在互联网上连接。通过 ADSL 方式上网的计算机大都是通过以太网卡（Ethernet）与互联网相连的。同样使用的还是普通的 TCP/IP 方式，并没有附加新的协议。另外一方面，调制解调器的拨号上网，使用的是 PPP 协议，该协议具有用户认证及通知 IP 地址的功能。PPPoE 协议，是在以太网络中转播 PPP 帧信息的技术，尤其适用于 ADSL 等方式。

1. **PPPoE 的工作流程**

PPPoE 的工作流程包含发现（Discovery）和会话（Session）两个阶段。

（1）PPPoE 发现

由于传统的 PPP 连接是创建在串行链路或拨号时建立的 ATM 虚电路连接上的，所有 PPP 帧都可以确保通过电缆到达对端。但是以太网是多路访问的，每个节点都可以相互访问。以太帧包含目的节点的物理地址（MAC 地址），这使得该帧可以到达预期的目的节点。因此，为了在以太网上创建连接而交换 PPP 控制报文之前，两个端点都必须知道对端的 MAC 地址，这样才可以在控制报文中携带 MAC 地址。PPPoE 发现阶段做的就是这件事。除此之外，在此阶段还将创建一个会话 ID，以供后面交换报文使用。发现阶段结束后，就进入标准的 PPP 会话阶段。

（2）PPP 会话

一旦连接的双方知道了对端的 MAC 地址，会话就创建了。

2. **PPPoE 的报文**

PPPoE 的报文就是在 PPP 的报文前面再加上以太网的报头，使得 PPPoE 可以通过简单桥接设备连入远端接入设备。但这里，我们发现 PPoE 报文中的 PPP 内容和原始的 PPP 并不相同，PPPoE 的报文如图 1-3-16 所示。

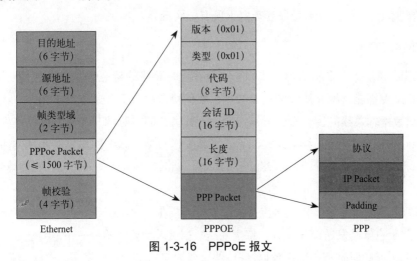

图 1-3-16　PPPoE 报文

（1）目的地址

一个以太网单播目的地址或者以太网广播地址（0xffffffff）。对于发现数据包来说，该域的值是单播或者广播地址，PPPoE 客户寻找 PPPoE 服务器的过程使用广播地址，确认 PPPoE 服务器后使用单播地址。对于会话阶段来说，该域必须是发现阶段已确定的通信对方的单播地址。

（2）源地址

源设备的以太网 MAC 地址。

（3）帧类型域

16 位，以太网类型。如果值为 0x8863，发现阶段或拆链阶段。如果值为 0x8864，会话阶段。

（4）版本

4 位，PPPoE 版本号，值为 0x1。

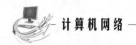

（5）类型

4 位，PPPoE 类型，值为 0x1。

（6）代码

8 位，PPPoE 报文。如果值为 0x00，表示会话数据。如果值为 0x09，表示 PADI 报文。如果值为 0x07，表示 PADO 或 PADT 报文。如果值为 0x19，表示 PADR 报文。如果值为 0x65，表示 PADS 报文。

（7）会话 ID

16 位，对于一个给定的 PPP 会话，该值是一个固定值，并且与以太网源地址和目的地址一起实际地定义了一个 PPP 会话。值 0xffff 为将来的使用保留，不允许使用。

（8）长度

16 位，定义 PPPoE 的 Payload 域长度。不包括以太网头部和 PPPoE 头部的长度。

3．PPPoE 的作用

PPPoE 服务器可以通过给内网用户分配账号来实现对内网用户网络使用的管理，结合有些路由器具备的上网行为管理功能和带宽管理功能，通常还能对用户的上网行为进行管理，如禁止使用 IM 软件、P2P 软件；限制游戏、下载、网页提交、代理服务等，同时也可以限制用户上下行带宽，对带宽弹性管理，分时段、分地址段管理以上所有上网行为。

3.2.3 CSMA/CD 协议

最早的以太网是将许多站点都连接到一根总线上。总线的特点是：当一个站点发送数据时，总线上的所有站点都能检测并接收到这个数据。如何协调总线上各站点的工作？总线上只要有一个站点在发送数据，总线的传输资源就被占用。因此，在同一时间只允许一个站点发送数据，否则各站点之间就会互相干扰，结果大家都无法正常发送数据。以太网采用的协调方法是使用一种特殊的协议 CSMA/CD（Carrier Sense Multiple Access with Collision Detection，载波监听多点接入 / 碰撞检测）。

① 多点接入表示许多计算机以多点接入的方式连接在一根总线上。

② 载波监听也就是发送前先侦听，每次发送数据之前都要先检查一下总线上是否有其他站点在发送数据，如果有则暂时不要发送数据，等待信道变为空闲的时候再发送。总线上并没有什么"载波"。因此，"载波监听"就是用电子技术监测总线上有没有其他计算机发送的数据信号。

③ 碰撞检测就是一边发送一边侦听，适配器在发送数据的同时也检测信道上的信号电压的变化情况，用来判断自己在发送数据的时候其他站点是否也在发送数据。当几个站同时在总线上发送数据时，总线上的信号电压摆动值将会增大（互相叠加）。

当一个站检测到的信号电压摆动值超过一定的门限值时，就认为总线上至少有两个站同时在发送数据，表明产生了碰撞。所谓"碰撞"就是发生了冲突，因此"碰撞检测"又称"冲突检测"。在发生碰撞时，总线上传输的信号产生了严重的失真，无法从中恢复出有用的信息来。每一个正在发送数据的站，一旦发现总线上出现了碰撞，就要立即停止发送，免得继续浪费网络资源，然后等待一段随机时间后再次发送。

总线的传播时延对 CSMA/CD 的影响很大，CSMA/CD 中的站不能同时发送和接收数据，所以 CSMA/CD 的以太网是不进行全双工通信，只能进行半双工通信。CSMA/CD 工作流程：先听后发，边听边发，冲突停发，随机重发。

1. 传播时延对载波监听的影响

在发送数据前已经监听了空闲信道，为什么在发送数据时进行碰撞检测呢？因为电磁波在总线上的传播有时延，有速率的限制。也就是说，如果 A 向 B 发送信息，必须要在时延后才到达 B，而在这个时间内 B 无法监听到 A 的信息，如果此时 B 发送信息，则必然发生碰撞。碰撞的结果是两个帧都变得无用，传播时延对监听的影响如图 1-3-17 所示。

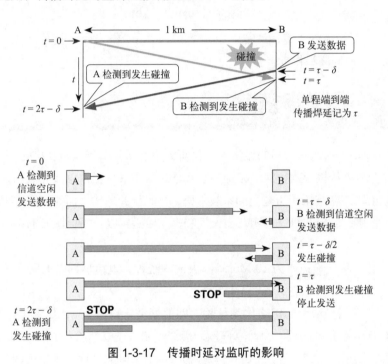

图 1-3-17　传播时延对监听的影响

2. 争用期

发送站在发送数据后的一段时间内，数据存在碰撞的可能，以太网将这一现象称为发送的不确定性。

如果假设单程传播时延为 t，发送站想要知道发送的数据是否发生碰撞的最坏情况（最坏时间）就是 2τ，即双程传播时延。同时以太网将这个 2τ 称为争用期或者碰撞窗口，经过争用期这段时间还没有检测到碰撞，才能肯定这次发送不会发生碰撞。

传统以太网取 51.2 μs 为争用期的长度。电磁波在 1 km 电缆的传播时延约 5 ms，以太网上最大的端到端时延必须时争用期的一半（即 25.6 μs），因此其总线长度不能超过 5 120 m，但考虑到其他一些因素，如信号衰减，以太网规定总线长度不能超过 2 500 m，实际上的以太网覆盖范围远远没有这么大。对于传统以太网，在争用期内可发送 512 bit，即 64 字节。传统以太网在发送数据时，若前 64 字节没有发生冲突，则后续的数据就不会发生冲突。因此传统以太网的最小帧长为 64 字节。帧最小间隔为 9.6 μs，相当于 96 bit 的发送时间。一个站在检测到总线开始空闲后，

还要等待 9.6 μs 才能再次发送数据。这样做是为了使刚刚收到数据帧的站的接收缓存来得及清理，做好接收下一帧的准备。

3. 二进制指数类型退避算法

如果发送数据没有碰撞，则顺利地传送了数据。那么如果发生碰撞，如何重传数据呢？发生碰撞的站在停止发送数据后，要推迟（退避）一个随机时间才能再发送数据。基本退避时间取为争用期 2τ。从整数集合 $[0, 1, \cdots, (2^k-1)]$ 中随机地取出一个数，记为 r。重传所需的时延就是 r 倍的基本退避时间。

参数 k 按下面的公式计算：

$$k = \text{Min}[\text{重传次数}, 10]$$

当 $k \leqslant 10$ 时，参数 k 等于重传次数。当 $k > 10$ 时，参数 k 等于 10。当重传达 16 次仍不能成功时即丢弃该帧，并向高层报告。

3.3   传统以太网

以太网（Ethernet）由施乐公司的帕洛阿尔托研究中心于 1975 年研制成功。最初以太网用无源电缆作为传输介质来传输数据，网络拓扑为总线结构，是一种基带总线局域网，当初的速率为 2.94 Mbit/s。"以太"二字是采用历史上的宗教术语，当时认为地球表面的空间充满了可以传播电磁波的"以太"物质，而后的研究表明，在大气和真空中是可以传播电磁波的。以太网的名字就一直沿用下来。

传统以太网是一种传输速率为 10 Mbit/s 以太网的统称，也指早期以太网。数据传输速率在 1 ~ 10 Mbit/s 的局域网称为传统 802.3 局域网。

网络通信协议遵循局域网的网络体系结构，即数据链路层分为 MAC 子层和 LLC 子层，前者处理与物理层及传输介质的接入、共享问题，后者负责与上层协议接口。MAC 子层接收来自 LLC 子层的数据，调用 MAC 子层协议进行链路端到端的帧传输。MAC 子层再调用物理层的透明比特传输服务实现比特数据从介质的一端传输到另一端。

传统以太网的网络体系结构与 802.3 网络不太一样，数据链路层只有 MAC 子层，没有 LLC 子层。MAC 子层直接为网络层协议提供透明的帧传输服务。

802.3 类型网络和传统以太网的物理层协议是相同的，都是负责把 MAC 子层提供的帧以比特的方式传输给介质另外一端的目的设备。

3.3.1   局域网和以太网

1. 局域网

局域网自然就是局部地区形成的一个区域网络，其特点就是分布地区范围有限，可大可小，大到一栋建筑楼与相邻建筑之间的连接，小到可以是办公室之间。局域网自身相对其他网络传输速度更快，性能更稳定，框架简易，并且封闭。局域网自身的组成大体由计算机设备、网络连接设备、网络传输介质三大部分构成，其中，计算机设备又包括服务器与工作站，网络连接设备则包含了网卡、集线器、交换机，网络传输介质简单来说就是网线，由同轴电缆、双绞线及光缆构成。

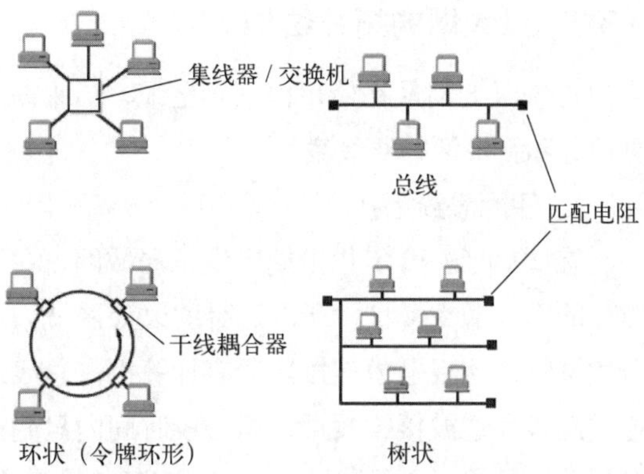

图 1-3-18　局域网的拓扑结构

局域网的类型很多，若按网络使用的传输介质分类，可分为有线网和无线网；若按传输介质所使用的访问控制方法分类，又可分为以太网、令牌环网、FDDI 网和无线局域网等；若按网络拓扑结构分类，可分为总线、星状、环状、树状、混合型等，如图 1-3-18 所示。

局域网的主要特点有：

① 局域网一般为一个部门或单位所有，建网、维护以及扩展等较容易，系统灵活性高。

② 覆盖的地理范围较小，只在一个相对独立的局部范围内互连，如一座或集中的建筑群内。

③ 使用专门铺设的传输介质进行联网，数据传输速率高（10 Mbit/s ～ 10 Gbit/s）。

④ 通信延迟时间短，可靠性较高。

⑤ 能进行广播和组播。

2. 以太网

以太网是一种局域网通信协议，是当今现有局域网采用的最通用的标准，以太网标准形成于 20 世纪 70 年代早期。

以太网（Ethernet）指的是由 Xerox 公司创建并由 Xerox、Intel 和 DEC 公司联合开发的基带局域网规范，是当今现有局域网采用的最通用的通信协议标准。以太网使用 CSMA/CD 技术，并以 10 Mbit/s 的传输速率运行在多种类型的电缆上。IEEE 组织的 IEEE 802.3 标准制定了以太网的技术标准，它规定了包括物理层的连线、电子信号和介质访问层协议的内容。以太网与 IEEE802.3 系列标准类似。它不是一种具体的网络，而是一种技术规范，DIX Ethernet V2 标准与 IEEE 的 802.3 标准只有很小的差别，以太网具有的一般特征概述如下：

① 共享媒体：所有网络设备依次使用同一通信媒体。

② 广播域：需要传输的帧被发送到所有节点，但只有寻址到的节点才会接收到帧。

③ CSMA/CD：以太网中利用载波监听多路访问 / 冲突检测方法，以防止更多节点同时发送。

④ MAC 地址：媒体访问控制层的所有 Ethernet 网络接口卡（NIC）都采用 48 位网络地址。这种地址全球唯一。

以太网是目前应用最普遍的局域网技术，经过激烈的市场竞争后，以太网在局域网市场中已经取得了垄断地位，几乎成了局域网的代名词。

以太网可能是现实世界中最普通的一种计算机网络。以太网有两类：第一类是传统以太网，它解决了多路访问问题。第二类是交换式以太网，使用交换机连接不同的计算机。最重要的是，虽然它们都称为以太网，但它们有很大的不同。以太网目前已从传统的共享式以太网发展到交换式以太网，数据传输速率已提高到每秒百兆比特、吉比特甚至 10 吉比特。

3.3.2 以太网的拓扑结构

传统以太网最初使用粗同轴电缆,后来演进到使用比较便宜的细同轴电缆,最后发展为使用更便宜和更灵活的双绞线。

1. 使用总线拓扑

在 20 世纪 70 年代中期出现了局域网,在当时的技术条件下,很难用廉价的方法制造出高可靠性的以太网交换机,所以那时的以太网就采用无源的总线结构。以太网用一个长电缆蜿蜒围绕着建筑物,这根电缆连接着所有计算机。总线通常采用同轴电缆作为传输介质。所有节点都可以通过总线发送或接收数据,但一段时间内只允许一个节点通过总线发送数据。在"共享介质"方式的总线局域网实现技术中,必须解决多个节点访问总线的介质访问控制问题。

2. 使用集线器的星状拓扑

以太网的发展很快,从单根长电缆的典型以太网结构开始演变。单根电缆存在的问题,比如找出断裂或者松动位置等连接相关的问题,驱使人们开发出一种不同类型的布线模式。在这种模式中,每个站都有一条专用电线连接到一个集线器。集线器只是在电气上简单地连接所有连接线,就像把它们焊接在一起。这样拓扑从总线变到星状,如图 1-3-19 所示。

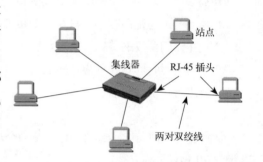

图 1-3-19 使用集线器的星状拓扑

1990 年,IEEE 制定出星状以太网 10BASE-T 的标准 802.3i。其中,10 表示 10 Mbit/s 的数据速率。BASE 表示连接线上的是基带信号,T 表示双绞线。

虽然 10BASE-T 的通信距离稍短,每个站到集线器的距离不超过 100 m。但 10BASE-T 双绞线以太网的出现,是局域网发展史上的一个非常重要的里程碑,从此,以太网的拓扑就从总线变为更加方便的星状网络,而以太网也就在局域网中占据了统治地位。从表面上看,使用集线器的局域网在物理上是一个星状网,但由于集线器使用电子器件来模拟实际电缆线的工作,因此在逻辑上仍是一个总线网,各站共享逻辑上的总线,各主机的适配器执行 CSMA/CD 协议。

集线器的特点如下:

① 从表面上看,使用集线器的局域网在物理上是一个星状网,但由于集线器是使用电子器件来模拟实际电缆线的工作,因此整个系统仍像一个传统以太网那样运行。也就是说,使用集线器的以太网在逻辑上仍是一个总线网,各站共享逻辑上的总线,使用的还是 CSMA/CD 协议(更具体些,是各站中的适配器执行 CSMA/CD 协议)。网络中的各站必须竞争对传输媒体的控制,并且在同一时刻至多只允许一个站发送数据。因此这种 10BASE-T 以太网又称星状总线(starshaped bus)或盒中总线(bus in a box)。

② 一个集线器上有许多接口。每个接口通过 RJ-45 插头与主机相连。

③ 集线器工作在物理层,接口的作用就是简单的转发比特,不进行碰撞检测,碰撞检测是由主机的网卡进行的。若两个接口同时有信号输入(即发生碰撞),那么所有接口都将收不到正确的帧。

④ 集线器采用了专门的芯片，进行自适应串音回波抵消，这样就可以使接口转发出去的较强信号不至于对该接口接收到的较弱信号产生干扰。每个比特在转发之前还要进行再生整形并重新定时。

集线器本身必须非常可靠，一般都有一定的容错能力。假定在以太网中有一个适配器出了故障，不停地发送以太网帧。这时，集线器可以检测到这个问题，在内部断开与出故障的适配器的连线，使整个以太网仍然能够正常工作。集线器上的指示灯还可以显示网络上的故障情况，给网络的管理带来了很大的方便。

3.3.3　以太网的两个标准

以太网标准即以太网规定的包括物理层的连线、电信号和介质访问层协议的内容。

1980 年 9 月，由 DEC 公司、英特尔（Intel）公司和施乐公司合作推出了以太网规约 DIX V1。DIX 是这三家公司名称的缩写。1982 年又推出了第二版规约，即 DIX Ethernet V2，成为世界上第一个局域网产品的规约。

在此基础上，美国电气和电子工程师协会（IEEE）和 ISO 于 1983 年制定了第一个 IEEE 的以太网标准 802.3。数据传输速率为 10 Mbit/s。802.3 局域网对以太网标准中的帧格式做了很小改动，但允许基于这两种标准的硬件实现可以在同一个局域网上互操作。以太网的两个标准 DIX Ethernet V2 和 IEEE 的 802.3 标准只有很小的差别。因此可以将 802.3 局域网简称为"以太网"。严格说来，以太网应当是指符合 DIX Ethernet V2 标准的局域网。

802.3 局域网标准不断向高速发展，依次推出了 100M、1000M 甚至 10G 的以太网标准。系列标准如下：

① IEEE 802.3：10M 以太网标准。

② IEEE 802.3u：100M 快速以太网标准。

③ IEEE 802.3ab 和 IEEE 802.3z：吉比特以太网标准。

④ IEEE 802.3ae：10 吉比特以太网标准。

IEEE 802.3 系列通信标准仅描述了 OSI 分层模型中的低两层协议（物理层和数据链路层），由于低层都采用 802 协议标准，所以它们可以互通。

3.3.4　以太网的 MAC 层

1. 以太网的 MAC 地址

在局域网中，主机的硬件地址又称物理地址，或 MAC 地址，6 字节 48 位。802 标准所说的"地址"严格地讲应当是每个站的"名称"或标识符。

IEEE 的注册管理机构 RA 负责向厂家分配地址字段的前 3 字节（即高位 24 位，组织唯一标识符 OUI）。后 3 字节（即低位 24 位）由厂家自行指派，称为扩展标识符，必须保证生产出的适配器没有重复地址。这种 48 位地址称为 MAC-48，它的通用名称是 EUI-48。"MAC 地址"实际上就是适配器地址，固化在网卡的 ROM 中。

适配器从网络上每收到一个 MAC 帧就首先用硬件检查 MAC 帧中的 MAC 地址。如果是发往本站的帧则收下，然后再进行其他处理。否则就将此帧丢弃，不再进行其他处理。

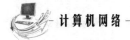

发往本站的帧包括以下三种帧：

① 单播（unicast）帧（一对一）。

② 广播（broadcast）帧（一对全体）。

③ 多播（multicast）帧（一对多）。

2. 以太网的 MAC 帧

常用的以太网 MAC 帧格式有两种标准：DIX Ethernet V2 标准和 IEEE 的 802.3 标准。最常用的 MAC 帧是以太网 V2 的格式。以太网 V2 的 MAC 帧格式如图 1-3-20 所示。从图 1-3-20 中可以看出，一个 MAC 帧由 18 字节和数据段组成。开头是目的 MAC 地址，接着是源 MAC 地址，然后是协议字段，用来标明上层使用的是什么协议，接着是数据段，最后是帧检验序列（FCS）。

虽然现在市场上流行的都是以太网 V2 的 MAC 帧，但大家也常常不严格地称它为 IEEE 802.3 MAC 帧。

在帧的前面插入的 8 字节中的第一个字段共 7 个字节，是前同步码，用来迅速实现 MAC 帧的比特同步。第二个字段是帧开始定界符，表示后面的信息就是 MAC 帧。

MAC 帧的帧头包括三个字段。前两个字段分别为 6 字节长的目的地址字段和源地址字段，目的地址字段包含目的 MAC 地址信息，源地址字段包含源 MAC 地址信息。第三个字段为 2 字节的类型字段，里面包含的信息用来标志上一层使用的是什么协议，以便接收端把收到的 MAC 帧的数据部分上交给上一层的这个协议。

MAC 帧的数据部分只有一个字段，其长度为 46 ~ 1 500 字节，包含的信息是网络层传下来的数据。当数据字段的长度小于 46 字节时，应在数据字段的后面加入整数字节的填充字段，以保证以太网的 MAC 帧长不小于 64 字节。

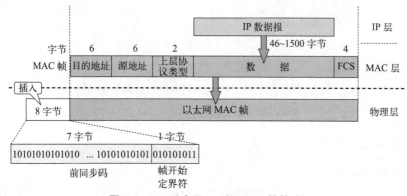

图 1-3-20　以太网 V2 的 MAC 帧格式

MAC 帧的帧尾也只有一个字段，为 4 字节长，包含的信息是帧校验序列 FCS（使用 CRC 校验）。不但需要检验 MAC 帧的数据部分，还要检验目的地址、源地址和类型字段。MAC 帧并不需要帧结束符，因为以太网在传送帧时，各帧之间必须有一定的间隙。因此，接收端只要找到帧开始定界符，其后面连续到达的比特流就都属于同一个 MAC 帧，所以 MAC 帧只有开始定界符。但不要以为以太网 MAC 帧不需要尾部，在数据链路层，帧既要加首部，也要加尾部。

无效的 MAC 帧有下面几种情况：

① 数据字段实际的长度与长度字段指出的值不一样。

② 帧的长度不是整数个字节。

③ 收到的帧检验序列 FCS 查出有差错。

④ 数据字段的长度不在 46 ~ 1 500 字节，考虑到 MAC 帧首部和尾部的长度共有 18 个字节，可以得出有效的 MAC 帧长度在 64 ~ 1518 字节。

检查出的无效 MAC 帧就丢弃。以太网不负责重传丢弃的帧。

3.3.5　以太网的信道利用率

下面讨论以太网的信道利用率。

假定一个 10 Mbit/s 的以太网同时有 10 个站在工作，那么每个站所能发送数据的平均速率似乎应当是总数据率的 1/10（即 1 Mbit/s）。其实不然，因为多个站在以太网上同时工作就可能会发生碰撞。当发生碰撞时，信道资源实际上是被浪费了。因此，当扣除碰撞所造成的信道损失后，以太网总的信道利用率并不能达到 100%。

一个帧从开始发送，经可能发生的碰撞后，将再重传数次，直到发送成功且信道转为空闲时为止，（即再经过一段时间使得信道上无信号在传播，这是因为当一个站发送完最后一个比特时，这个比特还要在以太网上传播），是发送一帧所需的平均时间。

如图 1-3-21 所示，争用期为 2τ，即端到端传播时延的两倍，若在争用期内发生了碰撞，则需要立即停止发送数据，等待一段时间进行重传。其中的 T_0 指的是发送时间，τ 为传播时延。

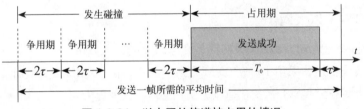

图 1-3-21　以太网的信道被占用的情况

以太网信道被占用的情况：

$$T_0 = 帧长度 / 发送速率$$

信道利用率：

$$S = \frac{T_0}{\tau + 2n^*\tau + T_0}$$

从上述公式可以看出，要想提高信道利用率，就得减小 τ，τ 为传播时延，这和线路的长度有关系，所以可以看出，线路越短，一个信道的信道利用率就越高。这里设 a 为 τ 与 T_0 的比值：

$$a = \frac{\tau}{T_0}$$

当 $a \to 0$ 时，表示只要一发生碰撞就能立即检测出来，然后就能停止发送，减少了信道资源的浪费。反之，在发送速率一定的情况下，a 越大，表明 τ 越大，信道利用率也就越低。所以要想达到较高的信道利用率，就得使以太网的参数 τ 尽量小些，而 T_0 应当大些。所以当数据率一定时，需要满足以下的条件：

① 以太网的线路不能太长。

② 以太网的帧不能太短。

最理想的情况就是，以太网在进行数据传输时，没有发生碰撞（最理想情况，实际不可能达到），此时能够达到最大的信道利用率：

$$S_{max} = \frac{T_0}{T_0 + \tau} = \frac{1}{1+a}$$

从这种理想情况来看，当 $a \ll 1$ 时，才能达到尽可能高的极限传输速率。

实际情况是根据统计，当以太网中的利用率达到 30% 时，就已经处于重载的情况了，所以很大一部分信道资源被碰撞给消耗掉了。

3.4 以太网的演进

随着网络宽带需求的日益增加，以太网技术也经历了一个不断发展进步的过程。1982 年制定了 10 兆比特以太网标准 IEEE 802.3；1993—1995 年制定了 100 兆比特以太网标准 IEEE 802.3u，1995—1999 年制定了吉比特以太网标准 IEEE 802.3z 和 IEEE 802.3ab；2000 年制定了 10 兆 /100 兆 / 吉比特以太网链路聚合标准 IEEE 802.3ad；2000—2003 年制定了 10 吉比特以太网标准 IEEE 802.ae。经过不断发展，不但以太网的速度从 10 Mbit/s、100 Mbit/s、1000 Mbit/s 到 10 Gbit/s 和 100 Gbit/s 不断提高，而且其应用范围也不断扩大。

3.4.1 100BASE-T 以太网

速率达到或超过 100 Mbit/s 的以太网称为高速以太网，又称快速以太网（Fast Ethernet）。采用星状拓扑，双绞线传送，采用 10 M/100 M 自适应网卡，由 10 Mbit/s 升级时非常容易，无须重新布线。快速以太网分为共享介质式快速以太网和交换式快速以太网。

快速以太网的特点：

① 可在全双工方式下工作而无冲突发生。因此，不使用 CSMA/CD 协议。

② MAC 帧格式仍然是 802.3 标准格式，故仍属于以太网。

③ 保持最短帧长不变（64 字节），但将一个网段的最大电缆长度减小到 100 m。

④ 发送时帧间间隔从原来的 9.6 μs 缩短为 0.96 μs。

快速以太网三种不同的物理层标准：

① 100BASE-TX 使用 2 对 UTP 5 类线或屏蔽双绞线 STP。

② 100BASE-FX 使用 2 对光纤。

③ 100BASE-T4 使用 4 对 UTP 3 类线或 5 类线。

3.4.2 吉比特以太网

吉比特以太网（Gigabit Ethernet）又称千兆以太网，传输速率达 1 000 Mbit/s，是一个描述各种以吉比特每秒传输速率进行以太网帧传输技术的术语，由 IEEE 802.3-2005 标准定义。该标准允许通过集线器连接的半双工吉比特连接，但是在市场上利用交换机的全双工连接才是标准。起初，吉比特以太网被部署在高容量主干网中。IEEE 在 1997 年通过了吉比特以太网的标准 802.3z，它在 1998 年成为了正式标准。

吉比特以太网的标准 IEEE 802.3z 有以下特点：

① 允许在 1 Gbit/s 下全双工和半双工两种方式工作。

② 使用 IEEE 802.3 协议规定的帧格式。

③ 在半双工方式下使用 CSMA/CD 协议（全双工方式不需要使用 CSMA/CD 协议）。

④ 与 10BASE-T 和 100BASE-T 技术向后兼容。

吉比特以太网的物理层共有以下两个标准：

① 1000BASE-X（IEEE 802.3z 标准），1000BASE-X 标准是基于光纤通道的物理层，即 FC-0 和 FC-1。使用的媒体有三种：

- 1000BASE-SX。SX 表示短波长，使用纤芯直径为 62.5 um 和 50 um 的多模光纤时，传输距离分别为 275 m 和 550 m。
- 1000BASE-LX。LX 表示长波长。使用纤芯直径为 10 um 的单模光纤时，传输距离为 5 km。
- 1000BASE-CX。CX 表示铜线，使用两对短距离的屏蔽双绞线电缆，传输距离为 25 m。

② 1000BASE-T（802.3ab 标准），1000BASE-T 是使用 4 对 UTP5 类线，传输距离为 100 m。

3.4.3　10 吉比特以太网和 100 吉比特以太网

10 吉比特以太网（10 Gigabit Ethernet），又称万兆以太网。传输速率达到或超过 10 Gbit/s。10GE 的帧格式与 10 Mbit/s、100 Mbit/s 和 1 Gbit/s 以太网的帧格式完全相同。10GE 还保留了 802.3 标准规定的以太网最小和最大帧长。这就使用户在将其已有的以太网进行升级时，仍能和较低速率的以太网很方便地通信。

由于数据传输速率很高，10GE 不再使用铜线而只使用光纤作为传输媒体。它使用长距离的光收发器与单模光纤接口，以便能够工作在广域网和城域网的范围。10GE 也可使用较便宜得多模光纤，但传输距离为 65 ~ 300 m。

10GE 只工作在全双工方式，因此不存在争用问题，也不使用 CSMA/CD 协议。这就使得 10GE 的传输距离不再受碰撞检测的限制而大大提高了。

由于 10GE 的出现，以太网的工作范围已经从局域网扩大到城域网和广域网，从而实现了端到端的以太网传输。

太比特以太网（Terabit Ethernet，TbE）是指速度超过 100 Gbit/s 的以太网。400 吉比特以太网（400 GbE）和 200 吉比特以太网（200 GbE）标准由电气电子工程师学会 P802.3bs 工作组制定，采用类似 100 吉比特以太网的广泛技术，已于 2017 年 12 月 6 日获得批准。在 2016 年，多家网络设备供应商已经为 200 G 和 400 G 以太网提供专有解决方案。与万兆以太网一样，太比特以太网仅支持全双工操作。

回顾过去的历史，看到 10 Mbit/s 以太网最终淘汰了传输速率比它快 60% 的 16 Mbit/s 的令牌环，100 Mbit/s 的快速以太网也使得曾经是最快的局域网 / 城域网的 FDDI 变成历史。吉比特以太网和 10GE、100GE 的问世，使以太网的市场占有率进一步得到提高，使得 ATM 在城域网和广域网中的地位受到更加严峻的挑战。

以太网从 10 Mbit/s 到 100 Gbit/s 的演进证明了以太网是：

① 可扩展的（从 10 Mbit/s 到 10 Gbit/s）。

② 灵活的（多种传输媒体、全 / 半双工、共享 / 交换）。

③ 易于安装。

④ 稳健性好。

3.4.4　使用以太网进行宽带接入

以太网已成功地把速率从 10 Mbit/s 提高到 100 Mbit/s、1 Gbit/s、10 Gbit/s 和 100 Gbit/s，所覆盖的地理范围也扩展到了城域网和广域网，因此现在人们正在尝试使用以太网进行宽带接入。

以太网接入的重要特点是它可提供双向的宽带通信，并且可根据用户对带宽的需求灵活地进行带宽升级。采用以太网接入可实现端到端的以太网传输，中间不需要再进行帧格式的转换。这就提高了数据的传输效率并降低了传输成本。

高速以太网接入可以采用多种方案。图 1-3-22 所示为光纤到大楼。每个大楼的楼口都安装一个 100 Mbit/s 的以太网交换机（对于通信量不大的楼房也可以使用 10 Mbit/s 的以太网交换机），然后根据情况在每个楼层安装一个 10 Mbit/s 或 100 Mbit/s 的以太网交换机。各大楼的以太网交换机通过光纤汇接到光节点汇接点。若干个光节点汇接点再通过吉比特以太网汇接到一个高速汇接点，然后通过城域网连接到因特网的主干点。

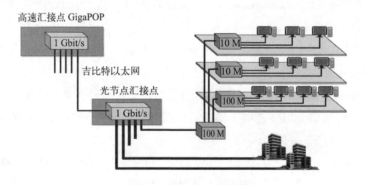

图 1-3-22　光纤到大楼

3.5　无线局域网

在无线局域网发明之前，人们要想通过网络进行联络和通信，必须先用物理线缆组建一个电子运行的通路，为了提高效率和速度，后来又发明了光纤。当网络发展到一定规模后，人们又发现，这种有线网络无论组建、拆装还是在原有基础上进行重新布局和改建，都非常困难，且成本和代价也非常高，于是 WLAN 的组网方式应运而生。

无线局域网（Wireless Local Area Network，WLAN）广义上是指以无线电波、激光、红外线等来代替有线局域网中的部分或全部传输介质所构成的网络。WLAN 技术是基于 802.11 标准系列的，即利用高频信号（如 2.4 GHz 或 5 GHz）作为传输介质的无线局域网。

802.11 是 IEEE 在 1997 年为 WLAN 定义的一个无线网络通信的工业标准。此后这一标准又不断得到补充和完善，形成 802.11 的标准系列，如 802.11、802.11a、802.11b、802.11e、802.11g、802.11i、802.11n 等。

作为无线网络的一大重要门类，无线局域网有狭义和广义之分。

① 狭义无线局域网：特指采用了 IEEE 802.11 系列标准的局域网。IEEE 802.11 系列的无线局域网又称 Wi-Fi 系统。

② 广义无线局域网：以无线为传输介质的局部网络，它包含无线局域网和个人网技术（WPAN）。

世界上大多数国家都预留出了一些频段用于非授权用途，称为 ISM 频段。目前常用的 ISM 有 3 个频段：900 MHz、2.4 GHz 和 5.8 GHz，主流的 802.11 系列 WLAN 产品使用 ISM 的后两个（2.4 GHz 和 5.8 GHz）频段。

3.5.1 无线局域网的组成

无线局域网可分为两大类：第一类是有固定基础设施的无线局域网；第二类是无固定基础设施的无线局域网。所谓固定基础设施是指预先建立起来、能够覆盖一定地理范围的一批固定基础。大家经常使用的蜂窝移动电话就是利用电信公司预先建立起来的、覆盖全国的大量固定基础来接通用户手机拨打的电话。

1. 有固定基础设施的无线局域网

1997 年 IEEE 制定出无线局域网的协议标准 802.11。802.11 是个相当复杂的标准，简单来说，是以无线以太网的标准，使用星状拓扑，其中心叫作接入点 AP（Access Point），在 MAC 层使用 CSMA/CA 协议。

凡使用 802.11 系列协议的局域网又称为 Wi-Fi（Wireless-Fidelity）。802.11 标准规定无线局域网的最小构件是基本服务集 BSS（Basic Service Set）。如图 1-3-23 所示，一个基本服务集 BSS 包括一个基站和若干移动站，所有的站在本 BSS 以内都可以直接通信，但在和本 BSS 以外的站通信时都必须通过本 BSS 的基站。

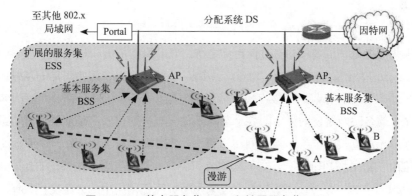

图 1-3-23　基本服务集 BSS 和扩展服务集 ESS

BSS 中的基站就是接入点 AP，当网络管理员安装 AP 时，必须为该 AP 分配一个不超过 32 字节的服务集标识符 SSID（Service Set IDentifier）和一个信道。一个 BSS 所覆盖的地理范围叫作一个基本服务区 BSA（Basic Service Area），直径一般不超过 100 m。

一个 BSS 可以是孤立的，也可以通过接入点 AP 连接到一个分配系统 DS（Distribution System），然后再连接到另一个 BSS，这样就构成了一个扩展的服务集 ESS（Extended Service Set）。ESS 还可以为无线用户提供到非 802.x（非 802.11 无线局域网）的接入。这种接入是通过 Portal 来实现的，Portal 的作用就相当于一个网桥。

一个移动站若要加入到一个基本服务集 BSS，就必须先选择一个接入点 AP，并与此接入点建立关联。建立关联就表示这个移动站加入了选定的 AP 所属的子网，并和这个 AP 之间创建了一个虚拟线路。只有关联的 AP 才向这个移动站发送数据帧，而这个移动站也只有通过关联的 AP 才能向其他站点发送数据帧。

移动站和 AP 建立关联有两种方法，主动扫描和被动扫描。主动扫描，即移动站主动发出探测请求帧（Probe Request Frame），然后等待从 AP 发回的探测响应帧（Probe Response Frame）。被动扫描，即移动站等待接收接入站周期性发出的信标帧（Beacon Frame）。信标帧中包含有若干系统参数（如服务集标识符 SSID 以及支持的速率等）。

2. 移动自组织网络

移动自组织网络（Ad Hoc）是没有固定基础设施（即没有 AP）的无线局域网。这种网络由一些处于平等状态的移动站之间相互通信组成的临时网络。移动自组织网络能够利用移动终端的路由转发功能，在无基础设施的情况下进行通信，从而弥补了无网络通信基础设施可使用的缺陷。移动自组织网络如图 1-3-24 所示。

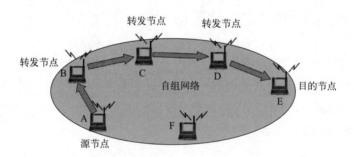

图 1-3-24　移动自组织网络

移动自组织网络是一种多跳的临时性自治系统，它的原型是美国早在 1968 年建立的 ALOHA 网络和之后于 1973 提出的 PR（Packet Radio）网络。ALOHA 网络需要固定的基站，网络中的每一个节点都必须和其他所有节点直接连接才能互相通信，是一种单跳网络。直到 PR 网络，才出现了真正意义上的多跳网络，网络中的各个节点不需要直接连接，而是能够通过中继的方式，在两个距离很远而无法直接通信的节点之间传送信息。PR 网络被广泛应用于军事领域。IEEE 在开发 802.11 标准时，提出将 PR 网络改名为 Ad Hoc 网络，也即今天常说的移动自组织网络。

移动自组织网络的一方面，网络信息交换采用了计算机网络中的分组交换机制，而不是电话交换网中的电路交换机制；另一方面，用户终端是可以移动的便携式终端，如笔记本、PDA 等，用户可以随时处于移动或者静止状态。无线自组网中的每个用户终端都兼有路由器和主机两种功能。作为主机，终端可以运行各种面向用户的应用程序；作为路由器，终端需要运行相应的路由协议，这种分布式控制和无中心的网络结构能够在部分通信网络遭到破坏后维持剩余的通信能力，具有很强的鲁棒性和抗毁性。

作为一种分布式网络，移动自组织网络是一种自治、多跳网络，整个网络没有固定的基础设施，能够在不能利用或者不便利用现有网络基础设施（如基站、AP）的情况下，提供终端之间的相互通信。由于终端的发射功率和无线覆盖范围有限，因此距离较远的两个终端如果要进行通信就必须借助于其他节点进行分组转发，这样节点之间构成了一种无线多跳网络。

网络中的移动终端具有路由和分组转发功能，可以通过无线连接构成任意的网络拓扑。移动自组织网络既可以作为单独的网络独立工作，也可以以末端子网的形式接入现有网络，如 Internet 网络和蜂窝网。

移动自组织网络通常应用在没有或者不便利用现有的网络基础设施的情形中，主要应用在以下领域。

（1）军事通信

在现代化的战场上，由于没有基站等基础设施可以利用，装备了移动通信装置的军事人员、军事车辆以及各种军事设备之间可以借助移动自组织网络进行信息交换，以保持密切联系，协同完成作战任务；装备了音频传感器和摄像头的军事车辆和设备也可以通过移动自组织网络，将目标区域收集到的位置和环境信息传输到处理节点；需要通信的舰队战斗群之间也可以通过移动自组织网络建立通信，而不必依赖陆地或者卫星通信系统。移动自组网络技术已成为美军战术互联网的核心技术，美军的数字电台和无线互联网控制器等主要通信装备都使用了移动自组网络技术。

（2）移动会议

当前，人们经常携带笔记本、PDA 等便携式终端参加各种会议。通过移动自组网技术，可以在不借助路由器、集线器或基站的情况下，就将各种移动终端快速组织成无线网络，以完成提问、交流和资料的分发。

（3）移动网络

移动终端一般没有与拓扑相关的固定 IP 地址，所以通过传统的移动 IP 协议无法为其提供连接，需要采用移动多跳方式联网。由于采用的是平面拓扑，因而没有地址变更的问题，从而使得这些移动终端仍然像在标准的计算机环境中一样。

此外，在实际应用中，移动自组织网络除了可以单独组网实现局部通信以外，还可以作为末端子网通过网关连接到现有的网络基础设施上，例如，Internet 或者蜂窝网。作为末端子网，只允许产生于或者目的地是自治系统内部节点的信息进出，而不准许其他信息穿越自治系统。由此可见，移动自组网可以成为各种通信网络的一种无线接入手段。

（4）紧急服务和灾难恢复

在由于自然灾害或其他各种原因导致网络基础设施出现故障而无法使用时，快速恢复通信是非常重要的。借助于移动自组网技术，能够快速建立临时网络，延伸网络基础设施，从而减少营救时间和灾难带来的危害。

（5）无线传感器网络

无线传感器网络是移动自组织网络技术的一大应用领域。传感器网络使用无线通信技术，由于发射功率较小，只能采用多跳转发方式进行通信。分布在各处的传感器节点自组织成网络，以

完成各种应用任务。

3.5.2　无线局域网的物理层

由于物理层采用技术的复杂多样，无线局域网的物理层标准并不是一次制定完成的。1997 年颁布的 802.11 原始标准只制定了第一部分，规定了物理层扩频和红外实现方法。

原始标准定义了 3 种 PLCP 帧格式来对应以上 3 种不同的 PMD 子层通信技术。它们在运营机制上完全不同，没有互操作性。在 1999 年 IEEE 又制定了剩下的两部分，即 802.11a 和 802.11b 物理层标准。

为了提升无线局域网的数据传输速率，实现有线以太网与无线局域网的无缝结合，从 2003 年起，IEEE 成立了 IEEE 802.11n 工作小组，以制定一项新的高速无线局域网标准，该标准已于 2009 年获批。

除 IEEE 的 802.11 委员会外，欧洲电信标准协会 ETSI 的 RES10 工作组也为欧洲制定无线局域网的标准，他们把这种局域网取名为 HiperLAN（现为 HiperLAN2）。ETSI 和 IEEE 的标准是可以互操作的。这样，根据物理层（工作频段、数据率、调制方法等）的不同，WLAN 产品可再细分为不同的类型。

IEEE 802.11 原始标准定义在 2.4 GHz 和 5.8 GHz 的 ISM 频段内，在 PMD 中使用扩频技术或者红外线，对应实现扩频无线局域网和红外无线局域网。

所谓扩频，是扩展频谱通信的简称。它是指用来传输信息的射频带宽远大于信息本身带宽的一种通信方式。信号可以跨越很宽的频段，数据基带信号的频谱被扩展至几倍至几十倍，然后发射出去。这一做法虽然牺牲了频带带宽，但由于其功率密度随频谱扩宽而降低，甚至可以将通信信号淹没在自然背景噪声中，因此其保密性、抗干扰能力很强。扩频包括跳频扩频和直接序列扩频。

802.11 的物理层有以下几种实现方法：直接序列扩频、跳频扩频、正交频分复用、红外线 IR（已很少用）。

1. 直接序列扩频

直接序列扩频（DSSS）是一种扩频方法，它使用 2.4 GHz 的 ISM 频段。DSSS 将 2.4 GHz ～ 2.4835 GHz 之间的 ISM 频带划分成 11 个互相覆盖的信道，其中心频率间隔为 5 MHz。在传输过程中，数据比特将被编码为 11 的 Barker 码，采用二进制差分移相键控（DBPSK）和差分正交移相键控（DQPSK）。当使用二元相对移相键控时，基本接入速率为 1 Mbit/s；当使用四元相对移相键控时，接入速率为 2 Mbit/s。

HR-DSSS（High Rate DSSS，高速直接序列扩频）可以得到更高的传输速率。

IEEE 802.11 定义了对应于 DSSS 通信的 PLCP 帧格式，包括 7 个不同字段，如图 1-3-25 所示。其中的一些字段表示意义与对应于跳频扩频的 PLCP 帧格式是不同的。

SYNC	Start Frame Delimiter	Signal	Service	Length	CRC	MPDU

图 1-3-25　用于 DSSS 通信的 PLCP 帧格式

① SYNC 是 0 和 1 的序列，共占 80 b 作为同步信号。

② SFD 字段的比特模式为 1111001110100000。

③ Signal 字段表示数据速率，单位为 10 kbit/s，比跳频扩频的精确度提高了 5 倍。

④ Service 字段为保留字段，并未使用。

⑤ Length 字段指 MPDU 的长度，单位为 μs。

⑥ CRC 字段指循环冗余校验码。

⑦ MPDU 表示 MAC 协议数据单元。

2. 跳频扩频

跳频扩频（FHSS）是扩频技术中常用的一种方法，它也使用 2.4 GHz 的 ISM 频段（即 2.4 GHz ～ 2.4835 GHz），共有 79 个信道可供跳频使用。第一个频道的中心频率为 2.402 GHz，以后每隔 1 MHz 有一个信道，因此每个信道可使用的带宽为 1 MHz。当使用二元高斯移频键控 GFSK 时，基本接入速率为 1 Mbit/s；当使用四元 GFSK 时，接入速率为 2 Mbit/s。

IEEE 802.11 定义了对应于 FHSS 通信的 PLCP 帧格式，包括 6 个不同字段，如图 1-3-26 所示。

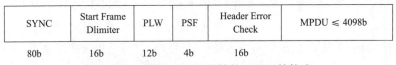

SYNC	Start Frame Dlimiter	PLW	PSF	Header Error Check	MPDU ≤ 4098b
80b	16b	12b	4b	16b	

图 1-3-26　用于 FHSS 通信的 PLCP 帧格式

其中：

① Start Frame Delimiter（SFD）用作帧的起始符，其比特模式为 0000110010111101。

② PLW 表示帧长度，共 12 b，因此帧的最大长度为 4096b。

③ PSF 是分组信令字段，用来标识不同的数据速率。

④ Head Error Check 用于纠错，常用 CRC 算法，它能够纠正 2b 的错误。

目前，FHSS 在蓝牙产品中广泛使用。

3. 正交频分复用 OFDM

OFDM（Orthogonal Frequency Division Multiplexing，正交频分复用技术），实际上 OFDM 是 MCM（Multi Carrier Modulation，多载波调制）的一种。

OFDM 技术由 MCM 发展而来。OFDM 技术是多载波传输方案的实现方式之一，它的调制和解调是分别基于 IFFT 和 FFT 来实现的，是实现复杂度最低、应用最广的一种多载波传输方案。

在通信系统中，信道所能提供的带宽通常比传送一路信号所需的带宽要宽得多。如果一个信道只传送一路信号是非常浪费的，为了能够充分利用信道的带宽，就可以采用频分复用的方法。

OFDM 主要思想是：将信道分成若干正交子信道，将高速数据信号转换成并行的低速子数据流，调制到每个子信道上进行传输。正交信号可以通过在接收端采用相关技术来分开，这样可以减少子信道之间的相互干扰。每个子信道上的信号带宽小于信道的相关带宽，因此每个子信道上可以看成平坦性衰落，从而可以消除码间串扰，而且由于每个子信道的带宽仅仅是原信道带宽的一小部分，信道均衡变得相对容易。

OFDM 技术是 HPA 联盟（HomePlug Powerline Alliance）工业规范的基础，它采用一种不连

续的多音调技术，将被称为载波的不同频率中的大量信号合并成单一的信号，从而完成信号传送。由于这种技术具有在杂波干扰下传送信号的能力，因此常常会被利用在容易受外界干扰或者抵抗外界干扰能力较差的传输介质。

OFDM 中的各个载波是相互正交的，每个载波在一个符号时间内有整数个载波周期，每个载波的频谱零点和相邻载波的零点重叠，这样减小了载波间的干扰。由于载波间有部分重叠，所以它比传统的 FDMA 提高了频带利用率。

在 OFDM 传播过程中，高速信息数据流通过串并变换，分配到速率相对较低的若干子信道中传输，每个子信道中的符号周期相对增加，这样可减少因无线信道多径时延扩展所产生的时间弥散性对系统造成的码间干扰。另外，由于引入保护间隔，在保护间隔大于最大多径时延扩展的情况下，可以最大限度地消除多径带来的符号间干扰。如果用循环前缀作为保护间隔，还可避免多径带来的信道间干扰。

4. 红外线传输

红外线无线信号是按视距方式传播的，也就是说发送点必须能够直接"看到"接收点，中间没有阻挡。红外线的波长为 850 ~ 950 nm，可用于室内传送数据，接入速率为 1 ~ 2 Mbit/s。

红外线频谱非常宽，所以就有可能提供极高的数据传输速率。红外线由于与可见光有一部分的特性是一致的，所以它可以被浅色的物体漫反射，这样就可以用天花板来覆盖整个房间。红外线连接可以被用于连接几座大楼的网络，但是每幢大楼的路由器或网桥都必须在视线范围内。如表 1-3-1 所示，现在最流行的无线局域网是 802.11b，而另外两种（802.11a 和 802.11g）的产品也广泛存在。

表 1-3-1　主流 WLAN 产品

标　准	频　段	数 据 速 率	物 理 层	优 缺 点
802.11b	2.4 GHz	最高为 11 Mbit/s	DSSS	最高数据率较低，价格最低，信号传播距离最远，且不易受阻碍
802.11a	5 GHz	最高为 54 Mbit/s	OFDM	最高数据率较高，价格最高，信号传播距离较短，且易受阻碍
802.11g	2.4 GHz	最高为 54 Mbit/s	OFDM	最高数据率较高，信号传播距离最远，且不易受阻碍，价格比较贵
802.11n	2.4 GHz 5 GHz	最高为 300 Mbit/s	MIMO OFDM	使用多个发射和接收天线来允许更高的数据传输率

传统 802.11b 的物理层使用工作在 2.4 GHz 的高速直接序列扩频技术，数据速率 5.5 Mbit/s 或 11 Mbit/s。技术的发展引发了融合，一些 4G 及 3.5G 移动通信的关键技术，如 OFDM、MIMO、智能天线和软件无线电等，也开始应用到 WLAN 中以提升性能。

802.11a/g 的物理层都不再采用扩频而是用正交频分复用 OFDM，载波数可多达 52 个，提高了传输速率和网络吞吐量。802.11n 则采用 MIMO 与 OFDM 相结合，使传输速率成倍地提高。而跳频扩频 FHSS 和红外线 IR 技术只在早期 WLAN 产品中用过，现在已经很少使用了。

3.5.3　无线局域网的 MAC 层

802.11 标准设计了独特的 MAC 层，如图 1-3-27 所示。它通过协调功能（Coordination Function）

来确定在基本服务集 BSS 中的移动站在什么时间能
发送或接收数据。802.11 的 MAC 层在物理层的上
面，包括两个子层，分布协调功能 DCF 和点协调功
能 PCF。

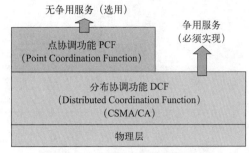

图 1-3-27　无线局域网的 MAC 层

1. 分布协调功能

分布协调功能（Distributed Coordination Function，
DCF）不采用任何中心控制，而是在每一个节点使用
CSMA 机制的分布式接入算法，让各个站通过争用
信道来获取发送权，因此 DCF 向上提供争用服务。802.11 协议规定，所有的实现都必须有 DCF
功能。

2. 点协调功能

点协调功能（Point Coordination Function，PCF）是选项，用于接入点 AP 集中控制整个 BSS
内的活动，因此自组网络就没有 PCF 子层。PCF 使用集中控制的接入算法，用类似于探询的方法
把发送数据权轮流交给各个站，从而避免了碰撞的产生。对于时间敏感的业务，如分组话音，就
应使用提供无争用服务的点协调功能 PCF。

3. CSMA/CA 协议

虽然 CSMA/CD 协议已成功地应用于有线连接的局域网，但无线局域网不能简单地搬用
CSMA/CD 协议。其主要原因是：

第一，CSMA/CD 协议要求一个站点在发送本站数据的同时还必须不间断地检测信道，以便
发现是否有其他的站也在发送数据，这样才能实现"冲突检测"的功能。但在无线局域网的设备
中要实现这种功能花费过大。

第二，更重要的是，即使能够实现冲突检测的功能，且在发送数据报时检测到信道是空闲的，
但是，由于无线电波能够向所有的方向传播，且其传播距离受限，在接收端仍然有可能发生冲突，
从而产生隐藏站问题和暴露站问题。

此外，无线信道还由于传输条件特殊，造成信号强度的动态范围非常大。这就使发送站无法
使用冲突检测的方法来确定是否发生了碰撞。

因此，无线局域网不能使用 CSMA/CD 协议，而是以此为基础，制定出更适合无线网络共享
信道的载波监听多路访问 / 冲突避免 CSMA/CA 协议。CSMA/CA 协议利用 ACK 信号来避免冲突
的发生，也就是说，只有当客户端收到网络上返回的 ACK 信号后，才确认送出的数据已经正确
到达目的站。

802.11 标准为数据帧定义了不同的信道使用优先级，使用三种不同的时间参数：短帧间隔
SIFS、长帧间隔 DIFS 和点协间隔 PIFS。SIFS 最短，使用它作为等待时延的结点将用最高的信
道使用优先级来发送数据帧。网络中的控制帧以及对所接收数据的确认帧都采用 SIFS 作为发送之
前的等待时延。DIFS 最长，所有的数据帧都采用 DIFS 作为等待时延。PIFS 具有中等级别的优先
级，主要作为 AP 定期向服务区内发送管理帧或探测帧所用的等待时延。

CSMA/CA 协议的工作原理如图 1-3-28 所示，主要工作流程是：

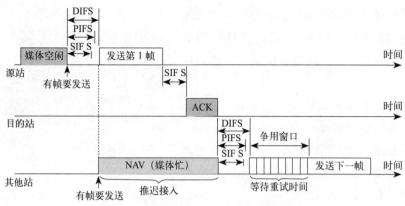

图 1-3-28　CSMA/CA 协议的工作原理

（1）当主机需要发送一个数据帧时，首先检测信道，在持续检测到信道空闲达一个 DIFS 之后，主机发送数据帧。接收主机正确接收到该数据帧，等待一个 SIFS 后马上发出对该数据帧的确认。若源站在规定时间内没有收到确认帧 ACK，就必须重传此帧，直到收到确认为止，或者经过若干次重传失败后放弃发送。

（2）当一个站检测到正在信道中传送的 MAC 帧首部的"持续时间"字段时，就调整自己的网络分配向量 NAV。NAV 指出了必须经过多少时间才能完成这次传输，才能使信道转入空闲状态。因此，信道处于忙态，或者是由于物理层的载波监听检测到信道忙，或者是由于 MAC 层的虚拟载波监听机制指出了信道忙。

4．CSMA/CD 与 CSMA/CA 的差别

CSMA/CD 可以检测冲突，但无法避免冲突；对于 CSMA/CA，在发送包的同时不能检测到信道上有无冲突，只能尽量避免。CSMA/CD 和 CSMA/CA 的主要差别表现在：

（1）两者的传输介质不同：CSMA/CD 用于总线式以太网，而 CSMA/CA 用于无线局域网802.11a/b/g/n 等。

（2）检测方式不同：CSMA/CD 通过电缆中电压的变化来检测，当数据发生碰撞时，电缆中的电压就会随着发生变化；CSMA/CA 采用能量检测（ED）、载波检测（CS）和能量载波混合检测三种检测信道空闲的方式。

（3）对于 WLAN 中的某个结点，其刚刚发出的信号强度要远高于来自其他结点的信号强度，也就是说它自己的信号会把其他的信号覆盖掉。

（4）在 WLAN 中，本结点处有冲突并不意味着在接收结点处就有冲突。

3.6　数据链路层的设备

3.6.1　在物理层上扩展以太网

以太网上的主机之间的距离不能太远（例如，10BASE-T 以太网的两个主机之间的距离不超过 200 m），否则主机发送的信号经过铜线的传输就会衰减到使 CSMA/CD 协议无法正常工作。在

过去广泛使用粗缆或细缆以太网时，常使用工作在物理层的转发器来扩展以太网的地理覆盖范围。那时，两个网段可用一个转发器连接起来（单个的网段被限制为不超过 500 米）。IEEE 802.3 标准规定，任意两个站之间最多可以经过三个电缆网段。但随着双绞线以太网成为以太网的主流类型，扩展以太网的覆盖范围已很少使用转发器了。

现在，扩展主机和集线器之间距离的一种简单方法就是使用光纤（通常是一对光纤）和一对光纤调制解调器，如图 1-3-29 所示。

图 1-3-29　主机使用光纤和一对光纤调制解调器连接到集线器

如果使用多个集线器，就可以连接成覆盖更大范围的多级星状结构的以太网。例如，一个学院的三个系各有一个 10BASE-T 以太网（见图 1-3-30），可通过一个主干集线器把各系以太网连接起来，成为一个更大的以太网（见图 1-3-31）。

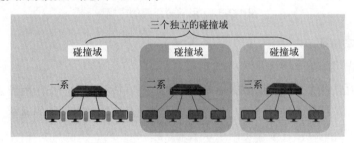

图 1-3-30　三个 10BASE-T 以太网

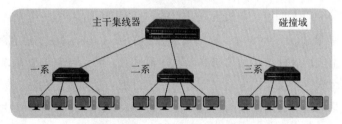

图 1-3-31　一个扩展的以太网

① 用集线器扩展的以太网有以下的优点：
• 使原来属于不同碰撞域的局域网上的计算机能够进行跨碰撞域的通信。
• 扩大了局域网覆盖的地理范围。
② 用集线器扩展的以太网也有以下的缺点：
• 碰撞域增大了，但总的吞吐量并未提高。
• 如果不同的碰撞域使用不同的数据率，那么就不能用集线器将它们互连起来。
• 由于争用期的限制，并不能无限扩大地理覆盖范围。

3.6.2 用网桥在数据链路层扩展以太网

在数据链路层扩展以太网要使用网桥。网桥工作在数据链路层，它根据 MAC 帧的目的地址对收到的帧进行转发和过滤。当网桥收到一个帧时，并不是向所有的接口转发此帧，而是先检查此帧的目的 MAC 地址，然后再确定将该帧转发到哪一个接口，或者是把它丢弃。网桥和集线器（或转发器）的一个重要区别：网桥是按存储转发方式工作的，一定是先把整个帧收下来再进行处理，但集线器或转发器是逐比特转发。此外，网桥丢弃 CRC 检验有差错的帧以及帧长过短和过长的无效帧。

网桥（Bridge）是早期的两端口二层网络设备，用来连接不同网段。网桥的两个端口分别有一条独立的交换信道，不是共享一条背板总线，可隔离碰撞域，如图 1-3-32 所示。网桥比集线器（Hub）性能更好，集线器上各端口都是共享同一条背板总线的。后来，网桥被具有更多端口、同时也可隔离冲突域的交换机（Switch）所取代。

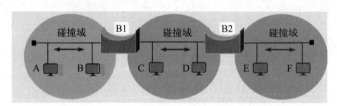

图 1-3-32 用网桥隔离的碰撞域

1. 网桥的基本特征

① 网桥在数据链路层上实现局域网互连。

② 网桥能够互连两个采用不同数据链路层协议、不同传输介质与不同传输速率的网络。

③ 网桥以接收、存储、地址过滤与转发的方式实现互连的网络之间的通信。

④ 网桥需要互连的网络在数据链路层以上采用相同的协议。

⑤ 网桥可以分隔两个网络之间的通信量，有利于改善互连网络的性能与安全性。

2. 网桥的工作原理

当网桥刚刚连接到以太网时，其转发表是空的。这时若网桥收到一个帧，它将怎样处理呢？网桥就按照以下自学习（Self-learning）算法处理收到的帧（这样就逐步建立起转发表），并且按照转发表把帧转发出去。这种自学习算法的原理并不复杂，因为若从某个站 A 发出的帧从接口 x 进入了某网桥，那么从这个接口出发沿相反方向一定可把一个帧传送到 A。所以网桥只要每收到一个帧，就记下其源地址和进入网桥的接口，作为转发表中的一个项目。请注意，转发表中并没有"源地址"这一栏，而只有"地址"这一栏。在建立转发表时是把帧首部中的源地址写在"地址"这一栏的下面。在转发帧时，则是根据收到的帧首部中的目的地址来转发的。这时就把在"地址"栏下面已经记下的源地址当作目的地址，而把记下的进入接口当作转发接口。如图 1-3-33 所示，主机 A 向主机 C 发送帧。

连接在同一个局域网上的站点 B 和网桥 B1 都能收到 A 发送的帧。网桥 B1 先按源地址 A 查找转发表。B1 的转发表中没有 A 的地址，于是把地址 A 和收到此帧的接口 1 写入转发表中。这就表示，以后若收到要发给 A 的帧，就应当从接口 1 转发出去。接着再按目的地址 C 查找转发表。转发表中没有 C 的地址，于是就通过除收到此帧的接口 1 以外的所有接口（现在就是接口 2）转发该帧。主机 C 和主机 D 收到该帧，网桥 B2 从其接口 1 收到这个转发过来的帧。网桥 B2 按同样方式处理收到的帧。网桥 B2 的转发表中没有 A 的地址，因此在转发表中写入地址 A 和接口 1，B2 的转发表中没有 C 的地址，因此通过除收到此帧的接口 1 以外的所有接口（接口 2）转发这个帧。现在两个转发表中已经各有了一个项目了。如图 1-3-34 所示，主机 C 向主机 A 发送帧。

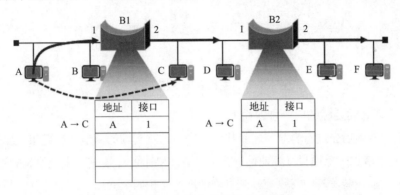

图 1-3-33　主机 A 向主机 C 发送帧

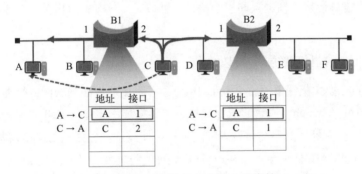

图 1-3-34　主机 C 向主机 A 发送帧

　　网桥 B1 先按源地址 C 查找转发表。B1 的转发表中没有 C 的地址，于是把地址 C 和收到此帧的接口 2 写入转发表中。这就表示，以后若收到要发给 C 的帧，就应当从这个接口 2 转发出去。接着再按目的地址 A 查找转发表。转发表中有 A 的地址，于是就通过地址 A 所对应的 1 接口转发该帧。网桥 B2 从其接口 1 收到这个转发过来的帧。网桥 B2 按同样方式处理收到的帧。网桥 B2 的转发表中没有 C 的地址，因此在转发表中写入地址 C 和接口 1，接着再按目的地址 A 查找转发表。转发表中有 A 的地址，对应的接口为 1 接口。因为转发表中给　地址所对应的接口就是该帧进入网桥的接口，所以网桥 B2 会丢弃这个帧，不再进行转发。现在两个转发表中已经各有了两个项目了。如图 1-3-35 所示，主机 B 向主机 A 发送帧。

　　连接在同一个局域网上的站点 A 和网桥 B1 都能收到 B 发送的帧。网桥 B1 先按源地址 B 查找转发表。B1 的转发表中没有 B 的地址，于是把地址 B 和收到此帧的接口 1 写入转发表中。这就表示，以后若收到要发给 B 的帧，就应当从这个接口 1 转发出去。接着再按目的地址 A 查找转发表。转发表中有 A 的地址，对应的接口为 1 接口。因为转发表中给　地址所对应的接口就是该帧进入网桥的接口，所以网桥 B1 会丢弃这个帧，不再进行转发。现在网桥 B1 的转发表中有三个项目，网桥 B2 的转发表还是两个项目。

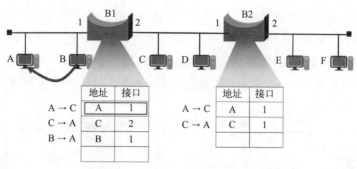

图 1-3-35　主机 B 向主机 A 发送帧

网桥的自学习和转发帧的一般步骤如下：

① 网桥收到一帧后先进行自学习。查找转发表中与收到帧的源地址有无相匹配的项目。如没有，就在转发表中增加一个项目（源地址、进入的接口和时间）。如有，则把原有的项目进行更新。

② 转发帧。查找转发表中与收到帧的目的地址有无相匹配的项目。如没有，则通过所有其他接口（但进入网桥的接口除外）进行转发。如有，则按转发表中给出的接口进行转发。但应注意，若转发表中给　的接口就是该帧进入网桥的接口，则应丢弃这个帧（因为这时不需要经过网桥进行转发）。

3.6.3　用交换机在数据链路层扩展以太网

1990 年问世的交换式集线器（Switching Hub），可明显地提高局域网的性能。交换式集线器常称为以太网交换机（Switch）或第二层交换机，二层交换机工作于 OSI 模型的第二层（数据链路层），故称为二层交换机。二层交换技术的发展已经比较成熟，二层交换机属数据链路层设备，可以识别数据包中的 MAC 地址信息，根据 MAC 地址进行转发，并将这些 MAC 地址与对应的端口记录在自己内部的一个地址表中。

以太网交换机通常都有十几个接口。因此，以太网交换机实质上就是一个多接口的网桥。交换机能同时连通许多对接口，使每对正在通信的主机能像独占信道那样进行通信，进行无碰撞地传输数据。

以太网交换机由于使用了专用的交换结构芯片，其交换速率较高。以太网交换机的每个接口都直接与主机相连，并且一般都工作在全双工方式（也可以工作在半双工）。

其工作流程为：

① 当交换机从某个端口收到一个数据包，它先读取包头中的源 MAC 地址，这样它就知道源 MAC 地址的机器是连在哪个端口上的。

② 再去读取包头中的目的 MAC 地址，并在地址表中查找相应的端口。

③ 如表中有与这目的 MAC 地址对应的端口，把数据包直接复制到这端口。

④ 如表中找不到相应的端口则把数据包广播到所有端口上，当目的机器对源机器回应时，交换机又可以学习一目的 MAC 地址与哪个端口对应，在下次传送数据时就不再需要对所有端口进行广播了。

不断地循环这个过程，对于全网的 MAC 地址信息都可以学习到，二层交换机就是这样建立和维护它自己的地址表的。

对于普通 10 Mbit/s 的共享式以太网，若共有 N 个用户，则每个用户占有的平均带宽只有总带宽（10 Mbit/s）的 N 分之一。

如图 1-3-36 所示，使用以太网交换机时，虽然在每个接口到主机的带宽还是 10 Mbit/s，但由于一个用户在通信时是独占而不是和其他网络用户共享传输媒体的带宽，因此对于拥有 N 对接口的交换机的总容量为 $N \times 10$ Mbit/s，这是交换机的最大优点。

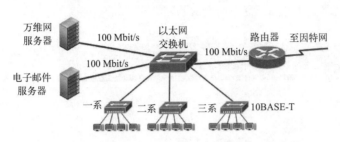

图 1-3-36　用以太网交换机扩展的局域网

二层交换技术从网桥发展到 VLAN（虚拟局域网），在局域网建设和改造中得到了广泛的应用。交换机可以很方便地实现虚拟局域网。管理员可以将连接在交换机上的站点按需要划分为多个与物理位置无关的逻辑组，每个逻辑组就是一个 VLAN。属于同一 VLAN 的站点之间可以直接进行通信，而不属于同一 VLAN 的站点之间不能直接通信。连接在同一交换机上的两个站点可以属于不同的 VLAN，而属于 VLAN 中的两个站点可能连接在不同的交换机上。

如图 1-3-37 所示，通过交换机把局域网划分成了三个 VLAN。其中主机 A_1、A_2、A_3 和 A_4 同在 VLAN$_1$ 中，主机 B_1、B_2 和 B_3 同在 VLAN$_2$ 中，主机 C_1、C_2 和 C_3 同在 VLAN$_3$ 中，当 B_1 向 VLAN$_2$ 工作组内成员发送数据时，B_2 和 B_3 将会收到广播的信息，而主机 A_1、A_2 和 C_1 都不会收到 B_1 发出的广播信息。

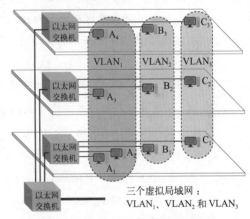

三个虚拟局域网：
VLAN$_1$、VLAN$_2$ 和 VLAN$_3$

图 1-3-37　通过交换机划分 VLAN

虚拟局域网具有以下的优点：

① 简化网络管理。当站点从一个工作组迁移到另一个工作组时，仅需调整 VLAN 配置即可。

② 控制广播风暴。VLAN 将大的局域网分隔成多个独立的广播域。

③ 增强网络的安全性。便于管理员根据用户的安全需要隔离 VLAN 间的通信。

二层交换机是工作在 OSI 七层网络模型中的数据链路层。它按照所接收到数据包的目的 MAC 地址来进行转发，对于网络层或者高层协议来说是透明的。它不处理网络层的 IP 地址，不处理高层协议的诸如 TCP、UDP 的端口地址，它只需要数据包的物理地址即 MAC 地址，数据交换是靠硬件来实现的，其速度相当快，这是二层交换机的一个显著的优点。但是，它不能处理不同 IP 子网之间的数据交换。传统的路由器可以处理大量的跨越 IP 子网的数据包，但是它的转发效率比二层低，因此要想利用二层转发效率高这一优点，又要处理三层 IP 数据包，三层交换技术就诞生了。

　　三层交换机就是具有部分路由器功能的交换机。三层交换机的最重要目的是加快大型局域网内部的数据交换，所具有的路由功能也是为这目的服务的，能够做到一次路由，多次转发。对于数据包转发等规律性的过程由硬件高速实现，而像路由信息更新、路由表维护、路由计算、路由确定等功能，由软件实现。三层交换技术就是二层交换技术＋三层转发技术。

　　三层交换技术的出现，解决了局域网中网段划分之后，网段中子网必须依赖路由器进行管理的局面，解决了传统路由器低速、复杂所造成的网络瓶颈问题。

习　题

单项选择题

1. 下面（　　）不是一个链路层协议。
   - A. 以太网协议
   - B. 点到点协议
   - C. 高级数据链路控制协议
   - D. IP 协议

2. 以下四个描述，哪一个是不正确的？（　　）
   - A. 链路层协议的节点到节点的工作是通过一个链接的路径移动网络层数据包
   - B. 链路层协议提供的服务可能会有所不同
   - C. 数据包在不同的链接路径必须由相同的链路层协议处理
   - D. 一个链路层协议在发送和接收帧时所做的工作是错误检测、流量控制和随机访问

3. 当多个节点共享一个广播链接时，（　　）协议用于协调许多节点的帧传输。
   - A. ARP
   - B. MAC
   - C. ICMP
   - D. DNS

4. 下面对 MAC 地址的描述，哪个是不正确的？（　　）
   - A. 一个 MAC 地址是一个节点的适配器地址
   - B. 两个适配器不可能具有相同的 MAC 地址
   - C. 适配器的 MAC 地址不会改变
   - D. MAC 地址是一个层次结构地址

5. ARP 协议可以将（　　）转化为（　　）。
   - A. 一个主机名，IP 地址
   - B. 主机名，MAC 地址
   - C. IP 地址，MAC 地址
   - D. 广播地址，IP 地址

6. 交换机不能提供的服务是（　　）。
   - A. 过滤
   - B. 自我学习
   - C. 转发
   - D. 最优路由

7. 确定一个帧指向某一个接口并指导该帧到达这些接口的功能是（　　）。
   - A. 过滤
   - B. 转发
   - C. 自我学习
   - D. 最优路由

8. 以下对 CSMA/CD 的描述，哪个是不正确的？（　　）
   - A. 节点传输之前监听信道
   - B. 如果其他节点在这同时发送信息（说话），则停止发送信息（说话）
   - C. 传输节点在传输数据的同时侦听传输信道
   - D. CSMA/CD 可以完全避免碰撞

9. MAC 地址是（　　）的地址。

    A. 物理层　　　　　　B. 应用层　　　　　　C. 链路层　　　　　　D. 网络层

10. 下列描述正确的是？（　　）

    A. 没有两个适配器有相同的 MAC 地址

    B. MAC 的广播地址为 FF-FF-FF-FF-FF-FF

    C. 无论在哪里，便携式计算机的网卡总是具有相同的 MAC 地址

    D. 上述所有

11. 交换机是一种作用于帧的（　　）设备。

    A. 物理层　　　　B. 链路层　　　　　　C. 网络层　　　　　　D. 传输层

12. 确定一个帧应该转发给一些接口或应该丢弃的能力是（　　）。

    A. 过滤　　　　　B. 转发　　　　　　　C. 自学　　　　　　　D. 最优路由

13. （　　）不是一个即插即用设备。

    A. 集线器　　　　B. 路由器　　　　　　C. 交换机　　　　　　D. 中继器

14. （　　）具有同一冲突域。

    A. 集线器　　　　　B. 交换机　　　　　　C. 路由器　　　　　　D. 桥

15. （　　）设备可以为每个局域网段隔离冲突域。

    A. 调制解调器　　　B. 交换机　　　　　　C. 集线器　　　　　　D. 网卡

16. 下列描述错误的是（　　）。

    A. ARP 表由系统管理员配置

    B. ARP 表自动构建

    C. ARP 映射表是动态的

    D. ARP 表的 IP 地址可以映射到 MAC 地址

17. 网卡工作在（　　）。

    A. 物理层　　　　　B. 链路层　　　　　　C. 网络层　　　　　　D. 传输层

18. 下列四个描述 MAC 地址，错误的是？（　　）

    A. MAC 地址固化到适配器的 ROM 中

    B. 没有两个适配器有相同的地址

    C. 一个适配器的 MAC 地址是动态的

    D. MAC 地址是一个链路层地址

19. 下列关于 DHCP 的描述，正确的是（　　）。

    A. DHCP 是 C/S 架构

    B. DHCP 使用 TCP 作为其基本的传输协议

    C. DHCP 服务器提供的 IP 地址是永远有效的

    D. 主机请求 IP 地址时，DHCP 服务器将提供相同的 IP 地址给主机

20. 对于（　　）链路，链路的一端只有一个发送者，链路的另一端只有一个接收者。

    A. 点对点　　　　　B. 广播　　　　　　　C. 组播　　　　　　　D. 上述所有

第4章

网 络 层

 本章导读

在五层体系模型中，网络层位于数据链路层和传输层的中间。网络层最基本的功能是实现从源到目的端的数据包的传输。本章介绍网络层的基本概念、IP 协议、IP 地址、VLSM、CIDR 等、各种路由协议的相关特点及原理、NAT 与 VPN 技术。

通过对本章内容的学习，应做到：

◎ 了解：网络层的基本概念、IPv6、CIDR。

◎ 熟悉：VLSM 及子网划分、IP 协议、ICMP 协议、ARP 协议及其他各种相关的协议。

◎ 掌握：常见的网络层命令的使用、路由原理的理解、NAT 原理及 VPN 原理。

4.1 概述

4.1.1 网络层的功能

网络层是 OSI 参考模型中的第三层，介于传输层和数据链路层之间。它的主要任务是把网络协议数据单元或分组从源计算机经过适当的路径发送到目的地计算机。从源计算机到目的计算机可能要经过若干个中间节点，这需要在通信子网中进行路由选择。网络层与数据链路层有很大的差别，数据链路层仅把数据帧从线缆或信道的一端传送到另一端（即在相邻节点间进行数据传送），而网络层向传输层提供最基本的端到端的数据传送服务。

网络层关心的是通信子网的运行控制，解决如何使数据分组跨越通信子网的问题，体现了网络应用环境中资源子网访问通信子网的方式。为避免通信子网中出现过多的分组而造成网络阻塞，需要对流入的分组数量进行控制。另外，当分组要跨越多个通信子网才能到达目的地时，网络层还要解决网际互连的问题。

因此，网络层的目的是实现两个端系统之间的数据透明传送，具体功能包括路由选择、阻塞控制和网际互连等。

网络层在其与传输层的接口上为传输层提供服务。这一接口是相当重要的，因为它往往是公共载体网络（如电信网络）与用户的接口，也就是说，它是通信子网的边界。载体网络通常规定了从物理层到网络层的各种协议和接口，传输由其用户提供的分组。基于这种原因，对接口的定义必须十分明确和完善。

4.1.2 网络层提供的两种服务

在计算机网络领域，网络层应该向传输层提供怎样的服务（"面向连接"还是"无连接"）曾引起了长期的争论。争论焦点的实质就是：在计算机通信中，可靠交付应当由谁来负责？是网络还是端系统？

1. 电信网的成功经验：让网络负责可靠交付

虚电路服务如图 1-4-1 所示，传统电信网提供的主要业务是提供电话服务。电信网使用昂贵的程控交换机，用面向连接的通信方式，使电信网络能够向用户（实际上就是电话机）提供可靠传输的服务。

两台计算机进行通信时的步骤如下：

① 应当先建立连接（但在分组交换中是建立一条虚电路），以保证通信双方所需的一切网络资源。

② 然后双方沿着已建立的虚电路发送分组。

③ 这样的分组的首部就不需要填写完整的目的主机地址，而只需填写这条虚电路的编号（一个不大的整数），因而减少了分组的开销。

④ 如果这种通信方式再使用可靠传输的网络协议，就可使所发送的分组无差错按序地到达终点，当然也不丢失、不重复。

⑤ 在通信结束后，释放建立的虚电路。

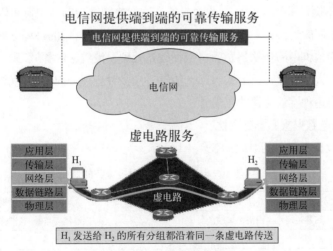

图 1-4-1 虚电路服务

虚电路表示这只是一条逻辑上的连接，分组都沿着这条逻辑连接按照存储转发方式传送，而并不是真正建立了一条物理连接。

请注意，电路交换的电话通信是先建立了一条真正的物理连接。因此分组交换的虚连接和电路交换的连接只是类似，但并不完全一样。

2. 因特网采用的设计思路——数据报服务

数据报服务如图 1-4-2 所示，网络层向上只提供简单灵活的、无连接的、尽最大努力交付的数据报服务。网络在发送分组时不需要先建立连接。每一个分组（即 IP 数据报）独立发送，与其前后的分组无关（不进行编号）。

网络层不提供服务质量的承诺。即所传送的分组可能出错、丢失、重复和失序（不按序到达终点），当然也不保证分组传送的时限。

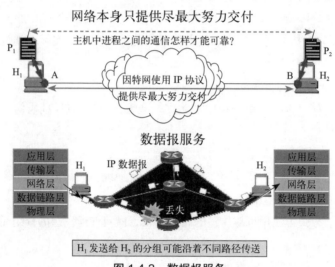

图 1-4-2　数据报服务

由于传输网络不提供端到端的可靠传输服务，这就使网络中的路由器可以做得比较简单，而且价格低廉（与电信网的交换机相比较）。如果主机（即端系统）中的进程之间的通信需要是可靠的，那么就由网络的主机中的传输层负责（包括差错处理、流量控制等）。采用这种设计思路的好处是：网络的造价大大降低，运行方式灵活，能够适应多种应用。因特网能够发展到今日的规模，充分证明了当初采用这种设计思路的正确性。

3. 虚电路服务与数据报服务的对比

虚电路服务与数据报服务的对比如表 1-4-1 所示。

表 1-4-1　虚电路服务与数据报服务的对比

项目	虚电路服务	数据报服务
思路	可靠通信应当由网络来保证	可靠通信应当由用户主机来保证
连接的建立	必须有	不需要
终地址	仅在连接建立阶段使用，每个分组使用短的虚电路号	每个分组都有终点的完整地址
分组的转发	属于同一条虚电路的分组均按照同一路由进行转发	每个分组独立选择路由进行转发
当节点出故障时	所有通过出故障的节点的虚电路均不能工作	出故障的节点可能会丢失分组，一些路由可能会发生变化
分组的顺序	总是按发送顺序到达终点	到达终点时不一定按发送顺序
差错处理和流量控制	由网络负责，也可以由用户主机负责	由用户主机负责

4.2 IP 协议

4.2.1 IP 协议简介

TCP/IP（Transmission Control Protocol/Internet Protocol，传输控制协议和网络协议），定义了电子设备如何连入因特网，以及数据如何在它们之间传输的标准。

TCP/IP 不是 个协议，而是一个协议族的统称，里面包括了 IP 协议、ICMP 协议、TCP 协议，以及 HTTP、FTP、POP3、HTTPS 协议等。网络中的计算机都采用这套协议族进行互连。

IP 协议是将多个包交换网络连接起来，它在源地址和目的地址之间传送数据报，它还提供对数据大小的重新组装功能，以适应不同网络对包大小的要求。

IP 不提供可靠的传输服务，它不提供端到端的或（路由）节点到（路由）节点的确认，对数据没有差错控制，它只使用报头的校验码，不提供重发和流量控制。如果出错可以通过 ICMP 报告，ICMP 在 IP 模块中实现。

IP 协议在 OSI 七层参考模型中处于网络层，在 TCP/IP 四层参考模型中同样处于网络层，如图 1-4-3 所示。

与 IP 协议配套使用的还有三个协议：地址解析协议 ARP（Address Resolution Protocol）、网际控制报文协议 ICMP（Internet Control Message Protocol）、网际组管理协议 IGMP（Internet Group Management Protocol），IP 协议及其配套协议的关系如图 1-4-4 所示。

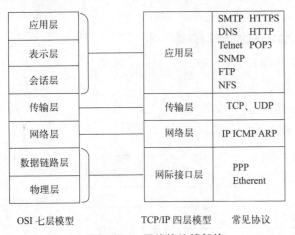

图 1-4-3 网络协议栈架构

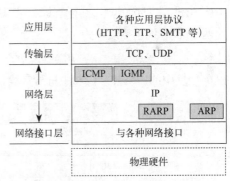

图 1-4-4 网际协议 IP 及配套协议

4.2.2 IP 地址及编址方式

1. IP 地址的定义

将整个因特网看成一个单一的、抽象的网络。IP 地址就是给每个连接在因特网上的主机（或路由器）分配一个在全世界范围内唯一的 32 位标识符。

IP 地址现在由因特网名字与号码指派公司（Internet Corporation for Assigned Names and Numbers，ICANN）进行分配。

2. IP 地址的编址方法

① IP 地址的二进制表示方法：如 100000000 00001011 0000001100011111。

② IP 地址的点分十进制法：如 128.11.3.31，如图 1-4-5 所示。

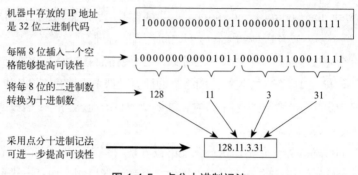

图 1-4-5　点分十进制记法

3. IP 地址的表示方法

IP 地址的编址方法共经过了三个历史阶段：

① 分类的 IP 地址。最基本的编址方法，1981 年的标准协议。

② 子网的划分。对最基本的编址方法的改进，1985 年通过其标准 RFC 950。

③ 构成超网。采用无分类编址方法，1993 年提出后得到推广应用。

4. IP 地址的分类

由两个字段组成：

① 网络号（net-id），它标志主机（或路由器）所连接到的网络。

② 主机号（host-id），它标志该主机（或路由器）。

两级的 IP 地址可以记为：

$$IP 地址 ::= \{ <网络号>，<主机号> \}$$

IP 地址中的网络号字段和主机号字段，如图 1-4-6 所示。

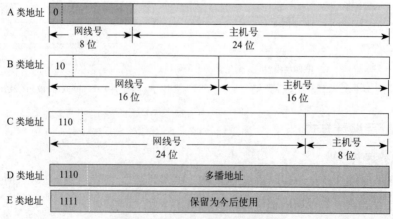

图 1-4-6　各类 IP 地址的格式

5. 常用的三类 IP 地址以及特殊 IP 地址

常用的三类 IP 地址以及特殊 IP 地址如表 1-4-2 和表 1-4-3 所示。

表 1-4-2　常用的三类 IP 地址

网络类别	最大网络数	第一个可用的网络号	最后一个可用的网络号	每个网络中最大的主机数
A	$126\,(2^7-2)$	1	126	16 777 214
B	$16\,383(2^{14}-1)$	128.1	191.255	65 534
C	$2\,097\,151\,(2^{21}-1)$	192.0.1	223.255.255	254

表 1-4-3　特殊 IP 地址

网 络 号	主 机 号	源地址使用	目的地址使用	代表的意思
0	0	可以	不可以	在本网络上的本主机
0	Host-id	可以	不可以	在本网络上的某个主机
全 1	全 1	不可以	可以	只在本网络上进行广播
Net-id	全 1	不可以	可以	对网络号上的所有主机进行广播
127	非全 0 或全 1 的任何数	可以	可以	用作本地软件环回测试

6. IP 地址的重要特点

① 每个 IP 地址都由网络号和主机号两部分组成。IP 地址是一种分等级的地址结构，分两个等级的好处是：

第一，IP 地址管理机构在分配 IP 地址时只分配网络号，而剩下的主机号则由得到该网络号的单位自行分配，这样就方便了 IP 地址的管理。

第二，路由器仅根据目的主机所连接的网络号来转发分组（而不考虑目的主机号），这样就可以使路由表中的项目数大幅度减少，从而减小了路由表所占的存储空间。

② 实际上 IP 地址是标志一个主机（或路由器）和一条链路的接口。

当一个主机同时连接到两个网络上时，该主机就必须同时具有两个相应的 IP 地址，其网络号必须是不同的。这种主机称为多归属主机（Multihomed Host）。

由于一个路由器至少应当连接到两个网络（这样它才能将 IP 数据报从一个网络转发到另一个网络），因此一个路由器至少应当有两个不同的 IP 地址。

③ 用转发器或网桥连接起来的若干个局域网仍为一个网络，因此这些局域网都具有同样的网络号。

④ 所有分配到网络号的网络（无论是范围很小的局域网，还是可能覆盖很大地理范围的广域网）都是平等的。

4.2.3　IP 地址与物理地址

IP 地址用来唯一定位一台互联网上的计算机，它由 32 位二进制组成，为了便于记忆，人们用点分十进制的方法来表示，如 192.168.0.1，它可以以不同的分类标准分为 A、B、C、D、E 类地址或公有、私有地址或动态、静态地址。

MAC 地址是网络设备的硬件地址，它用来唯一标识网络中的一台硬件或硬件的一个接口，它由 48 位二进制组成，人们常用 XX-XX-XX-XX-XX-XX 形式表示。IP 地址是逻辑地址，负责逻辑定位；MAC 地址是物理地址，负责物理定位。一般来讲，IP 地址在网络层使用，物理地址在数据链路层及以下使用，如图 1-4-7 所示。

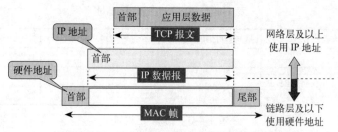

图 1-4-7　IP 地址与 MAC 地址的应用层次

① 两者的相同点：都是对计算机网络中某个主机或路由器的接口进行标识，都使用分等级的地址结构，都是全球唯一的。

② 两者的不同点：长度不同，IP 地址为 32 比特，MAC 地址为 48 比特。分配依据不同，IP 地址的分配基于网络拓扑，MAC 地址的分配基于制造商。对于网络上的某一设备，其 IP 地址是可变的，而 MAC 地址是不可变的。

通过一个例子来说明网络中通信的整个过程。在网络中，主机 H_1 和主机 H_2 的通信路径为：$H_1 \rightarrow$ 经过 R_1 转发 $\rightarrow$ 再经过 R_2 转发 $\rightarrow H_2$，如图 1-4-8 所示。

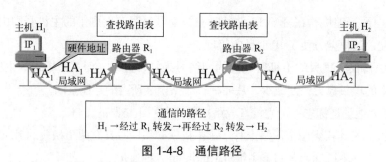

图 1-4-8　通信路径

在协议栈的层次上数据的流动如图 1-4-9 所示。

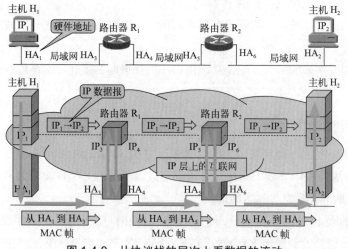

图 1-4-9　从协议栈的层次上看数据的流动

从虚拟的 IP 层上 IP 数据报的流动如图 1-4-10 所示。

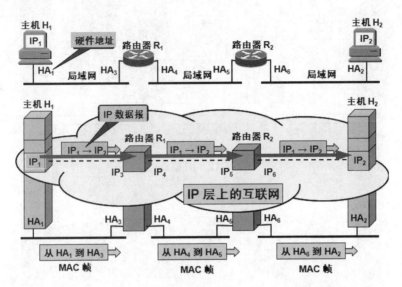

图 1-4-10　从虚拟的 IP 层上看 IP 数据报的流动

在链路上 MAC 帧的流动如图 1-4-11 所示。

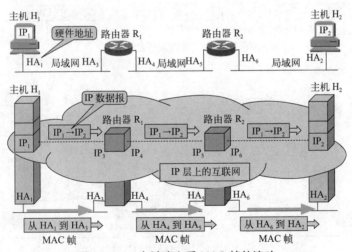

图 1-4-11　在链路上看 MAC 帧的流动

在 IP 层抽象的互联网上只能看到 IP 数据报，图中的 IP₁ → IP₂ 表示从源地址 IP₁ 到目的地址 IP₂，两个路由器的 IP 地址并不出现在 IP 数据报的首部中，路由器只根据目的站 IP 地址的网络号进行路由选择，如图 1-4-12 所示。

在具体的物理网络的链路层，只能看见 MAC 帧而看不见 IP 数据报，如图 1-4-13 所示。

IP 层抽象的互联网屏蔽了下层很复杂的细节，在抽象的网络层上讨论问题，就能够使用统一的、抽象的 IP 地址研究主机和主机或主机和路由器之间的通信，如图 1-4-14 所示。

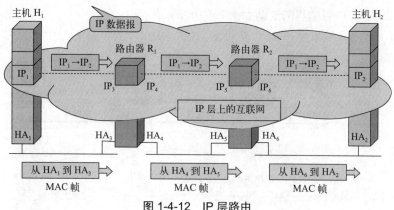

图 1-4-12　IP 层路由

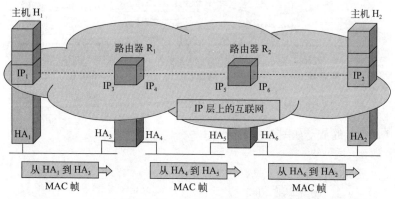

图 1-4-13　物理网络的链路层

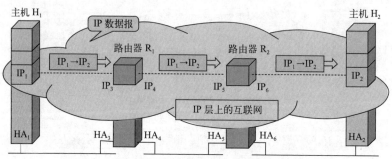

图 1-4-14　IP 层抽象的互联网

4.2.4　地址解析协议

1. 地址解析协议简介

不管网络层使用的是什么协议，在实际网络的链路上传送数据帧时，最终还是必须使用硬件地址。在 TCP/IP 网络中，计算机使用的逻辑地址是 IP 地址，而计算机的硬件地址是网卡的 MAC 地址，在实现互连通信过程中 IP 地址与硬件地址之间存在着转换关系，转换使用到的协议即为 ARP 协议。硬件地址与 IP 地址的关系如图 1-4-15 所示。

地址解析协议（Address Resolution Protocol，ARP），是根据 IP 地址获取物理地址的一个 TCP/IP 协议。主机发送信息时将包含目标 IP 地址的 ARP 请求广播到网络上的所有主机，并接收返回消息，以此确定目标的物理地址；收到返回消息后将该 IP 地址和物理地址存入本机 ARP 缓存中并保留一定时间，下次请求时直接查询 ARP 缓存以节

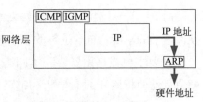

图 1-4-15　硬件地址与 IP 地址

约资源。地址解析协议是建立在网络中各个主机互相信任的基础上的，网络上的主机可以自主发送 ARP 应答消息，其他主机收到应答报文时不会检测该报文的真实性就会将其记入本机 ARP 缓存；由此，攻击者就可以向某一主机发送伪 ARP 应答报文，使其发送的信息无法到达预期的主机或到达错误的主机，这就构成了一个 ARP 欺骗。ARP 命令可用于查询本机 ARP 缓存中 IP 地址和 MAC 地址的对应关系、添加或删除静态对应关系等。相关协议有 RARP、代理 ARP。NDP 用于在 IPv6 中代替地址解析协议。

地址解析协议 ARP 的工作原理，如图 1-4-16 所示。网络中一个主机要和另一个主机进行直接通信，必须要知道目标主机的 MAC 地址，这个过程分为两个部分：首先，源主机要向网络所有设备发送 ARP 请求包；然后，目标主机要向源主机发送 ARP 回复包。

要注意一点，ARP 在工作时，只使用 ARP 条目，不去验证条目是否正确。

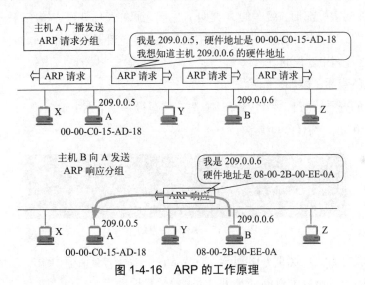

图 1-4-16　ARP 的工作原理

2. ARP 高速缓存的作用

为了减少网络上的通信量，主机 A 在发送其 ARP 请求分组时，就将自己的 IP 地址到硬件地址的映射写入 ARP 请求分组。

当主机 B 收到 A 的 ARP 请求分组时，就将主机 A 的这一地址映射写入主机 B 的 ARP 高速缓存中，主机 B 以后向 A 发送数据报时就更方便了。

3. 应当注意的问题

ARP 是解决同一个 LAN 上的主机或路由器的 IP 地址和硬件地址的映射问题。若不在同一个 LAN，那么就要通过 ARP 找到一个位于本 LAN 上的某个路由器的硬件地址，然后把分组发送给

该路由器，让该路由器把分组转发给下一个网络，剩下的工作就由下一个网络来做。从 IP 地址到硬件地址的解析是自动进行的，主机的用户对这种地址解析过程是不知道的。

只要主机或路由器要和本网络上的另一个已知 IP 地址的主机或路由器进行通信，ARP 协议就会自动地将该 IP 地址解析为链路层所需要的硬件地址。

4. 使用 ARP 的四种典型情况

① 发送方是主机，要把 IP 数据报发送到本网络上的另一个主机。这时用 ARP 找到目的主机的硬件地址。

② 发送方是主机，要把 IP 数据报发送到另一个网络上的一个主机。这时用 ARP 找到本网络上的一个路由器的硬件地址，剩下的工作由这个路由器来完成。

③ 发送方是路由器，要把 IP 数据报转发到本网络上的一个主机。这时用 ARP 找到目的主机的硬件地址。

④ 发送方是路由器，要把 IP 数据报转发到另一个网络上的一个主机。这时用 ARP 找到本网络上的一个路由器的硬件地址，剩下的工作由这个路由器来完成。

5. 为什么不直接使用硬件地址进行通信?

由于全世界存在着各式各样的网络，它们使用不同的硬件地址。要使这些异构网络能够互相通信就必须进行非常复杂的硬件地址转换工作，因此几乎是不可能的事。

连接到因特网的主机都拥有统一的 IP 地址，它们之间的通信就像连接在同一个网络上那样简单方便，因为调用 ARP 来寻找某个路由器或主机的硬件地址都是由计算机软件自动进行的，对用户来说是看不见这种调用过程的。

6. ARP 条目的查看、添加、删除

① ARP 条目的查看，如图 1-4-17 所示。首先在"运行"对话框中输入"cmd"，按【Enter】键，然后输入命令"arp -a"，按【Enter】键。

图 1-4-17　ARP 条目的查看

② ARP 条目的添加，如图 1-4-18 所示。首先，在"运行"对话框中输入"cmd"，按【Enter】键；然后，输入命令"arp -s 主机的 IP 地址主机的 MAC 地址"。

图 1-4-18　ARP 条目的添加

③ ARP 条目的删除，如图 1-4-19 所示，仅用一条命令就可以完成。

在命令输入窗口中输入"arp -d"，就可将 ARP 表清空。

```
C:\Documents and Settings\Administrator>arp -a

Interface: 192.168.1.103 --- 0x40004
  Internet Address      Physical Address       Type
  192.168.1.1           e0-05-c5-36-e7-30      dynamic
  192.168.1.111         11-22-33-44-55-66      static

C:\Documents and Settings\Administrator>arp -d

C:\Documents and Settings\Administrator>arp -a
No ARP Entries Found

C:\Documents and Settings\Administrator>_
```

图 1-4-19　ARP 条目的删除

7. ARP 欺骗

（1）什么是 ARP 欺骗

ARP 欺骗就是通过伪造 IP 地址和 MAC 地址的对应关系，实现欺骗，攻击者只要持续不断的发出伪造的 ARP 响应包就能更改目标主机 ARP 缓存中的 ARP 条目，造成网络中断或数据的丢失。

在现实生活中，张女士与李女士同住一栋楼，有人冒充张女士向李女士发信息会导致李女士需要发给张女士的信息全部到冒充者那里，如图 1-4-20 所示。同样的道理，如果将她们的角色换为计算机，PC1 与 PC2 在同一个局域网，此时有一黑客冒充 PC1 的身份向 PC2 发送信息也会导致 PC2 需要发给 PC1 的信息全部发到冒充者 PC3 主机上，如图 1-4-21 所示。

图 1-4-20　现实中冒充身份

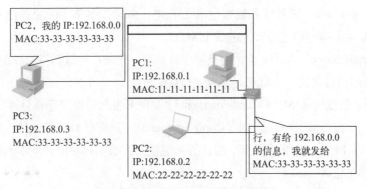

图 1-4-21　ARP 欺骗原理图

（2）如何预防 ARP 欺骗？

预防 ARP 欺骗最常见、有效的方法是使用地址绑定，即添加 ARP 静态条目。例如：局域网中计算机的网关 IP 是 192.168.0.252，MAC 地址是 aa-aa-aa-aa-aa-aa，那么我们就可以使用下面这条命令进行 ARP 欺骗的预防：

```
arp  -s  192.168.0.252  aa-aa-aa-aa-aa-aa。
```

4.2.5 IP 数据报的格式

一个 IP 数据报由首部和数据两部分组成。首部的前一部分是固定长度，共 20 字节，是所有 IP 数据报必须具有的。在首部的固定部分的后面是一些可选字段，其长度是可变的，如图 1-4-22 所示。

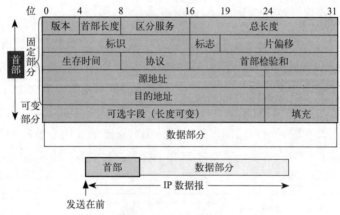

图 1-4-22　IP 数据报格式

1. IP 数据报首部格式

① 版本，占 4 位，指 IP 协议的版本，目前的 IP 协议版本号为 4（即 IPv4）。

② 首部长度，占 4 位，可表示的最大数值是 15 个单位（一个单位为 4 字节），因此 IP 的首部长度的最大值是 60 字节。

③ 区分服务，占 8 位，用来获得更好的服务，在旧标准中叫作服务类型，但实际上一直未被使用过。1998 年这个字段改名为区分服务。只有在使用区分服务(DiffServ)时，这个字段才起作用。在一般的情况下都不使用这个字段。

④ 总长度，占 16 位，指首部和数据之和的长度，单位为字节，因此数据报的最大长度为 65 535 字节。总长度必须不超过最大传送单元 MTU。

⑤ 标识（Identification），占 16 位，它是一个计数器，用来产生数据报的标识。

⑥ 标志（Flag），占 3 位，目前只有前两位有意义。

⑦ 标志字段，最低位是 MF（More Fragment）。MF=1 表示后面"还有分片"。MF=0 表示最后一个分片。标志字段中间的一位是 DF（Don't Fragment），只有当 DF=0 时才允许分片。

⑧ 片偏移，占 13 位，片偏移指出：较长的分组在分片后某片在原分组中的相对位置。片偏移以 8 字节为偏移单位。

⑨ 生存时间，占 8 位，记为 TTL（Time To Live），数据报在网络中可通过的路由器数的最大值。

⑩ 协议，占 8 位，字段指出此数据报携带的数据使用何种协议，以便目的主机的 IP 层将数据部分上交给哪个处理过程。

⑪ 首部检验和，占 16 位，字段只检验数据报的首部，不检验数据部分。这里不采用 CRC 检验码而采用简单的计算方法。

⑫ 源地址和目的地址，各占 4 字节。

2. IP 数据报首部的可变部分

IP 首部的可变部分就是一个选项字段，用来支持排错、测量以及安全等措施，内容很丰富。选项字段的长度可变，从 1 字节到 40 字节不等，取决于所选择的项目。

增加首部的可变部分是为了增加 IP 数据报的功能，但这同时也使得 IP 数据报的首部长度成为可变的。这就增加了每一个路由器处理数据报的开销，实际上这些选项很少被使用。

3. IP 功能

寻址和路由、分段和重组、传输过程中数据差错处理。

4. 网络层 IP 数据报转发的流程

假定有四个 A 类网络通过三个路由器连接在一起。每一个网络上都可能有成千上万个主机。可以想象，若按目的主机号来制作路由表，则所得出的路由表就会过于庞大。但若按主机所在的网络地址来制作路由表，那么每一个路由器中的路由表就只包含四个项目，这样就可使路由表大大简化。因此在网络层路由表是通过网络号来制作实现的。

在网络中 IP 数据报转发中涉及的几个概念：

（1）路由表的建立

路由表中，每一条路由最主要的内容是目的网络地址和下一跳地址，如图 1-4-23 所示：

图 1-4-23 路由表的建立

（2）查找路由表

根据目的网络地址就能确定下一跳路由器，这样做的结果是：IP 数据报最终一定可以找到目的主机所在目的网络上的路由器（可能要通过多次的间接交付）。只有到达最后一个路由器时，才试图向目的主机进行直接交付。

（3）特定主机路由

这种路由是为特定的目的主机指明一个路由。采用特定主机路由可使网络管理人员方便地控制网络和测试网络，同时也可在需要考虑某种安全问题时采用这种特定主机路由。

（4）默认路由

默认路由（Default Route）是一种特殊的静态路由，指的是当路由表中与包的目的地址之间没有匹配的表项时路由器能够做出的选择。如果没有默认路由，那么目的地址在路由表中没有匹配表项的包将被丢弃。默认路由在某些时候非常有效，当存在末梢网络时，默认路由会大大简化路由器的配置，减轻管理员的工作负担，提高网络性能。

例如，在图 1-4-24 中，只要目的网络不是 N_1 和 N_2，就一律选择默认路由把数据报先间接交付路由器 R_1，让 R_1 再转发给下一个路由器。

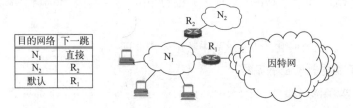

目的网络	下一跳
N_1	直接
N_2	R_2
默认	R_1

图 1-4-24　默认路由

IP 数据报的首部中没有"下一跳路由器的 IP 地址"，待转发的数据报如何找到下一跳路由器呢？当路由器收到待转发的数据报，不是将下一跳路由器的 IP 地址填入 IP 数据报，而是送交下层的网络接口软件。网络接口软件使用 ARP 负责将下一跳路由器的 IP 地址转换成硬件地址，并将此硬件地址放在链路层的 MAC 帧的首部，然后根据这个硬件地址找到下一跳路由器。

IP 数据报转发的流程如下：

① 从数据报的首部提取目的主机的 IP 地址 D，得出目的网络地址为 N。

② 若网络 N 与此路由器直接相连，则把数据报直接交付目的主机 D；否则是间接交付，执行③。

③ 若路由表中有目的地址为 D 的特定主机路由，则把数据报传送给路由表中所指明的下一跳路由器；否则，执行④。

④ 若路由表中有到达网络 N 的路由，则把数据报传送给路由表指明的下一跳路由器；否则，执行⑤。

⑤ 若路由表中有一个默认路由，则把数据报传送给路由表中所指明的默认路由器；否则，执行⑥。

⑥ 报告转发分组出错。

4.3　无分类的 IP 地址

目前使用的 IPv4 地址常用的分类有 A、B、C、D、E 共 5 类，它们有着固定的格式及编址原则，所谓的无分类的 IP 地址即其不为其中任何一类的格式及编址原则。常用的无分类的 IP 地址目前有两种技术：VLSM 和 CIDR。

4.3.1 划分子网的基本概念

Internet 组织机构定义了五种 IP 地址，有 A、B、C、D、E 等五类地址。A 类网络有 126 个，每个 A 类网络可能有 16 777 214 台主机，它们处于同一广播域。而在同一广播域中有这么多节点是不可能的，网络会因为广播通信而饱和，结果造成 16 777 214 个地址大部分没有分配出去。可以把基于每类的 IP 网络进一步分成更小的网络，每个子网由路由器界定并分配一个新的子网网络地址，子网地址是借用基于每类的网络地址的主机部分创建的。划分子网后，通过使用掩码，把子网隐藏起来，使得从外部看网络没有变化。

1. 从两级 IP 地址到三级 IP 地址

当没有划分子网时，IP 地址是两级结构。划分子网后 IP 地址就变成了三级结构。划分子网只是把 IP 地址的主机号这部分进行再划分，而不改变 IP 地址原来的网络号。

1985 年，在二级 IP 地址中又增加了一个"子网号字段"，使两级的 IP 地址变成为三级的 IP 地址，这种做法叫作划分子网（Subnetting），是因特网的正式标准协议。

子网掩码（Subnet Mask）的格式与 IP 地址格式相同，由 32 比特组成。每个 IP 地址必然有一个子网掩码。由一连串连"1"后面紧跟一连串连"0"组成的 32 比特序列串，其中连"1"的个数等于"网络号 + 子网号"的位数，连"0"的个数等于"主机号"的位数。使用子网掩码可以找出 IP 地址中的子网部分。

常用的 A、B、C 类地址的默认子网掩码，如图 1-4-25 所示。

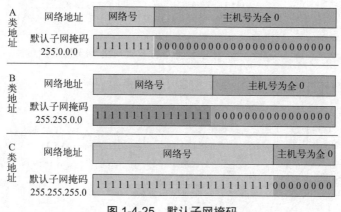

图 1-4-25　默认子网掩码

路由器在和相邻路由器交换路由信息时，必须把自己所在网络（或子网）的子网掩码告诉相邻路由器。路由器的路由表中的每一个项目，除了要给出目的网络地址外，还必须同时给出该网络的子网掩码。若一个路由器连接在两个子网上就拥有两个网络地址和两个子网掩码。

2. 划分子网的基本思想

凡是从其他网络发送给本单位某个主机的 IP 数据报，仍然是根据 IP 数据报的目的网络号，先找到连接在本单位网络上的路由器。然后此路由器在收到 IP 数据报后，再按目的网络号和子网号找到目的子网。最后就将 IP 数据报直接交付目的主机。

划分子网纯属一个单位内部的事情。单位对外仍然表现为没有划分子网的网络。从主机号借用若干个位作为子网号，而主机号也就相应减少了若干个位。

```
IP 地址 ::= {<网络号>，<子网号>，<主机号>}
```

3. 划分子网的优点

① 方便管理和组织业务。

② 减少网络通信冲突。

③ 减少对 IP 地址的浪费。

④ 支持不同的网络技术。

⑤ 克服网络技术的局限性。

一个未划分子网的 B 类网络 145.13.0.0，如图 1-4-26 所示。

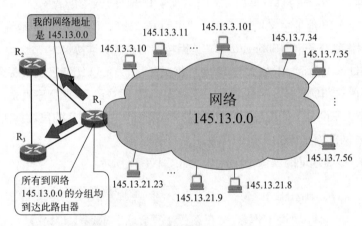

图 1-4-26　一个未划分子网的 B 类网络 145.13.0.0

划分为 3 个子网后对外仍是一个网络，如图 1-4-27 所示。

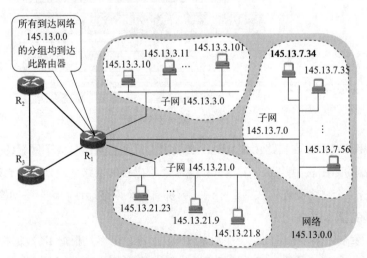

图 1-4-27　划分为三个子网后对外仍是一个网络

4. 子网划分的原则及子网掩码的计算

（1）子网划分原则

子网划分应遵守以下计算规则：IP 地址中的子网位不能全为 1；IP 地址中的子网位不能全是 0；IP 地址中的主机位不能全是 1；IP 地址中的主机位不能全是 0。

子网划分得过多或过少将损失较多的 IP 地址，而处在中间数量损失的地址最少。当你计划对你的网络 ID 进行分割时，要设法找到以下三个方面的最佳平衡点：可用的子网数；每个子网的可用节点数；IP 地址的最小损失。

（2）划分子网的方法

例：本例通过子网数来划分子网，未考虑主机数。

一家集团公司有 12 家子公司，每家子公司又有 4 个部门。上级给出一个 172.16.0.0/16 的网段，让给每家子公司以及子公司的部门分配网段。

思路：既然有 12 家子公司，那么就要划分 12 个子网段，但是每家子公司又有 4 个部门，因此又要在每家子公司所属的网段中划分 4 个子网分配给各部门。

步骤：

①先划分各子公司的所属网段。

有 12 家子公司，那么就有 2 的 n 次方 ≥ 12，n 的最小值为 4。因此，网络位需要向主机位借 4 位。那么就可以从 172.16.0.0/16 这个大网段中划出 2 的 4 次方，即 16 个子网。

详细过程：

先将 172.16.0.0/16 用二进制表示 10101100.00010000.00000000.00000000/16，借 4 位后（可划分出 16 个子网）：

a. 10101100.00010000.00000000.00000000/20，即 172.16.0.0/20。

b. 10101100.00010000.00010000.00000000/20，即 172.16.16.0/20。

c. 10101100.00010000.00100000.00000000/20，即 172.16.32.0/20。

d. 10101100.00010000.00110000.00000000/20，即 172.16.48.0/20。

e. 10101100.00010000.01000000.00000000/20，即 172.16.64.0/20。

f. 10101100.00010000.01010000.00000000/20，即 172.16.80.0/20。

g. 10101100.00010000.01100000.00000000/20，即 172.16.96.0/20。

h. 10101100.00010000.01110000.00000000/20，即 172.16.112.0/20。

i. 10101100.00010000.10000000.00000000/20，即 172.16.128.0/20。

j. 10101100.00010000.10010000.00000000/20，即 172.16.144.0/20。

k. 10101100.00010000.10100000.00000000/20，即 172.16.160.0/20。

l. 10101100.00010000.10110000.00000000/20，即 172.16.176.0/20。

m. 10101100.00010000.11000000.00000000/20，即 172.16.192.0/20。

n. 10101100.00010000.11010000.00000000/20，即 172.16.208.0/20。

o. 10101100.00010000.11100000.00000000/20，即 172.16.224.0/20。

p. 10101100.00010000.11110000.00000000/20，即 172.16.240.0/20。

我们从这 16 个子网中选择 12 个即可，就将前 12 个分给下面的各子公司。每个子公司最多容纳主机数目为 $2^{12}-2=4\,094$。

② 再划分子公司各部门的所属网段。

以甲公司获得 172.16.0.0/20 为例，其他子公司的部门网段划分同甲公司。

有 4 个部门，那么就有 2 的 n 次方 ≥ 4，n 的最小值为 2。因此，网络位需要向主机位借 2 位。那么就可以从 172.16.0.0/20 这个网段中再划出 4 个子网，正符合要求。

详细过程：先将 172.16.0.0/20 用二进制表示 10101100.00010000.00000000.00000000/20，借 2 位后（可划分出 4 个子网）：

a. 10101100.00010000.00000000.00000000/22，即 172.16.0.0/22。

b. 10101100.00010000.00000100.00000000/22，即 172.16.4.0/22。

c. 10101100.00010000.00001000.00000000/22，即 172.16.8.0/22。

d. 10101100.00010000.00001100.00000000/22，即 172.16.12.0/22。

将这 4 个网段分给甲公司的 4 个部门即可。每个部门最多容纳主机数目为 $2^{10}-2=1\,024$。

4.3.2 无分类域间路由选择（构成超网）

1. 无分类编址 CIDR 的由来

1992 年 B 类地址已分配了近一半，1994 年 3 月全部分配完毕。因特网主干网上的路由表中的项目数急剧增长（从几千个增长到几万个），整个 IPv4 的地址空间最终全部耗尽。1987 年，RFC 1009 就指明了在一个划分子网的网络中可同时使用几个不同的子网掩码。使用变长子网掩码（Variable Length Subnet Mask，VLSM）可进一步提高 IP 地址资源的利用率。在 VLSM 的基础上又进一步研究出无分类编址方法，它的正式名字是无分类域间路由选择（Classless Inter-Domain Routing，CIDR）。

2. CIDR 的定义及表示方法

① 无分类的两级编址 CIDR 的定义：IP 地址 ::= {< 网络前缀 >，< 主机号 >}

② 表示方法：

* 使用"斜线记法"（Slash Notation），又称为 CIDR 记法，把网络前缀都相同的连续的 IP 地址组成"CIDR 地址块"。如：128.14.35.7/20。

* 9.0.0.0/10 可简写为 9/10，也就是把点分十进制中低位连续的 0 省略。

* 在网络前缀后面加星号"*"。在星号"*"之前的位数表示网络前缀，在星号"*"之后位数的表示 IP 地址中的主机号，如：00001001 00*。

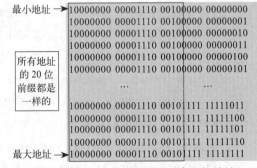

图 1-4-28　128.14.32.0/20 表示的地址

* 128.14.32.0/20 地址块：共有 $2^{12}-2$ 个地址（全 0 和全 1 不用），如图 1-4-28 所示，起始地址是 128.14.32.0，最小地址：128.14.32.0，最大地址：128.14.47.255，在不需要指出地址块的起始地址时，也可将这样的地址块简称为"/20 地址块"。

3. CIDR 最主要的特点

① 网络号和子网号，即"网络前缀"（Network-prefix）。

② 三级编址（使用子网掩码），即两级编址。

③ CIDR 把网络前缀都相同的连续 IP 地址组成一个"CIDR 地址块"，即强化路由聚合（构成超网）。

4. 地址掩码

虽然 CIDR 不使用划分子网的概念，但仍然使用地址掩码的概念。所谓的地址掩码是由一连串的 1 和 0 组成，而 1 的个数就是网络前缀的长度（位数），总共由 32 bit 组成。在斜线记法中，斜线后面的数字就是地址掩码中 1 的个数。

5. 构成超网

由于一个 CIDR 地址块中有很多地址，所以在路由表中就利用 CIDR 地址块来查找目的网络。这种地址的聚合称为路由聚合，它使路由表中的一个项目可以表示原来传统分类地址的很多个路由。因此路由聚合也称为构成超网。

前缀长度不超过 23 位的 CIDR 地址块都包含了多个 C 类地址。这些 C 类地址合起来就构成了超网。CIDR 地址块中的地址数一定是 2 的整数次幂。网络前缀越短，其地址块所包含的地址数就越多。而在三级结构的 IP 地址中，划分子网是使网络前缀变长。

6. CIDR 的优点

CIDR 支持路由聚合，可以将多个地址块聚合在一起，将路由表中的许多路由条目合并为更小的数目，这样减少路由器中路由表的大小，减少路由通告的时间。因此路由聚合有利于减少路由之间的路由选择信息交换，从而提升了整个因特网性能。使用 CIDR 另一个好处就是可以更有效地分配 IPv4 的地址空间，可以根据客户的需要分配适当大小的 CIDR 地址块。

7. CIDR 地址块分配举例

CIDR 地址块分配举例如图 1-4-29 和图 1-4-30 所示。

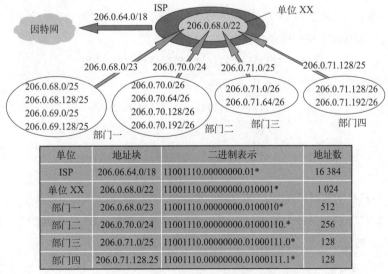

单位	地址块	二进制表示	地址数
ISP	206.06.64.0/18	11001110.00000000.01*	16 384
单位 XX	206.0.68.0/22	11001110.00000000.010001*	1 024
部门一	206.0.68.0/23	11001110.00000000.0100010*	512
部门二	206.0.70.0/24	11001110.00000000.01000110.*	256
部门三	206.0.71.0/25	11001110.00000000.01000111.0*	128
部门四	206.0.71.128.25	11001110.00000000.01000111.1*	128

图 1-4-29　CIDR 地址块分配举例

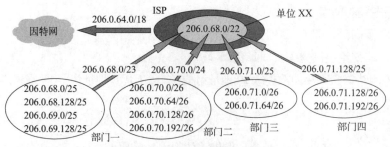

图 1-4-30　CIDR 地址块分配举例

这个 ISP 共有 64 个 C 类网络。如果不采用 CIDR 技术，则在与该 ISP 的路由器交换路由信息的每一个路由器的路由表中，就需要有 64 个项目。但采用地址聚合后，只需用路由聚合后的 1 个项目 206.0.64.0/18 就能找到该 ISP。

8. 最长前缀匹配

最长前缀匹配又称为最长匹配或最佳匹配。使用 CIDR 时，路由表中的每个项目由"网络前缀"和"下一跳地址"组成。在查找路由表时可能会得到不止一个匹配结果。

应当从匹配结果中选择具有最长网络前缀的路由：最长前缀匹配（longest-prefix matching）。网络前缀越长，其地址块就越小，因而路由就越具体。

最长前缀匹配举例：收到的分组的目的地址 $D = 206.0.71.128$，路由表中的项目：206.0.68.0/22（ISP）206.0.71.128/25（四系），查找路由表中的第 1 个项目，第 1 个项目 206.0.68.0/22 的掩码 M 有 22 个连续的 1。

$$M = 11111111\ 11111111\ 11111100\ 00000000$$

因此只需把 D 的第 3 个字节转换成二进制。

$$M = 11111111\ 11111111\ 11111100\ 00000000$$
$$206.\qquad 0.\qquad 01000100.\quad 0$$

相"与"的结果为 206.0.68.0，与 206.0.68.0/22 匹配。收到的分组的目的地址 $D = 206.0.71.128$。

路由表中的项目：206.0.68.0/22（ISP）206.0.71.128/25（部门四），再查找路由表中的第 2 个项目，第 2 个项目 206.0.71.128/25 的掩码 M 有 25 个连续的 1。

$$M = 11111111\ 11111111\ 11111111\ 10000000$$

因此只需把 D 的第 4 个字节转换成二进制。

$$M = 11111111\ 11111111\ 11111111\ 10000000$$
$$206.\qquad 0.\qquad 71.\quad 10000000$$

相"与"的结果为 206.0.71.128，与 206.0.71.128/25 匹配。

最长前缀匹配：

D AND (11111111 11111111 11111100 00000000) = 206.0.68.0/22　　　　匹配

D AND (11111111 11111111 11111111 10000000) = 206.0.71.128/25　　　匹配

选择两个匹配的地址中更具体的一个，即选择最长前缀的地址。

4.4	网际控制报文协议

ICMP（Internet Control Messages Protocol，网际控制报文协议），通过它可以知道故障的具体原因和位置。由于 IP 不是为可靠传输服务设计的，ICMP 的目的主要是用于在 TCP/IP 网络中发送出错和控制消息。ICMP 的错误报告只能通知出错数据包的源主机，而无法通知从源主机到出错路由器途中的所有路由器（环路时）。ICMP 数据包是封装在 IP 数据报中的。

为了提高 IP 数据报交付成功的机会，在网际层使用了网际控制报文协议 ICMP，ICMP 报文的格式如图 1-4-31 所示。

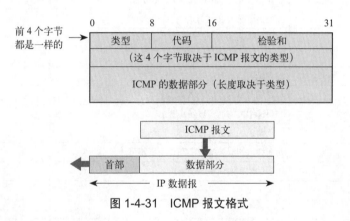

图 1-4-31　ICMP 报文格式

ICMP 报文的前 4 个字节是统一的格式，共有三个字段：即类型、代码和检验和。接着的 4 个字节的内容与 ICMP 的类型有关。

4.4.1　ICMP 报文的种类

ICMP 报文的种类有三大类：ICMP 差错报告报文、控制报文、请求 / 应答报文。各类型报文又分多种类型报文，如图 1-4-32 所示。

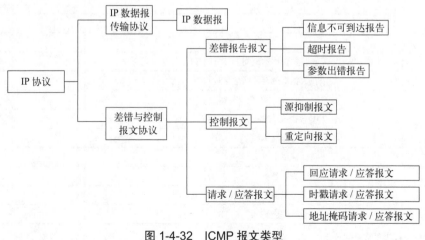

图 1-4-32　ICMP 报文类型

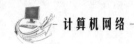

ICMP 报文的类型和代码字段的值与 ICMP 报文类型的对应关系如表 1-4-4 所示。

表 1-4-4　ICMP 报文类型

类　型	代　码	说　明	查　询	差　错
0	0	回送应答（ping 命令应答）	✓	
3		目标不可达		
	0	网络不可达		✓
	1	主机不可达		✓
	2	协议不可达		✓
	3	端口不可达		✓
	4	需要进行分片，但设置了 DF 不分片		✓
	5	源路由选择失败		✓
	6	目标网络未知		✓
	7	目标主机未知		✓
	8	源主机被隔离		✓
	9	与目标网络的通信被强制禁止		✓
	10	与目标主机的通信被强制禁止		✓
	11	对于请求的服务类型 TOS，网络不可达		✓
	12	对于请求的服务类型 TOS，主机不可达		✓
	13	由于过滤，通信被强制禁止		✓
	14	主机越权		✓
	15	优先权中止生效		✓
4	0	源站抑制（用于拥塞控制）		✓
5		重　定　向		
	0	对网络重定向		✓
	1	对主机重定向		✓
	2	对服务类型和网络重定向		✓
	3	对服务类型和主机重定向		✓
8	0	回送请求（ping 命令请求）	✓	
9	0	路由通告	✓	
10	0	路由请求	✓	
11		超　　时		
	0	在数据报传输期间生存时间 TTL 为 0		✓
	1	在数据报组装期间生存时间 TTL 为 0		✓
12		参　数　出　错		
	0	IP 数据报头部错误（包括各种差错）		✓
	1	缺少必需的选项		✓
13	0	时间戳请求	✓	
14	0	时间戳应答	✓	
17	0	地址掩码请求	✓	
18	0	地址掩码应答	✓	

1. ICMP 差错报文的特点

① ICMP 差错报文都是由路由器发送到源主机的，因为 IP 数据报中含有源主机的 IP 地址，

报告给源主机是最可行的方案，另外，发出 IP 数据报的源主机最需要知道数据是否到达目标主机。

② ICMP 差错报文只提供 IP 数据报在传输过程中的差错报告，并不规定对各类差错应采取什么样的处理措施。具体对差错的处理，由收到 ICMP 差错报文的源主机将相应的差错与应用程序联系起来才能进行相应的差错处理。

③ ICMP 差错报文不享受任何优先权，也没有特别的可靠性保证措施，与普通的 IP 数据报一样进行传输，传输过程中可能被丢失、损坏，甚至被抛弃。

④ ICMP 差错报文是伴随着抛弃出错的 IP 数据报而产生的。

⑤ 当路由器发送一份参数错误等的 ICMP 差错报文时，ICMP 报文数据区始终包含产生 ICMP 差错报文的 IP 数据报的头部和其数据区的前 8 个字节（64 位）。

当路由器发送参数错误等的 ICMP 报文数据字段由两部分组成：一部分是收到的需要进行差错报告的 IP 数据报的首部；另一部分是 IP 数据报的数据字段的前 8 个字节，如图 1-4-33 所示。

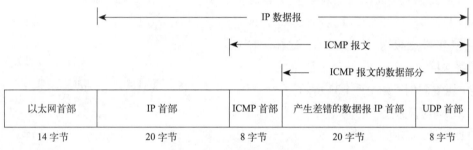

图 1-4-33　ICMP 报文数据格式

⑥ 在有些情况下，为了防止在网络中产生大量的 ICMP 差错报文（广播风暴），影响网络的正常工作，即使发生差错，也不会产生 ICMP 差错报文，这些情况包括：

- ICMP 报文发生差错。这是为了避免差错报文无休止产生而规定的（但 ICMP 查询报文可能会产生 ICMP 差错报文）。
- 目的地址是广播地址或多播地址（D 类地址）的 IP 数据报。
- 作为链路层广播的数据报。
- 不是 IP 分片的第一片。
- 源地址不是单个主机的数据报。这就是说，源地址不能为零地址、回送地址、广播地址或多播地址。

2. ICMP 控制报文

（1）拥塞控制与源站抑制报文

当一个路由器接收 IP 数据报的速度比其处理 IP 数据报的速度快，或一个路由器传入数据报的速率大于传出数据报的速率时，就会产生拥塞（Congestion）现象。

这时路由器可以通过发送源站抑制（Source Quench）报文来抑制源主机发送 IP 数据报的速率，避免可能产生的差错。

源站抑制报文的类型字段为 4，代码字段只能为 0。源站抑制技术进行拥塞控制的方法如下：

① 当路由器发生拥塞时，便发出 ICMP 源站抑制报文。拥塞的判别可以用三种方法：一是检

查路由器缓存区是否已满；二是给缓存区输出队列设置一个阈值，判断队列中数据报的个数是否超过阈值；三是检测某输入线路的传输率是否过高。

② 源主机收到抑制报文后，按一定的速率降低发往目标主机的数据报传输速率。

③ 如果在一定的时间间隔内源主机没有收到抑制报文，便认为拥塞已解除，源主机可以逐渐恢复到原来数据报的流量。

（2）路由控制与重定向报文

假如源主机要向目标主机发送 IP 数据报，源主机的默认路由是路由器 1，则源主机先把 IP 数据报送到路由器 1，再由路由器 1 进行路由选择。路由器 1 经过选路后，把 IP 数据报送到路由器 2。

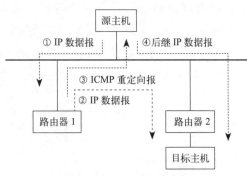

图 1-4-34　ICMP 重定向

同时路由器 1 也发现源主机要发送到目标主机的 IP 数据报以后可以直接发送到路由器 2（因为路由器 1 和路由器 2 同在一个网络中），则路由器 1 向源主机发送一个 ICMP 重定向报文，告诉它可以直接把 IP 数据报送到路由器 2。这样，就使源主机始终保持着一个动态的、既小且优的路径表。

ICMP 重定向例子如图 1-4-34 所示。

3. 请求与应答报文

（1）回送请求与应答报文

① 目的：测试信宿机或路由器是否可以到达，报文格式如图 1-4-35 所示。

图 1-4-35　回送请求与应答报文

② 标识符与序号用来确定是哪一台主机发出的回应请求。

③ 回应请求与应答报文以 IP 数据报方式在互联网中传输，如果成功接收到应答报文的话，则说明数据传输系统、IP 与 ICMP 软件工作正常，信宿机可以到达。

④ TCP/IP 实现中，用户的 ping 命令就是利用回应请求与应答报文测试信宿机是否可以到达。

（2）时戳请求与应答报文

① 目的：同步互联网中各个主机的时钟。

② 方法：首先利用该报文从其他主机处获得其时钟的当前时间，根据时戳请求与应答报文接收的时间，计算出两地的往返延迟，以此数据来同步时钟，因此这种时钟同步能力是有限的。

③ 时戳请求与应答报文的格式如图 1-4-36 所示。

0	8	16	31
类型（13或14）	码（0）	校验码	
标识符		序号	
初始时戳			
接收时戳			
发送时戳			

图 1-4-36　时戳请求与应答报文的格式

（3）地址掩码请求与应答报文

① 用于无盘系统在引导过程中获取自己的子网掩码。

② 主机启动时会广播一个地址掩码请求报文。路由器收到地址掩码请求报文后，回送一个包含本网使用的 32 位地址掩码的应答报文，其格式如图 1-4-37 所示。

0	8	16	31
类型（13或14）	码（0）	校验码	
标识符		序号	
初始时戳			
接收时戳			
发送时戳			

图 1-4-37　地址掩码请求与应答报文格式

4.4.2　ICMP 的应用举例 ping

有三种基于 ICMP 的简单而广泛使用的应用：ping、traceroute、MTU 测试。

1. ping

使用 ICMP 回送和应答消息来确定一台主机是否可达，如图 1-4-38 所示。

```
Microsoft Windows XP [版本 5.1.2600]
(C) 版权所有 1985-2001 Microsoft Corp.

C:\Documents and Settings\Administrator>ping 1.1.1.1

Pinging 1.1.1.1 with 32 bytes of data:

Reply from 1.1.1.1: bytes=32 time=172ms TTL=46
Reply from 1.1.1.1: bytes=32 time=172ms TTL=46
Reply from 1.1.1.1: bytes=32 time=172ms TTL=46
Reply from 1.1.1.1: bytes=32 time=163ms TTL=49

Ping statistics for 1.1.1.1:
    Packets: Sent = 4, Received = 4, Lost = 0 (0% loss),
Approximate round trip times in milli-seconds:
    Minimum = 163ms, Maximum = 172ms, Average = 169ms

C:\Documents and Settings\Administrator>ping 2.2.2.2

Pinging 2.2.2.2 with 32 bytes of data:

Request timed out.
Request timed out.
Request timed out.
Request timed out.

Ping statistics for 2.2.2.2:
    Packets: Sent = 4, Received = 0, Lost = 4 (100% loss),

C:\Documents and Settings\Administrator>
```

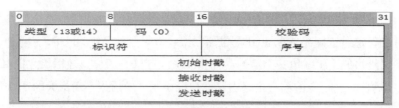

图 1-4-38　ICMP 描述了目的地可达情况

ping 是应用层直接使用网络层 ICMP 的一个例子，它没有通过传输层的 TCP 或 UDP。

2. tracert

该程序用来确定通过网络的路由 IP 数据报，tracert 基于 ICMP 和 UDP。它把一个 TTL 为 1 的 IP 数据报发送给目的主机。第一个路由器把 TTL 减小到 0，丢弃该数据报并把 ICMP 超时消息返回给源主机。这样，路径上的第一个路由器就被标识了。随后用不断增大的 TTL 值重复这个过程，标识出通往目的主机的路径上确切的路由器系列，如图 1-4-39 所示。

继续这个过程直至该数据报到达目的主机，但是目的主机哪怕接收到 TTL 为 1 的 IP 数据报，也不会丢弃该数据并产生一份超时 ICMP 报文，这是因为数据报已经到达其最终目的地。那么如何判断是否已经到达目的主机了呢？

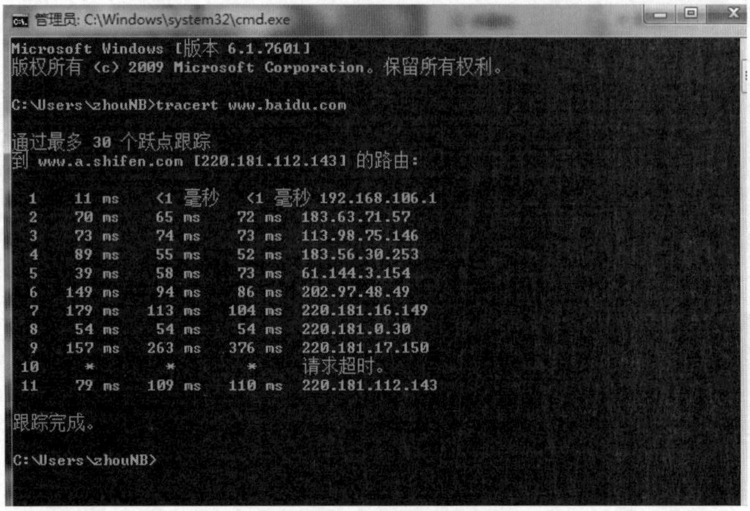

图 1-4-39   tracert 路由跟踪

3. 用 ICMP 发现路径 MTU

MTU（Max Transmission Unit，网络最大传输单元），IP 路由器必须对超过 MTU 的 IP 报进行分片，目的主机再完成重组处理，所以确定源到目的路径 MTU 对提高传输效率是非常必要的。确定路径 MTU 的方法是"要求报告分片但又不被允许"的 ICMP 报文。

① 将 IP 数据报的标志域中的分片 BIT 位置 1，不允许分片。

② 当路由器发现 IP 数据报长度大于 MTU 时，丢弃数据报，并发回一个要求分片的 ICMP 报。

③ 将 IP 数据报长度减小，分片 BIT 位置 1 重发，接收返回的 ICMP 报的分析。

④ 发送一系列的长度递减的、不允许分片的数据报，通过接收返回的 ICMP 报的分析，可确定路径 MTU。

4.5   因特网的路由选择协议

4.5.1   几个基本概念

1. 路由的概念

所谓"路由"，是指把数据从一个地方传送到另一个地方的行为和动作，在路上，至少遇到一个中间节点。而路由器，正是执行这种行为动作的机器，它的英文名称为 Router。 路由器的基本功能如下：

① 网络互连，路由器支持各种局域网和广域网接口，主要用于互联局域网和广域网，实现不同网络互相通信。

② 数据处理，提供包括分组过滤、分组转发、优先级、复用、加密、压缩和防火墙等功能。

③ 网络管理，路由器提供包括路由器配置管理、性能管理、容错管理和流量控制等功能。

路由器互联与网络的协议有关，路由器工作在 OSI 模型中的第三层，即网络层。路由器利用网络层定义的"逻辑"上的网络地址（即 IP 地址）来区别不同的网络，实现网络的互联和隔离，保持各个网络的独立性。路由器不转发广播消息，而把广播消息限制在各自的网络内部。发送到其他网络的数据先被送到路由器，再由路由器转发出去。

2. 路由选择表

首先，路由器会检查数据帧的目的地址字段中的数据链路标识，如果标识确实是路由器接口的标识或广播标识，那么路由器将从帧中剥离出数据包并传递给网络层。在网络层，将检查数据包的目的地址，如果目的地址确实是路由器该接口的 IP 地址或广播地址，那么需要再检查数据包的协议字段，然后再向适当的内部进程发送被封装的数据，如图 1-4-40 所示。

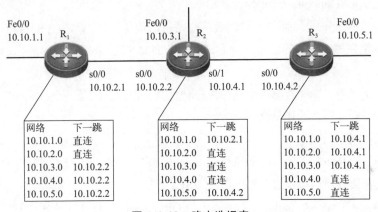

图 1-4-40　路由选择表

3. 理想的路由算法

理想的路由算法应具有如下特点：

① 算法必须是正确的和完整的。

② 算法在计算上应简单。

③ 算法应能适应通信量和网络拓扑的变化，这就是说，要有自适应性。

④ 算法应具有稳定性。

⑤ 算法应是公平的。

⑥ 算法应是最佳的。

路由器中的路由表是怎样得出的？

（1）关于"最佳路由"

不存在一种绝对的最佳路由算法。所谓"最佳"只能是相对于某一种特定要求下得出的较为合理的选择而已。实际的路由选择算法，应尽可能接近于理想的算法。路由选择是个非常复杂的问题，它是网络中的所有节点共同协调工作的结果。路由选择的环境往往是不断变化的，而这种变化有时无法事先知道。

（2）从路由算法的自适应性考虑

① 静态路由选择策略，即非自适应路由选择，其特点是简单和开销较小，但不能及时适应网络状态的变化。

② 动态路由选择策略，即自适应路由选择，其特点是能较好地适应网络状态的变化，但实现起来较为复杂，开销也比较大。

4. 分层次的路由选择协议

（1）为什么要分层次？

互联网的规模非常大，如果让所有的路由器知道所有的网络应怎样到达，则这种路由表将非常大，处理起来也太花时间，而所有这些路由器之间交换路由信息所需的带宽就会使因特网的通信链路饱和。

许多单位不愿意外界了解自己单位网络的布局细节和本部门所采用的路由选择协议（这属于本部门内部的事情），但同时还希望连接到因特网上。

（2）自治系统（Autonomous System，AS）

在单一的技术管理下的一组路由器，而这些路由器使用一种 AS 内部的路由选择协议和共同的度量以确定分组在该 AS 内的路由，同时还使用一种 AS 之间的路由选择协议用以确定分组在 AS 之间的路由。

尽管一个 AS 使用了多种内部路由选择协议和度量，但重要的是一个 AS 对其他 AS 表现出的是一个单一的和一致的路由选择策略。

5. 两大类路由选择协议

内部网关协议（Interior Gateway Protocol，IGP），即在一个自治系统内部使用的路由选择协议。目前这类路由选择协议使用得最多，如 RIP 和 OSPF 协议。

外部网关协议（External Gateway Protocol，EGP），若源站和目的站处在不同的自治系统中，当数据报传到一个自治系统的边界时，就需要使用一种协议将路由选择信息传递到另一个自治系统中，这样的协议就是外部网关协议 EGP。在外部网关协议中目前使用最多的是 BGP-4。

6. 自治系统、内部网关协议和外部网关协议

自治系统和内部网关协议，外部网关协议如图 1-4-41 所示。自治系统之间的路由选择也称为域间路由选择（Interdomain Routing），在自治系统内部的路由选择称为域内路由选择（Intradomain Routing）。

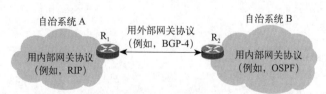

图 1-4-41　自治系统和内部网关协议、外部网关协议

互联网的早期 RFC 文档中未使用"路由器"而是使用"网关"这一名词。但是在新的 RFC 文档中又使用了"路由器"这一名词，应当把这两个当作当作同义词。

IGP 和 EGP 是协议类别的名称。但 RFC 在使用 EGP 这个名词时出现了一点混乱，因为最早的一个外部网关协议的协议名字正好也是 EGP。因此在遇到名词 EGP 时，应弄清它是指旧的协议 EGP 还是指外部网关协议 EGP 这个类别。

互联网的路由选择协议划分如下：

① 内部网关协议 IGP：具体的协议有多种，如 RIP 和 OSPF 等。

② 外部网关协议 EGP：目前使用的协议就是 BGP。

4.5.2 内部网关协议 RIP

1. 路由信息协议

路由信息协议（Routing Information Protocol，RIP）是一种内部网关协议，是一种使用距离适量路由选择算法协议。RIP 采用距离向量算法，是以跳数作为 metric（度量值）的距离向量协议。

① 距离向量（"最短距离"）：RIP 协议中每个路由器都要维护自己到每一个目的网络的距离记录，由于是一组距离，因此称之为距离向量，这将作为路由选择的度量，到目的网络所经过的路由器的数目，也称为"跳数"（Hop Count），从一路由器到直接连接的网络的距离定义为 1。每经过一个路由器，跳数就加 1。

RIP 不能在两个网络之间同时使用多条路由。RIP 选择一个具有最少路由器的路由（即最短路由）。

② 不可达：RIP 允许一条路径最多只能包含 15 个路由器。"距离"的最大值为 16 时相当于不可达。

2. RIP 协议的三个要点

① 与谁交换信息？仅和相邻路由器交换信息。

② 交换什么信息？交换的信息是当前本路由器所知道的全部信息，即自己的路由表。

③ 什么时候交换信息？按固定的时间间隔交换路由信息，例如，每隔 30 s。

3. 路由表的建立

路由器在刚刚开始工作时，只知道到直接连接的网络的距离（此距离定义为1）。以后，每一个路由器也只和数目非常有限的相邻路由器交换并更新路由信息。经过若干次更新后，所有的路由器最终都会知道到达本自治系统中任何一个网络的最短距离和下一跳路由器的地址。RIP 协议的收敛（Convergence）过程较快，即在自治系统中所有的节点都得到正确的路由选择信息的过程。

4. RIP 协议的距离向量算法

此算法的基础是 Bellman-Ford 算法，这种算法的要点是：设 X 是节点 A 到 B 的最短路径上的一个节点。若把路径 A 到 B 拆成两段路径 A 到 X 和 X 到 B，则每段路径 A 到 X 和 X 到 B 也都分别是节点 A 到 X 和节点 X 到 B 的最短路径。

对每一个相邻路由器发送过来的 RIP 报文，进行以下步骤：

① 对地址为 X 的相邻路由器发来的 RIP 报文，先修改此报文的所有项目：把"下一跳"字段中的地址都改为 X，并把所有的"距离"字段值加 1。假设从位于 X 的相邻路由器发来 RIP 报

文的某一项目是："Net2，3，Y"，意思是"我经过路由器 Y 到网络 Net2 的距离是 3"，那么本路由器可推断出"我经过路由器 X 到网络 Net2 的距离是 3+1=4"，于是将收到的 RIP 报文的这一项目修改为："Net2，4，X"，作为下一步和路由表中原有项目进行比较时使用（比较后确定是否更新），每一个项目都有三个关键数据，即：到目的网络 N，距离 d，下一跳路由器 X。

② 对修改后的 RIP 报文中的每个项目，执行以下步骤：

if（原来的路由表中没有目的网络 N）：

把该项目添加到路由表中，本路由表中没有到目的网络 Net2 的路由，那么路由表中就要加入新的项目"Net2，4，X"。

在路由表中有目的网络 N，查看下一跳路由器地址：elif（下一跳路由器地址是 X）：

把收到的项目替换原路由表中的项目。# 不管原来路由表中项目时"Net2,3,X"还是"Net2，5，X"，都要更新为"Net2，4，X"。

在路由表中有目的网络 N，但下一跳路由器不是 X，比较距离 d 与路由表中的距离：elif（收到的项目中的距离 d 小于路由表中的距离）：

更新　　# 若路由表中已有项目"Net2，5，P"，就更新为"Net2，4，X"。

else：无动作　　# 若距离更大了，显然不应更新；若距离不变，也不更新。

③ 若三分钟还没收到相邻路由器的更新路由表，则把此相邻路由器记为不可到达的路由器，即"距离"为 16。

④ 返回。

5. RIPv2 协议的报文格式

图 1-4-42 是 RIPv2 的报文格式，它和 RIPv1 的首部相同，但后面的路由部分不一样。从图 1-4-42 可看出，RIP 协议使用传输层的用户数据报 UDP 进行传送＜使用 UDP 的端口 520。

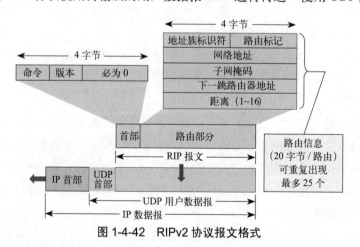

图 1-4-42　RIPv2 协议报文格式

RIP 报文由首部和路由部分组成：

RIP 的首部占 4 个字节，其中的命令字段指出报文的意义。例如，1 表示请求路由信息，2 表示对请求路由信息的响应或未被请求而发出的路由更新报文。首部后面的"必为 0"是为了 4 字节字的对齐。

RIPv2 报文中的路由部分由若干个路由信息组成。每个路由信息需要用 20 个字节。地址族标识符（又称为地址类别）字段用来标志所使用的地址协议。如采用 IP 地址就令这个字段的值为 2（原来考虑 RIP 也可用于其他非 TCP/IP 协议的情况）。路由标记填入自治系统号 ASN（Autonomous System Number）0，这是考虑使 RIP 有可能收到本自治系统以外的路由选择信息。再后面指出某个网络地址、该网络的子网掩码、下一跳路由器地址以及到此网络的距离。一个 RIP 报文最多可包括 25 个路由，因而 RIP 报文的最大长度是 4+20×25，即 504 字节。如超过，必须再用一个 RIP 报文来传送。

RIPv2 还具有简单的鉴别功能。若使用鉴别功能，则将原来写入第一个路由信息（20 字节）的位置用作鉴别。这时应将地址族标识符置为全 1（即 0xFFFF），而路由标记写入鉴别类型，剩下的 16 字节为鉴别数据。在鉴别数据之后才写入路由信息，但这时最多只能再放入 24 个路由信息。

6. RIP 协议的优缺点

（1）缺点

① 当网络出现故障时，要经过比较长的时间才能将此信息传送到所有的路由器。（好消息传播得快，而坏消息传播得慢）

② 限制网络规模，能使用的最大距离为 15（16 表示不可达）。

③ 交换的路由信息是路由器中的完整路由表，因而随着网络规模的扩大，开销也就增加。

④ 动态路由因为需要路由器之间频繁地交换各自的路由表，占用了网络带宽。

⑤ 在动态路由网络中，通过对路由表的分析可以揭示网络的拓扑结构和网络地址等信息，因此网络的安全性较低。

（2）优点

① 实现简单，开销较小。

② RIP 使用非常广泛，它简单、可靠，便于配置。

③ 在路由器上运行路由协议，使路由器可以自动根据网络拓扑结构的变化调整路由条目；无须管理员手工维护，减轻了管理员的工作负担。

4.5.3 内部网关协议 OSPF

1. OSPF 路由协议相关概念术语

（1）OSPF 协议

OSPF（Open Shortest Path First）是一个内部网关协议（Interior Gateway Protocol，IGP），即开放式最短路径优先，用于在单一自治系统内决策路由。与 RIP 相比，OSPF 是链路状态路由协议，而 RIP 是距离向量路由协议。链路是路由器接口的另一种说法，因此 OSPF 也称为接口状态路由协议。OSPF 通过路由器之间通告网络接口的状态来建立链路状态数据库，生成最短路径树，每个 OSPF 路由器使用这些最短路径构造路由表。

① 开放：OSPF 协议不受某一家厂商控制，而是公开发表。

② 最短路径优先：使用了 Dijkstra 提出的最短路径算法 SPF。

③ 度量：指费用、距离、时延和带宽等，也称为"长度"或"代价"。

④ 链路状态：说明本路由器和哪些路由器相邻，以及链路的度量。

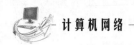

（2）链路状态

OSPF 路由器收集其所在网络区域上各路由器的连接状态信息，即链路状态信息（Link-State），生成链路状态数据库（Link-State Database）。路由器掌握了该区域上所有路由器的链路状态信息，也就等于了解了整个网络的拓扑状况。OSPF 路由器利用"最短路径优先算法（Shortest Path First，SPF）"，独立地计算出到达任意目的地的路由。

（3）区域

OSPF 协议引入"分层路由"的概念，将网络分割成一个"主干"连接的一组相互独立的部分，这些相互独立的部分被称为"区域"（Area），"主干"的部分称为"主干区域"。每个区域就如同一个独立的网络，该区域的 OSPF 路由器只保存该区域的链路状态。每个路由器的链路状态数据库都可以保持合理的大小，路由计算的时间、报文数量都不会过大。

① 为什么要划分区域？为了使 OSPF 用于规模更大的网络。

② 如何划分？OSPF 将一个自治系统再划分为若干个更小的范围，叫作区域。每一个区域都有一个 32 位的区域标识符（用点分十进制表示）。

区域也不能太大，在一个区域内的路由器最好不超过 200 个。OSPF 划分为两种不同的区域，如图 1-4-43 所示。

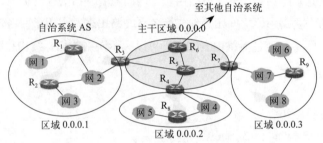

图 1-4-43　OSPF 划分区域

③ 划分区域的好处。

将利用洪泛法交换链路状态信息的范围局限于每一个区域而不是整个的自治系统，这就减少了整个网络上的通信量。

在一个区域内部的路由器只知道本区域的完整网络拓扑，而不知道其他区域的网络拓扑的情况。

OSPF 使用层次结构的区域划分，在上层的区域叫作主干区域（Backbone Area）。主干区域的标识符规定为 0.0.0.0。主干区域的作用是用来连通其他在下层的区域。

（4）OSPF 网络类型

根据路由器所连接的物理网络不同，OSPF 将网络划分为四种类型：

① 广播多路访问型（Broadcast multiAccess），如：Ethernet、Token Ring、FDDI。

② 非广播多路访问型（None Broadcast MultiAccess），如：Frame Relay、X.25、SMDS。

③ 点到点型（Point-to-Point），如 PPP、HDLC。

④ 点到多点型（Point-to-MultiPoint）。

2. OSPF 协议操作步骤

（1）建立路由器的邻接关系

所谓"邻接关系"（Adjacency）是指 OSPF 路由器以交换路由信息为目的，在所选择的相邻路由器之间建立的一种关系。

路由器首先发送拥有自身 ID 信息（Loopback 端口或最大的 IP 地址）的 Hello 报文。与之相邻的路由器如果收到这个 Hello 报文，就将这个报文内的 ID 信息加入到自己的 Hello 报文内。如果路由器的某端口收到从其他路由器发送的含有自身 ID 信息的 Hello 报文，则它根据该端口所在网络类型确定是否可以建立邻接关系。在点对点网络中，路由器将直接和对端路由器建立起邻接关系。

（2）发现路由器

在这个步骤中，路由器与路由器之间首先利用 Hello 报文的 ID 信息确认主从关系，然后主从路由器相互交换部分链路状态信息。每个路由器对信息进行分析比较，如果收到的信息有新的内容，路由器将要求对方发送完整的链路状态信息。这个状态完成后，路由器之间建立完全相邻（Full Adjacency）关系，同时邻接路由器拥有自己独立的、完整的链路状态数据库。

在 Point-to-Point 网络内，相邻路由器之间交换链路状态信息。

（3）选择适当的路由器

当一个路由器拥有完整独立的链路状态数据库后，它将采用 SPF 算法计算并创建路由表。OSPF 路由器依据链路状态数据库的内容，独立地用 SPF 算法计算出到每一个目的网络的路径，并将路径存入路由表中。

OSPF 利用量度（Cost）计算目的路径，Cost 最小者即为最短路径。在配置 OSPF 路由器时可根据实际情况，如链路带宽、时延或经济上的费用设置链路 Cost 大小。Cost 越小，则该链路被选为路由的可能性越大。

（4）维护路由信息

当链路状态发生变化时，OSPF 通过 Flooding 过程通告网络上其他路由器。OSPF 路由器接收到包含有新信息的链路状态更新报文，将更新自己的链路状态数据库，然后用 SPF 算法重新计算路由表。在重新计算过程中，路由器继续使用旧路由表，直到 SPF 完成新的路由表计算。新的链路状态信息将发送给其他路由器。值得注意的是，即使链路状态没有发生改变，OSPF 路由信息也会自动更新，默认时间为 30 min。

3. 动态路由 OSPF 的特点

（1）OSPF 协议主要优点

① OSPF 是真正的 LOOP-FREE（无路由自环）路由协议，源自其算法本身的优点。（链路状态及最短路径树算法）

② OSPF 收敛速度快：能够在最短的时间内将路由变化传递到整个自治系统。

③ 提出区域（Area）划分的概念，将自治系统划分为不同区域后，通过区域之间对路由信息的摘要，大大减少了需传递的路由信息数量，也使得路由信息不会随网络规模的扩大而急剧膨胀。

④ 将协议自身的开销控制到最小。

⑤ 通过严格划分路由的级别（共分四级），提供更可信的路由选择。

⑥ 良好的安全性，OSPF 支持基于接口的明文及 md5 验证。

⑦ OSPF 适应各种规模的网络，最多可达数千台。

（2）OSPF 的缺点

① 配置相对复杂。由于网络区域划分和网络属性的复杂性，需要网络分析员有较高的网络知识水平才能配置和管理 OSPF 网络。

② 路由负载均衡能力较弱。OSPF 虽然能根据接口的速率、连接可靠性等信息，自动生成接口路由优先级，但通往同一目的的不同优先级路由，OSPF 只选择优先级较高的转发，不同优先级的路由，不能实现负载分担。只有相同优先级的，才能达到负载均衡的目的，不像 EIGRP 那样可以根据优先级不同，自动匹配流量。

4. OSPF 分组

① OSPF 帧格式，如图 1-4-44 所示。

版本：即 OSPF 协议的版本号。

类型：OSPF 报文的类型，数值从 1 到 5，分别对应 Hello 报文、DD 报文、LSR 报文、LSU 报文和 LSAck 报文。

路由器标识符：每台 router 的唯一身份识别。

区域标识符：设备所在的区域。

校验和：校验码。

鉴别类型：包括四种分别是，0（无须认证），1（明文认证），2（密文认证）和其他类型（IANA 保留）。

鉴别：其数值根据验证类型而定。当验证类型为 0 时未作定义，为 1 时此字段为密码信息，类型为 2 时此字段包括 Key ID、MD5 验证数据长度和序列号的信息。

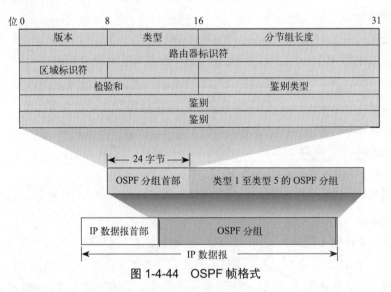

图 1-4-44 OSPF 帧格式

② OSPF 的五种分组类型，如表 1-4-5 所示。

表 1-4-5　OSPF 的五种分组类型

类　型	描　述	功　能
1	问候（Hello）分组	用于发现和维持邻站的可达性
2	数据库描述（Database Description）分组	用于向邻站给出自己的链路状态数据库中的所有链路状态项目的摘要信息
3	链路状态请求（Link State Request）分组	向对方请求发送某些链路状态项目的详细信息
4	链路状态更新（Link State Update）分组	用泛洪法对全网更新链路状态
5	链路状态确认（Link State Acknowledgment）分组	用于对链路状态更新分组的确认

5. OSPF 的基本操作及工作原理

OSPF 的基本操作及工作原理，如图 1-4-45 所示。

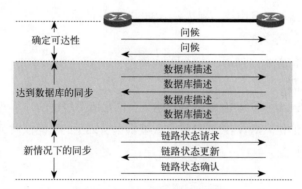

图 1-4-45　OSPF 的基本操作

其基本操作过程如下：

① 通过问候分组，得知哪些相邻的路由器在工作以及将数据发往相邻路由器所需的代价。

② 通过数据库描述分组和相邻路由器交换本数据库中已有的链路状态摘要信息。

③ 使用链路状态请求分组，向对方请求发送自己所缺少的某些链路状态项目的详细信息，经过一系列的这种分组交换信息，建立全网同步数据库。

④ 当链路状态发生变化时，使用链路状态更新分组，用可靠的洪泛法对全网更新链路状态。

⑤ 用链路状态确认分组对链路更新分组进行确认；每隔 30 min 刷新一次数据库中的链路状态。

4.5.4　外部网关协议 BGP

1. BGP

边界网关协议（Border Gateway Protocol，BGP）是不同自治系统的路由器之间交换路由信息的协议。BGP 较新版本是 2006 年 1 月发表的 BGP-4，简写为 BGP，即 RFC 4271 ~ 4278。

2. 为什么要用 BGP？

因特网的规模太大，使得自治系统之间路由选择非常困难。对于自治系统之间的路由选择，要寻找最佳路由是很不现实的。

当一条路径通过几个不同 AS 时，要想对这样的路径计算出有意义的代价是不太可能的。比较合理的做法是在 AS 之间交换"可达性"信息。自治系统之间的路由选择必须考虑有关策略。因此，边界网关协议 BGP 只能是力求寻找一条能够到达目的网络且比较好的路由（不能兜圈子），而并非要寻找一条最佳路由。

3. BGP 发言人

每一个自治系统的管理员要选择至少一个路由器作为该自治系统的"BGP 发言人"。两个 BGP 发言人都是通过一个共享网络连接在一起的，而 BGP 发言人往往就是 BGP 边界路由器。

4. BGP 工作原理

每个 AS 的管理员选至少一个路由器作为该 AS 的 BGP 发言人。建立 TCP 连接（端口 179），在此连接上交换报文以建立 BGP 会话。提供可靠的服务，也简化了路由选择协议。

两个 AS 的 BGP 代言人可交换路由信息，且彼此成为对方的邻站或对等站。BGP 发言人根据所采用的策略从收到的路由信息中找出到达各 AS 的比较好的路由。

5. BGP 发言人和 AS 的关系

BGP 发言人和 AS 的关系，如图 1-4-46 所示。

6. AS 的连通图举例

BGP 所交换的网络可达性的信息就是要到达某个网络所要经过的一系列 AS。当 BGP 发言人互相交换了网络可达性的信息后，各 BGP 发言人就根据所采用的策略从收到的路由信息中找出到达各 AS 的较好路由，如图 1-4-47 ~ 图 1-4-49 所示。

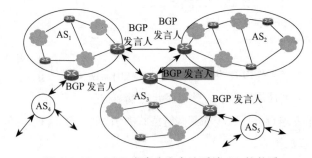

图 1-4-46　BGP 发言人和自治系统 AS 的关系

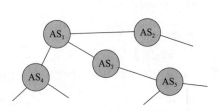

图 1-4-47　AS 的连通图

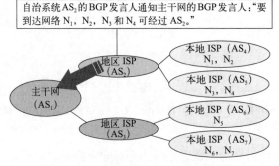

图 1-4-48　BGP 发言人交换路径向量 1

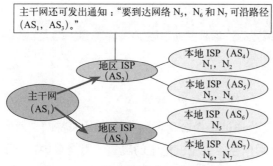

图 1-4-49　BGP 发言人交换路径向量 2

7. BGP 协议的特点

BGP 协议交换路由信息的节点数量级是自治系统数的量级,这要比这些自治系统中的网络数少很多。每一个自治系统中 BGP 发言人(或边界路由器)的数目是很少的。这样就使得自治系统之间的路由选择不致过分复杂。

BGP 支持 CIDR,因此 BGP 的路由表也就应当包括目的网络前缀、下一跳路由器,以及到达该目的网络所要经过的各个自治系统序列。在 BGP 刚刚运行时,BGP 的邻站是交换整个的 BGP 路由表,但以后只需要在发生变化时更新有变化的部分,这样做对节省网络带宽和减少路由器的处理开销方面都有好处。

8. BGP-4 报文的类型及格式

① BGP-4 共使用四种报文:

• 打开(OPEN)报文,用来与相邻的另一个 BGP 发言人建立关系。

• 更新(UPDATE)报文,用来发送某一路由的信息,以及列出要撤销的多条路由。

• 保活(KEEP ALIVE)报文,用来确认打开报文和周期性地证实邻站关系。

• 通知(NOTIFICATION)报文,用来发送检测到的差错。在 RFC 2918 中增加了 ROUTE-REFRESH 报文,用来请求对等端重新通告。

② BGP 报文具有通用的首部,如图 1-4-50 所示。

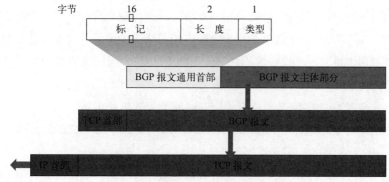

图 1-4-50　BGP 报文具有通用的首部

4.6　VPN 与 NAT

4.6.1　虚拟专用网

1. 虚拟专用网

虚拟专用网 VPN 就是为通过一个公用网络（通常是因特网）建立一个临时的、安全的连接，是一条穿过混乱的公用网络的安全、稳定的隧道，对企业内部网的扩展，可以帮助远程用户、公司分支机构、商业伙伴及供应商同公司的内部网建立可信的安全连接，并保证数据的安全传输。

2. VPN 的产生和应用背景

随着产业分工的细化和经济的国际化，企业维护一个成本较高的通信网络，以保持与外部商业环境的密切联系。依赖租用专线或帧中继永久虚电路等传统方案，不能满足灵活接入的要求。另外，不断增长的远程办公和移动办公数量，使企业的通信费用迅速攀升。Internet 的迅速普及，以及 ISP 提供的高性能、低价位的 Internet 接入服务，使得传统信息系统的关键性商务应用及数据，能通过无处不及的 Internet 来实现方便快捷的访问。

有三个主要因素驱动着 VPN 的应用：

① 节省开支。

② 有利益于扩展企业与合作伙伴及客户的关系。

③ 灵活的服务。

3. VPN 的基本用途

① 通过 Internet 实现远程用户访问。

② 通过 Internet 实现网络互连。

③ 连接企业内部网络计算机。

4. VPN 的技术基础

（1）VPN 的基本要求

① 用户验证：VPN 方案必须能够验证用户身份并严格控制只有授权用户才能访问 VPN。

② 地址管理：VPN 方案必须能够为用户分配专用网络上的地址并确保地址的安全性。

本地地址（专用地址）——仅在机构内部使用的 IP 地址，可以由本机构自行分配，而不需要向互联网的管理机构申请。

全球地址——全球唯一的 IP 地址，必须向互联网的管理机构申请。

RFC 1918 指明的专用地址（Private Address），即 10.0.0.0 到 10.255.255.255、172.16.0.0 到 172.31.255.255、192.168.0.0 到 192.168.255.255。

③ 数据加密：对通过公共互联网络传递的数据必须经过加密，确保网络其他未授权的用户无法读取该信息。

④ 密钥管理：VPN 方案必须生成并更新客户端和服务器的加密密钥。

⑤ 多协议支持：VPN 方案必须支持公共互联网络上普遍使用的基本协议，包括 IP、IPX 等。

（2）VPN 技术

隧道技术是一种通过使用互联网络的基础设施在网络之间传递数据的方式。使用隧道传递的数据（或负载）可以是不同协议的数据帧或数据报。隧道协议将这些其他协议的数据帧或数据报重新封装在新的数据报首部中发送。新的数据报首部提供了路由信息，从而使封装的负载数据能够通过互联网络传递。被封装的数据报在隧道的两个端点之间通过公共互联网络进行路由。被封装的数据报在公共互联网络上传递时所经过的逻辑路径称为"隧道"。

隧道技术是指包括数据封装、传输和解封装在内的全过程，其原理如图 1-4-51 所示。

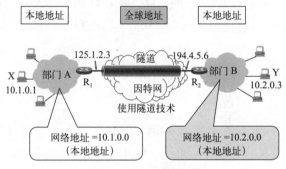

图 1-4-51　隧道技术

（3）安全技术

VPN 中的安全技术通常由加密、认证及密钥交换与管理组成。

① 认证技术："摘要"技术采用 HASH 函数将一段长的报文通过函数变换，映射为一段短的报文即摘要，用来验证数据的完整性、用户认证。

② 加密技术：IPSec 通过 ISAKMP/IKE/Oakley 协商确定几种可选的数据加密算法，如 DES、3DES 等，如图 1-4-52 所示。

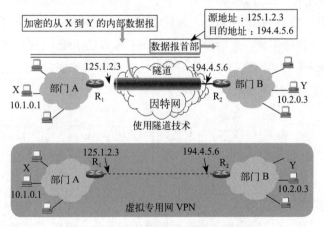

图 1-4-52　VPN 加密数据在隧道传输

③ 密钥交换和管理：VPN 中密钥的分发与管理非常重要。

（4）VPN 组网方式

Access VPN（远程访问 VPN）：客户端到网关远程用户拨号接入到本地的 ISP，它适用于流动

人员远程办公，可大大降低电话费。SOCKS v5 协议适合这类连接。

Intranet VPN（企业内部 VPN）：网关到网关它适用于公司两个异地机构的局域网互连，在 Internet 上组建世界范围内的企业网。

Extranet VPN（扩展的企业内部 VPN）：与合作伙伴企业网构成 Extranet，由于不同公司的网络相互通信，所以要更多考虑设备的互连、地址的协调、安全策略的协商等问题。

远程接入 VPN（Remote Access VPN）：有的公司可能没有分布在不同场所的部门，但有很多流动员工在外地工作。公司需要和他们保持联系，远程接入 VPN 可满足这种需求。

在外地工作的员工拨号接入因特网，而驻留在员工 PC 中的 VPN 软件可在员工的 PC 和公司的主机之间建立 VPN 隧道，因而外地员工与公司通信的内容是保密的，员工们感到好像就是使用公司内部的本地网络。

4.6.2　网络地址转换

1. 概述

网络地址转换（Network Address Translation，NAT）方法于 1994 年提出，是一种将一个 IP 地址域（如 Intranet）转换到另一个 IP 地址域（如 Internet）的技术。NAT 技术的出现是为了解决 IP 地址日益短缺的问题，将多个内部地址映射为少数几个甚至一个公网地址，这样就可以实现内部网络中的主机（通常使用私有地址）透明地访问外部网络中的资源；同时，外部网络中的主机也可以有选择地访问内部网络。而且，NAT 能使得内外网络隔离，提供一定的网络安全保障。

需要在专用网连接到因特网的路由器上安装 NAT 软件。装有 NAT 软件的路由器叫作 NAT 路由器，它至少有一个有效的外部全球地址 IPG。所有使用本地地址的主机在和外界通信时都要在 NAT 路由器上将其本地地址转换成 IPG 才能和因特网连接。

2. 网络地址转换的过程

网络地址转换的过程，如图 1-4-53 所示。内部主机 X 用本地地址 IPX 和因特网上主机 Y 通信所发送的数据报必须经过 NAT 路由器。NAT 路由器将数据报的源地址 IPX 转换成全球地址 IPG，但目的地址 IPY 保持不变，然后发送到因特网。NAT 路由器收到主机 Y 发回的数据报时，知道数据报中的源地址是 IPY 而目的地址是 IPG。根据 NAT 转换表，NAT 路由器将目的地址 IPG 转换为 IPX，转发给最终的内部主机 X。

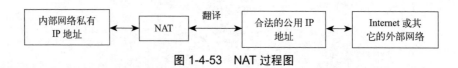
图 1-4-53　NAT 过程图

3. 网络地址转换的典型应用

一个企业不想让外部网络用户知道自己的网络内部结构，可以通过 NAT 将内部网络与外部 Internet 隔离开，则外部用户根本不知道通过 NAT 设置的内部 IP 地址。

一个企业申请的合法 Internet IP 地址很少，而内部网络用户很多。可以通过 NAT 功能实现多个用户同时共用一个合法 IP 与外部 Internet 进行通信。

如果有两个内网需要互联，而它们采用的内部私有地址范围有重合时，也可以采用 NAT 技术进行转换。

4. 网络地址转换分类

①静态地址转换（Static Address Translation）即一对一转换，将一个私有地址转换为一个公有地址。

②动态地址转换（Dynamic Address Translation）即多对多转换，将多个私有地址转换为一个拥有多个公有地址池里的地址。

③地址端口转换（Network Address Port Translation）即多对一转换，将多个私有地址同时转换为一个公有地址，使用不同端口进行区分。

4.7 IP 多播

4.7.1 IP 多播的基本概念

随着全球互联网的迅猛发展，上网人数正以几何级数快速增长，以因特网技术为主导的数据通信在通信业务总量中的比例迅速上升，因特网业务已成为多媒体通信业中发展最为迅速、竞争最为激烈的领域。Internet 网络传输和处理能力大幅提高，使得网上应用业务越来越多，特别是视音频压缩技术的发展和成熟，使得网上视音频业务成为 Internet 网上最重要的业务之一。

在 Internet 上实现的视频点播（VOD）、可视电话、视频会议等视音频业务和一般业务相比，有着数据量大、时延敏感性强、持续时间长等特点。因此采用最少时间、最小空间来传输和解决视音频业务所要求的网络利用率高、传输速度快、实时性强的问题，就要采用不同于传统单播、广播机制的转发技术及 QoS 服务保证机制来实现，而 IP 多播技术是解决这些问题的关键技术。

1. IP 多播技术的概念

IP 多播（也称多址广播或组播）技术，是一种允许一台或多台主机（多播源）发送单一数据包到多台主机（一次的，同时的）的 TCP/IP 网络技术。多播作为一点对多点的通信，是节省网络带宽的有效方法之一。在网络音频 / 视频广播的应用中，当需要将一个节点的信号传送到多个节点时，无论是采用重复点对点通信方式，还是采用广播方式，都会严重浪费网络带宽，只有多播才是最好的选择。多播能使一个或多个多播源只把数据包发送给特定的多播组，而只有加入该多播组的主机才能接收到数据包。目前，IP 多播技术被广泛应用在网络音频 / 视频广播、AOD/VOD、网络视频会议、多媒体远程教育、"push"技术（如股票行情等）和虚拟现实游戏等方面。

2. IP 多播技术的基础知识

（1）IP 多播地址和多播组

IP 多播通信必须依赖于 IP 多播地址，在 IPv4 中它是一个 D 类 IP 地址，范围从 224.0.0.0 到 239.255.255.255，并被划分为局部链接多播地址、预留多播地址和管理权限多播地址三类。其中，局部链接多播地址范围在 224.0.0.0 ~ 224.0.0.255，这是为路由协议和其他用途保留的地址，路由器并不转发属于此范围的 IP 包；预留多播地址为 224.0.1.0 ~ 238.255.255.255，可用于全球范围（如

Internet）或网络协议；管理权限多播地址为 239.0.0.0 ～ 239.255.255.255，可供组织内部使用，类似于私有 IP 地址，不能用于 Internet，可限制多播范围。

使用同一个 IP 多播地址接收多播数据包的所有主机构成了一个主机组，也称为多播组。一个多播组的成员是随时变动的，一台主机可以随时加入或离开多播组，多播组成员的数目和所在的地理位置也不受限制，一台主机也可以属于几个多播组。此外，不属于某一个多播组的主机也可以向该多播组发送数据包。

（2）多播分布树

为了向所有接收主机传送多播数据，用多播分布树来描述 IP 多播在网络中传输的路径。多播分布树有两个基本类型：有源树和共享树。

有源树是以多播源作为有源树的根，有源树的分支形成通过网络到达接收主机的分布树，因为有源树以最短的路径贯穿网络，所以也常称为最短路径树（SPT）。共享树以多播网中某些可选择的多播路由中的一个作为共享树的公共根，这个根被称为汇合点（RP）。共享树又可分为单向共享树和双向共享树。单向共享树指多播数据流必须经过共享树从根发送到多播接收机。双向共享树指多播数据流可以不经过共享树。

（3）逆向路径转发

逆向路径转发（RPF）是多播路由协议中多播数据转发过程的基础，其工作机制是当多播信息通过有源树时，多播路由器检查到达的多播数据包的多播源地址，以确定该多播数据包所经过的接口是否在有源的分支上，如果在，则 RPF 检查成功，多播数据包被转发；如果 RPF 检查失败，则丢弃该多播数据包。

（4）Internet 多播主干（MBONE）网络

Internet 多播主干网络是由一系列相互连接的子网主机和相互连接支持 IP 多播的路由器组成。它可以看成是一个架构在 Internet 物理网络上层的虚拟网，在该虚拟网中，多播源发出的多播信息流可直接在支持 IP 多播的路由器组之间传输，而在多播路由器组和非多播路由器组之间要通过点对点隧道技术进行传输。

4.7.2 IP 多播路由及其协议

1. IP 多播路由的基本类型

多播路由的一种常见的思路就是在多播组成员之间构造一棵扩展分布树。在一个特定的"发送源，目的组"对上的 IP 多播流量都是通过这个扩展树从发送源传输到接收者的，这个扩展树连接了该多播组中所有主机。不同的 IP 多播路由协议使用不同的技术来构造这些多播扩展树，一旦这个树构造完成，所有的多播流量都将通过它来传播。

根据网络中多播组成员的分布，总的说来，IP 多播路由协议可以分为以下两种基本类型。第一种假设多播组成员密集地分布在网络中，也就是说，网络大多数的子网都至少包含一个多播组成员，而且网络带宽足够大，这种被称作"密集模式"（Dense-Mode）的多播路由协议依赖于广播技术来将数据"推"向网络中所有的路由器。密集模式路由协议包括距离向量多播路由协议（Distance Vector Multicast Routing Protocol，DVMRP）、多播开放最短路径优先协议（Multicast

Open Shortest Path First，MOSPF）和密集模式独立多播协议（Protocol-Independent Multicast-Dense Mode，PIM-DM）等。

多播路由的第二种类型则假设多播组成员在网络中是稀疏分散的，并且网络不能提供足够的传输带宽，比如 Internet 上通过 ISDN 线路连接分散在许多不同地区的大量用户。在这种情况下，广播就会浪费许多不必要的网络带宽从而可能导致严重的网络性能问题。于是稀疏模式多播路由协议必须依赖于具有路由选择能力的技术来建立和维持多播树。稀疏模式主要有基于核心树的多播协议（Core Based Tree，CBT）和稀疏模式独立协议多播（Protocol Independent Multicast-Sparse Mode，PIM-SM）。

2. 密集模式协议

（1）距离向量多播路由协议

第一个支持多播功能的路由协议就是距离向量多播路由协议。它已经被广泛地应用在多播骨干网 MBONE 上。

DVMRP 为每个发送源和目的主机组构建不同的分布树。每个分布树都是一个以多播发送源作为根，以多播接受目的主机作为叶的最小扩展分布树。这个分布树为发送源和组中每个多播接受者之间提供了一个最短路径，这个以"跳数"为单位的最短路径就是 DVMRP 的量度。当一个发送源要向多播组中发送消息时，一个扩展分布树就根据这个请求而建立，并且使用"广播和修剪"的技术来维持这个扩展分布树。

扩展分布树构建过程中的选择性发送多播包的具体运作是：当一个路由器接收到一个多播包，它先检查它的单播路由表来查找到多播组发送源的最短路径的接口，如果这个接口就是这个多播包到达的接口，那么路由器就将这个多播组信息记录到它的内部路由表（指明该组数据包应该发送的接口），并且将这个多播包向除了接收到该数据包的路由器以外的其他临近路由器继续发送。如果这个多播包的到达接口不是该路由器到发送源的最短路径的接口，那么这个包就被丢弃。这种机制被称为"反向路径广播"（Reverse-Path Broadcasting）机制，保证了构建的树中不会出现环，而且从发送源到所有接收者都是最短路径。

对子网中密集分布的多播组来说 DVMRP 能够很好的运作，但是对于在范围比较大的区域上分散分布的多播组来说，周期性的广播行为会导致严重的性能问题。DVMRP 不能支持大型网络中稀疏分散的多播组。

（2）多播开放最短路径优先协议

开放最短路径优先是一个单播路由协议，它将数据包在最小开销路径上进行路由传送，这里的开销是表示链路状态的一种量度。除了路径中的跳数以外，其他能够影响路径开销的网络性能参数还有负载平衡信息、应用程序需要的 QoS 等。

MOSPF 是为单播路由多播使用设计的。MOSPF 依赖于 OSPF 作为单播路由协议，就像 DVMRP 也包含它自己的单播协议一样。在一个 OSPF/MOSPF 网络中每个路由器都维持一个最新的全网络拓扑结构图。这个"链路状态"信息被用来构建多播分布树。

每个 MOSPF 路由器都通过 IGMP 协议周期性的收集多播组成员关系信息。这些信息和这些链路状态信息被发送到其路由域中的所有其他路由器。路由器将根据它们从临近路由器接收到的

这些信息更新他们的内部连接状态信息。由于每个路由器都清楚整个网络的拓扑结构，就能够独立地计算出一个最小开销扩展树，将多播发送源和多播组成员分别作为树的根和叶，这个树就是用来将多播流从发送源发送到多播组成员的路径。

（3）密集模式独立多播协议

独立多播协议（PIM）是一种标准的多播路由协议，并能够在 Internet 上提供可扩展的域间多播路由而不依赖于任何单播协议。PIM 有两种运行模式：一种是密集分布多播组模式；另一个是稀疏分布多播组模式。前者被称为独立多播密集模式协议（PIM-DM），后者被称为独立多播稀疏模式协议（PIM-SM）。

PIM-DM 有点类似于 DVMRP，这两个协议都使用了反向路径多播机制来构建分布树。它们之间的主要不同在于 PIM 完全不依赖于网络中的单播路由协议而 DVMRP 依赖于某个相关的单播路由协议机制，并且 PIM-DM 比 DVMRP 简单。

PIM-DM 协议和所有的密集模式路由协议一样也是数据驱动的，但是既然 PIM-DM 不依赖于任何单播路由协议，路由器某个接收端口（就是返回到源的最短路径的端口）接收到的多播数据包被发送到所有下行接口直到不需要的分枝从树中被修剪掉。DVMRP 在树构建阶段能够使用单播协议提供的拓扑数据有选择性地向下行发送数据包，PIM-DM 则更加倾向于简单性和独立性，甚至不惜增加数据包复制引起的额外开销。

3. 稀疏模式多播路由协议

当多播组在网络中集中分布或者网络提供足够大带宽的情况下，密集模式多播路由协议是一个有效的方法，当多播组成员在广泛区域内稀疏分布时，就需要另一种方法即稀疏模式多播路由协议将多播流量控制在连接到多播组成员的链路路径上，而不会"泄漏"到不相关的链路路径上，这样既保证了数据传输的安全，又能够有效地控制网络中的总流量和路由器的负载。

（1）基于核心树的多播协议（CBT）

和 DVMRP 和 MOSPF 为每个"发送源、目的组"对构建最短路径树不同的是，CBT 协议只构建一个树给组中所有成员共享，这个树也就被称为共享树。整个多播组的多播通信量都在这个共享树上进行收发而不论发送源有多少或者在什么位置。这种共享树的使用能够极大地减少路由器中的多播状态信息。

CBT 共享树有一个核心路由器用来构建这个树。要加入的路由器发送加入请求给这个核心路由器。核心路由器接收到加入请求后，沿反路径返回一个确认，这样就构成了树的一个分枝。加入请求数据包在被确认之前不需要一直被传送到核心路由器。如果加入请求包在到达核心路由器之前先到达树上的某个路由器，该路由器就接收下这个请求包而不继续向前发送并确认这个请求包。发送请求的路由器就连接到共享树上了。CBT 将多播流量集中在最少数量的链路而不是在一个基于发送源的共享树上。集中在核心路由器上的流量可能会引起多播路由的某些问题。某些版本的 CBT 支持多个多播核心的使用，和单个多播核心相比多核心更能达到负载平衡。

（2）稀疏模式独立多播协议

和 CBT 相似，PIM-SM 被设计成将多播限制在需要收发的路由器上。PIM-SM 围绕一个被称为集中点（Rendezvous Point，RP）的路由器构建多播分布树。这个集中点扮演着和 CBT 核心路由器相同的角色，接收者在集中点能查找到新的发送源。但是 PIM-SM 比 CBT 更灵活，CBT 的树通常是多播组共享树，PIM-SM 中的独立的接收者可以选择是构建组共享树还是最短路径树。

PIM-SM 协议最初先为多播组构建一个组共享树。这个树由连接到集中点的发送者和接收者共同构建，就像 CBT 协议围绕着核心路由器构建的共享树一样。这共享树建立以后，一个接收者（实际上是最接近这个接收者的路由器）可以选择通过最短路径树改变到发送源的连接。这个操作的过程是通过向发送源发送一个 PIM 加入请求完成的。一旦从发送源到接收者的最短路径建立了，通过 RP 的外部分枝就被修剪掉了。

4. IP 多播路由中的隧道传输机制

多播中的隧道概念指将多播包再封装成一个 IP 数据报在不支持多播的互联网络中路由传输。最有名的多播隧道的例子就是 MBONE（采用 DVMRP 协议）。在隧道的入口处进行数据包的封装，在隧道的出口处则进行拆封。在达到本地全 IP 多播配置传输机制上，隧道机制非常有用。

5. IP 多播技术的应用

IP 多播应用大致可以分为三类：点对多点应用、多点对点应用和多点对多点应用。

（1）点对多点应用

点对多点应用是指一个发送者，多个接收者的应用形式，这是最常见的多播应用形式。典型的应用包括：媒体广播、媒体推送、信息缓存、事件通知和状态监视。

① 媒体广播：如演讲、演示、会议等按日程进行的事件。其传统媒体分发手段通常采用电视和广播。这一类应用通常需要一个或多个恒定速率的数据流，当采用多个数据流（如语音和视频）时，往往它们之间需要同步，并且相互之间有不同的优先级。它们往往要求较高的带宽、较小的延时抖动，但是对绝对延时的要求不是很高。

② 媒体推送：如新闻标题、天气变化、运动比分等一些非商业关键性的动态变化的信息。它们要求的带宽较低，对延时也没有什么要求。

③ 信息缓存：如网站信息、执行代码和其他基于文件的分布式复制或缓存更新。它们对带宽的要求一般，对延时的要求也一般。

④ 事件通知：如网络时间、组播会话日程、随机数字、密钥、配置更新、有效范围的网络警报或其他有用信息。它们对带宽的需求有所不同，但是一般都比较低，对延时的要求也一般。

⑤ 状态监视：如股票价格、传感设备、安全系统、生产信息或其他实时信息。这类带宽要求根据采样周期和精度有所不同，可能会有恒定速率带宽或突发带宽要求，通常对带宽和延时的要求一般。

（2）多点对点的应用

多点对点应用是指多个发送者，一个接收者的应用形式。通常是双向请求响应应用，任何一端（多点或点）都有可能发起请求。典型应用包括：资源查找、数据收集、网络竞拍、信息询问和 Juke Box。

① 资源查找：如服务定位，它要求的带宽较低，对时延的要求一般。

② 数据收集：它是点对多点应用中状态监视应用的反向过程。它可能由多个传感设备把数据发回给一个数据收集主机。带宽要求根据采样周期和精度有所不同，可能会有恒定速率带宽或突

发带宽要求，通常这类应用对带宽和延时的要求一般。

③ 网络竞拍：拍卖者拍卖产品，而多个竞拍者把标价发回给拍卖者。

④ 信息询问：询问者发送一个询问，所有被询问者返回应答。通常这对带宽的要求较低，对延时不太敏感。

⑤ Juke Box：如支持准点播（Near On Demand）的音视频倒放。通常接收者采用"带外的"协议机制（如 HTTP、RTSP、SMTP，也可以采用组播方式）发送倒放请求给一个调度队列。它对带宽的要求较高，对延时的要求一般。

（3）多点对多点的应用

多点对多点应用是指多个发送者和多个接收者的应用形式。通常，每个接收者可以接收多个发送者发送的数据，同时，每个发送者可以把数据发送给多个接收者。典型应用包括：多点会议、资源同步、并行处理、协同处理、远程学习、讨论组、分布式交互模拟（DIS）、多人游戏和 Jam Session 等。

① 多点会议：通常音/视频和文本应用构成多点会议应用。在多点会议中，不同的数据流拥有不同的优先级。传统的多点会议采用专门的多点控制单元来协调和分配它们，采用多播可以直接由任何一个发送者向所有接收者发送，多点控制单元用来控制当前发言权。这类应用对带宽和延时要求都比较高。

② 资源同步：如日程、目录、信息等分布数据库的同步。它们对带宽和延时的要求一般。

③ 并行处理：如分布式并行处理。它对带宽和延时的要求都比较高。

④ 协同处理：如共享文档的编辑。它对带宽和延时的要求一般。

⑤ 远程学习：这实际上是媒体广播应用加上对上行数据流（允许学生向老师提问）的支持。它对带宽和延时的要求一般。

⑥ 讨论组：类似于基于文本的多点会议，还可以提供一些模拟的表达。

⑦ 分布式交互模拟（DIS）：它对带宽和时延的要求较高。

⑧ 多人游戏：多人游戏是一种带讨论组能力的简单分布式交互模拟。它对带宽和时延的要求都比较高。

⑨ Jam Session：这是一种音频编码共享应用，它对带宽和时延的要求都比较高。

IP 多播带入了许多新的应用并减少了网络的拥塞和服务器的负担。目前 IP 多播的应用范围还不够大，但它能够降低占用带宽，减轻服务器负荷，并能改善传送数据的质量，尤其适用于需要大量带宽的多媒体应用，如音频、视频等。这项新技术已成为当前网络界的热门话题，并将从根本上改变网络的体系结构。

4.8　IPv6 协议

从计算机本身发展以及从互联网规模和网络传输速率来看，现在 IPv4 已很不适用，最主要的问题就是 32 位的 IP 地址不够用。解决 IP 地址耗尽的措施：

① 采用无类别编址 CIDR，使 IP 地址的分配更加合理。

② 采用网络地址转换 NAT 方法以节省全球 IP 地址。

③ 采用具有更大地址空间的新版本的 IP 协议 IPv6。

因此，解决 IP 地址耗尽的根本措施——使用 IPv6。

4.8.1 IPv6 的基本首部

① IPv6 仍支持无连接的传送，所引进的主要变化如下：

• 更大的地址空间。IPv6 将地址从 IPv4 的 32 位增大到了 128 位。

• 扩展的地址层次结构。

• 灵活的首部格式。

• 改进的选项。

• 简化了协议，加快了分组的转发。

• 允许协议继续演变和增加新的功能。

• 支持即插即用（即自动配置）。

• 支持资源的预分配。

• IPv6 改为 8 字节对齐。

• 支持更多的安全性

② 与 IPv4 比，IPv6 对首部进行如下更改：

• IPv6 将首部长度变为固定的 40 字节，称为基本首部（Base Header）。

• 将不必要的功能取消了，首部的字段数减少到只有 8 个。

• 取消了首部的检验和字段，加快了路由器处理数据报的速度。

• 在基本首部的后面允许有零个或多个扩展首部。

• 所有的扩展首部和数据合起来叫作数据报的有效载荷（Payload）或净负荷。

③ IPv6 数据报的一般形式如图 1-4-54 所示。

④ IPv6 基本首部各字段如图 1-4-55 所示，其作用具体如下：

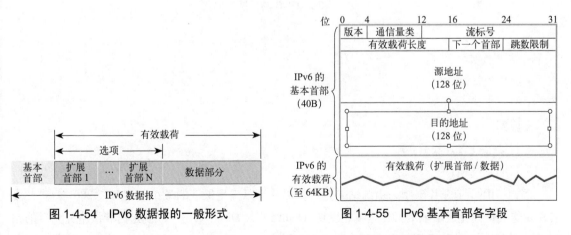

图 1-4-54　IPv6 数据报的一般形式　　　　图 1-4-55　IPv6 基本首部各字段

• 版本（Version），4 位。它指明了协议的版本，对 IPv6 该字段总是 6。

• 通信量类（Traffic Class），8 位。这是为了区分不同的 IPv6 数据报的类别或优先级。目前正在进行不同的通信量类性能的实验。

- 流标号（Flow Label），20 位。"流"是互联网络上从特定源点到特定终点的一系列数据报，"流"所经过的路径上的路由器都保证指明的服务质量。所有属于同一个流的数据报都具有同样的流标号。
- 有效载荷长度（Payload Length），16 位。它指明 IPv6 数据报除基本首部以外的字节数（所有扩展首部都算在有效载荷之内），其最大值是 64 KB。
- 下一个首部（Next Header），8 位。它相当于 IPv4 的协议字段或可选字段。
- 跳数限制（Hop Limit），8 位。源站在数据报发出时即设定跳数限制。路由器在转发数据报时将跳数限制字段中的值减 1。当跳数限制的值为零时，就要将此数据报丢弃。
- 源地址，128 位，是数据报的发送站的 IP 地址。
- 目的地址，128 位，是数据报的接收站的 IP 地址。

⑤ 扩展首部及下一个首部字段，如图 1-4-56 所示。

IPv6 把原来 IPv4 首部中选项的功能都放在扩展首部中，并将扩展首部留给路径两端的源站和目的站的主机来处理。数据报途中经过的路由器都不处理这些扩展首部（只有一个首部例外，即逐跳选项扩展首部），这样就大大提高了路由器的处理效率。

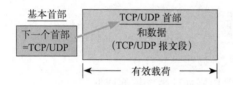

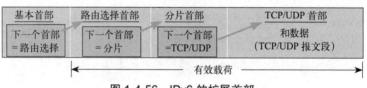

图 1-4-56　IPv6 的扩展首部

RFC 2460 定义了六种扩展首部：

- 逐跳选项。
- 路由选择。
- 分片。
- 鉴别。
- 封装安全有效载荷。
- 目的站选项。

例如：IPv6 把分片限制为由源站来完成。源站可以采用保证的最小 MTU（1 280 字节），或者在发送数据前完成路径最大传送单元发现（Path MTU Discovery），以确定沿着该路径到目的站的最小 MTU。分片扩展首部的格式如图 1-4-57 所示。

图 1-4-57　分片扩展首部的格式

IPv6 数据报的有效载荷长度为 3 000 字节。下层的以太网的最大传送单元 MTU 是 1 500 字节，分成三个数据报片，两个 1 400 字节长，最后一个是 200 字节长，如图 1-4-58 所示。

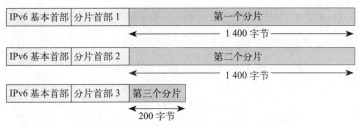

图 1-4-58　IPv6 数据报的有效载荷长度

当路径途中的路由器需要对数据报进行分片时，就创建一个全新的数据报，然后将这个新的数据报分片，并在各个数据报片中插入扩展首部和新的基本首部。

路由器将每个数据报片发送给最终的目的站，而在目的站将收到的各个数据报片收集起来，组装成原来的数据报，再从中抽取出数据部分。

4.8.2　IPv6 的编址

1. IPv6 地址

（1）地址类型

IPv6 数据报的目的地址有三种类型：

① 单播：单播就是传统的点对点通信。

② 多播：多播是一点对多点的通信。

③ 任播：这是 IPv6 增加的一种类型。任播的目的站是一组计算机，但数据报在交付时只交付其中的一个，通常是距离最近的一个。

（2）节点与接口

IPv6 将实现 IPv6 的主机和路由器均称为节点。IPv6 地址是分配给节点上面的接口。一个接口可以有多个单播地址。一个节点接口的单播地址可用来唯一地标志该节点。

2. 地址的表示方法

① 冒号十六进制记法（Colon Hexadecimal Notation）：每个 16 位的值用十六进制值表示，各值之间用冒号分隔。如：68E6:8C64:FFFF:FFFF:0:1180:960A:FFFF。

② 零压缩（Zero Compression），即一连串连续的零可以为一对冒号所取代。

FF05:0:0:0:0:0:0:B3 可以写成：FF05::B3

③ 点分十进制后缀的记法：在 IPv4 与 IPv6 的混合网络环境中还有一种混合的地址表示方法。在该环境中，IPv6 地址中的最低 32 位可以用于表示 IPv4 地址，该地址可以按照一种混合方式表达，

即 X:X:X:X:X:X:d.d.d.d，其中 X 表示一个 4 位十六进制整数（16 位二进制），而 d.d.d.d 表示 IPv6 地址后 32 位的十进制表示。例如，IPv6 地址 0:0:0:0:0:0:128.10.2.1 是一种合法表示，再使用零压缩即可表示为 ::128.10.2.1。

3. 地址空间的分配

IPv6 将 128 位地址空间分为两大部分，如图 1-4-59 所示，第一部分是可变长度的类型前缀，它定义了地址的目的。第二部分是地址的其余部分，其长度也是可变的。

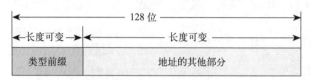

图 1-4-59　IPv6 地址空间的分配

4. 特殊地址

① 未指明地址：16 字节的全 0 地址，缩写为"::"。只能为还没有配置到一个标准的 IP 地址的主机当作源地址使用，不能作目的地址。

② 环回地址：0:0:0:0:0:0:0:1（记为 ::1）。

③ 多播地址：11111111，记为 FF00::。

④ 基于 IPv4 的地址：前缀为 0000 0000 保留一小部分地址作为与 IPv4 兼容的。

⑤ 本地链路单播地址：1111111010，记为 FE80::。

⑥ 全球单播地址：除上述外的所有其他的二进制前缀。

⑦ 前缀为 0000 0000 的地址：前缀为 0000 0000 是保留一小部分地址与 IPv4 兼容的，这是因为必须要考虑到在比较长的时期 IPv4 和 IPv6 将会同时存在，而有的节点不支持 IPv6。因此数据报在这两类节点之间转发时，就必须进行地址的转换。

5. IPv6 单播地址的等级结构

① IPv6 扩展了地址的分级概念，使用以下三个等级，如图 1-4-60 所示。

- 全球路由选择前缀，占 48 位。
- 子网标识符，占 16 位。
- 接口标识符，占 64 位。

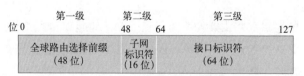

图 1-4-60　IPv6 单播地址的等级结构

② 定义了 EUI-64。

- IEEE 定义了一个标准的 64 位全球唯一地址格式 EUI-64。
- EUI-64 前三个字节（24 位）仍为公司标识符，但后面的扩展标识符是五个字节（40 位）。
- 较为复杂的是当需要将 48 位的以太网硬件地址转换为 IPv6 地址。

③ 如何把以太网地址转换为 IPv6 地址，如图 1-4-61 所示。

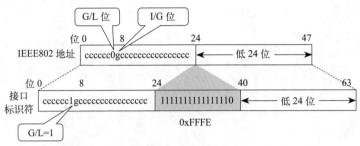

图 1-4-61　把以太网地址转换为 IPv6 地址

6. IPv6 的单播域内路由选择协议

（1）OSPFv3 路由选择协议

OSPFv3（Open Shortest Path First version 3）即开放最短路径优先第三版，OSPFv3 成为 IPv6 网络中的核心路由技术，下一代网络中动态路由选择中的主流协议。

（2）RIPng 协议

RIPng（RIP next generation）是在 RIP-2 协议的基础进行的修改，是针对 IPv6 定义的新版本。

（3）IS-ISv6 协议

IS-IS（Intermediate System to Intermediate System routing protocol）路由协议，最初是国际标准化组织 ISO 为它的无连接网络协议 CLNP（Connectionless Network Protocol）设计的一种动态路由协议。

4.8.3　IPv4 到 IPv6 的过渡技术

1. 过渡的指导思想

采用逐步演进的办法，同时，还必须使新安装的 IPv6 系统能够向后兼容。IPv6 系统必须能够接收和转发 IPv4 分组，并且能够为 IPv4 分组选择路由。

2. 过渡的具体方法

① 双协议栈（Dual Stack）：是指在完全过渡到 IPv6 之前，使一部分主机（或路由器）装有两个协议栈，一个 IPv4 和一个 IPv6，如图 1-4-62 所示。

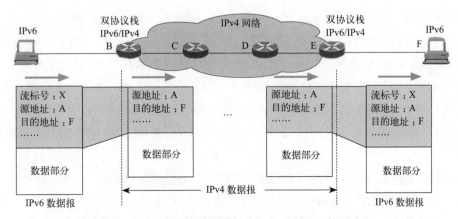

图 1-4-62　用双协议栈进行从 IPv4 到 IPv6 的过渡

② 使用隧道技术，如图 1-4-63 所示。

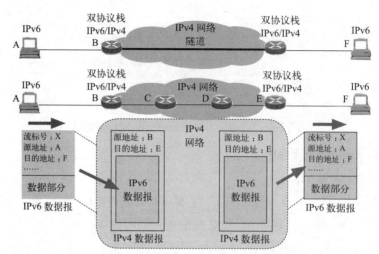

图 1-4-63　使用隧道技术从 IPv4 到 IPv6 过渡

③ 地址 / 协议转换技术。

隧道技术一般用于 IPv6 节点间的通信，而对于 IPv4 和 IPv6 节点间的通信，当且仅当无其他本地 IPv6 或者 IPv6 to IPv4 隧道可用时，采用直接对 IPv4 和 IPv6 数据报进行语法和语义翻译的技术，这种技术称为地址 / 协议转换机制 NAT/PT（Network Address Translation/Protocol Translation），分为静态和动态两种。NAT/PT 处于 IPv6 和 IPv4 网络的交界处，可以实现 IPv6 主机与 IPv4 主机之间的通信。

NAT/PT 技术的工作原理：在 IPv6 网络和 IPv4 网络之间设置 NAT/PT 网关，当 IPv6 子网中有 IPv6 数据报发给网关时，网关将其转化成 IPv4 数据报发给 IPv4 子网；反之，当 IPv4 子网中有数据报要发送给 IPv6 网络时，网关就将其转化成 IPv6 数据报发给 IPv6 子网。NAT/PT 网关要维护一个 IPv4 和 IPv6 地址的映射表。

4.8.4　ICMPv6

1. ICMPv6 简介

ICMPv6（Internet Control Management Protocol version 6），即互联网控制信息协议版本六。ICMPv6 为了与 IPv6 配套使用而开发的互联网控制信息协议。与 IPv4 一样，IPv6 也需要使用 ICMP，旧版本的 ICMP 不能满足 IPv6 全部要求，因此开发了新版本的 ICMP，称为 ICMPv6。

ICMPv6 向源节点报告关于目的地址传输 IPv6 包的错误和信息，具有差错报告、网络诊断、邻节点发现和多播实现等功能。在 IPv6 中，ICMPv6 实现 IPv4 中 ICMP、ARP 和 IGMP 的功能。

IANA（因特网地址授权委员会）定义 ICMPv6 的协议号为 58。ICMPV6 的基本功能有以下 4 个方面：

① 通告网络错误。比如，某台主机或整个网络由于某些故障不可达。如果有指向某个端口号的 TCP 或 UDP 包没有指明接收端，这也由 ICMP 报告。

② 通告网络拥塞。当路由器缓存太多包，由于传输速度无法达到它们的接收速度，将会生成

"ICMP 源结束"信息。对于发送者，这些信息将会导致传输速度降低。当然，更多的 ICMP 源结束信息的生成也将引起更多的网络拥塞，所以使用起来较为保守。

③ 协助解决故障。ICMP 支持 Echo 功能，即在两个主机间一个往返路径上发送一个包。Ping 是一种基于这种特性的通用网络管理工具，它将传输一系列的包，测量平均往返次数并计算丢失百分比。

④ 通告超时。如果一个 IP 包的 TTL 降低到零，路由器就会丢弃此包，这时会生成一个 ICMP 包通告这一事实。TraceRoute 是一个工具，它通过发送小 TTL 值的包及监视 ICMP 超时通告可以显示网络路由。

2. ICMPv6 报文

ICMPv6 报文封装在 IPv6 中，ICMPv6 报文的基本格式如表 1-4-6 所示。

表 1-4-6 ICMPv6 报文的基本格式

类型（1 字节）	代码（1 字节）	校验和（2 字节）
ICMP 报文体（可变长）		

① 类型：标识 ICMPv6 报文类型，它的值根据报文的内容来确定。

② 代码：用于确定 ICMPv6 进一步的信息，对同一类型的报文进行了更详细的分类。

③ 校验和：用于检测 ICMPv6 的报文是否正确传送。

④ 报文体：用于返回出错的参数和记录出错报文的片段，帮助源节点判断错误的原因或是其他参数。

3. 报文源地址的测定

一个送出 ICMPv6 报文的节点在计算校验和以前要在 IPv6 首部中决定源地址和目标 IPv6 地址。如果节点有多于一个的单目地址，它必须按以下的原则选定源地址：

如果报文是对发往该节点的某一单目地址进行响应的，那应答报文的源地址必须是这个单目地址。

如果报文是对发往该节点为组员的多播组或任意播组的报文进行响应的，那么应答报文的源地址必须是一个属于接收到多播或任意播包接口的单目地址。

如果报文是对发往一个并不属于该节点地址的报文进行响应的，那么源地址必须是属于该节点且最有利于诊断错误的那个单目地址。比如，如果报文是对一个不能正常转发包的行为进行响应的，源地址就是那个属于转发包失败的接口的单目地址。

另外，在转发报文到目的地时，必须使用节点的路由表来决定由哪个接口转发报文。

4. 报文处理规则

当接收到 ICMPv6 差错报告报文时，如果无法识别具体的类型，必须将它交给上层协议模块进行处理。

当接收到 ICMPv6 信息报文时，如果无法识别具体的类型，必须将它丢弃。

所有的 ICMPv6 差错报告报文，都应该在 IPv6 所要求的最小 MTU 允许范围内，尽可能多地包括引发该 ICMPv6 差错报文的 IPv6 分组片段，以便给 IPv6 分组的源节点提供尽可能多的诊断信息。

在需要将 ICMPv6 报文上传给其上层协议模块处理的情况下，上层协议的具体类型，应该从封装该 ICMPv6 报文的 IPv6 分组的下一首部字段中获取。但是，如果该 IPv6 分组携带有很多扩展首部，则可能会导致有关上层协议类型的信息没有被包含在 ICMPv6 报文中。这时，只能将该差错报告报文在 IP 层处理完后丢弃掉。

不能产生 ICMPv6 差错报告报文的发送情况：

① 一个 ICMPv6 差错报告报文。这主要是为了避免无休止地产生 ICMPv6 报文而引起网络拥塞。

② 一个发往多播地址的 IPv6 分组。但有两个例外：当使用 IPv6 多播地址进行路径 MTU 探测时，可以发送"报文过长"差错报告报文；允许使用参数错误报文报告：存在不可识别的 TLV 可选项。

③ 链路层的多播报文。对这类报文也具有与上面第二类情况相同的例外。

④ 链路层的广播报文。对这类报文也具有与上面第二类情况相同的例外。

⑤ IPv6 分组的源地址无法唯一确定一个单独节点时，这种情况也不能够引起 ICMPv6 差错报告报文的发送。例如，IPv6 不明确地址等。

最后，为了限制在发送 ICMPv6 差错报告报文时对网络带宽和转发处理的消耗，一个 IPv6 节点必须限制其发送 ICMPv6 差错报告报文的速率。但是，这样可能会导致一个差错报告报文的源节点因为没有及时收到报文出错的报告而不断地重发该错误报文。目前有几种提供限制 ICMPv6 速率的方法：

① 基于计时器的方法。将发往某个源节点或所有源节点的 ICMPv6 差错报告报文的速率，限制在每 T 时间段内只发送一个差错报告报文之内。

② 基于带宽的方法。将某个网络接口发送的 ICMPv6 差错报告报文所占用的带宽限制在这个接口所在链路带宽的某个比例上。

4.9　网络层的设备

4.9.1　路由器

1. 路由器的概念

所谓"路由"，是指把数据从一个地方传送到另一个地方的行为和动作，在路上，至少遇到一个中间节点。而路由器（Router），正是执行这种行为动作的机器。路由器的基本功能如下：

① 网络互连：路由器支持各种局域网和广域网接口，主要用于互联局域网和广域网，实现不同网络互相通信。

② 数据处理：提供包括分组过滤、分组转发、优先级、复用、加密、压缩和防火墙等功能。

③ 网络管理：路由器提供包括路由器配置管理、性能管理、容错管理和流量控制等功能。

2. 路由器的分类

按结构分类：从结构上分，路由器可分为模块化结构与固定配置结构，如图 1-4-64 和图 1-4-65 所示。

图 1-4-64 固定配置结构路由器

图 1-4-65 模块化结构路由器

按不同的应用环境分类：可将路由器分为主干级路由器，企业级路由器和接入级路由器，如图 1-4-66 所示。

图 1-4-66 按不同应用环境分类的路由器类型

3. 路由器的结构主要包括：

① 中央处理单元（Central Processor Unit，CPU）。

② 存储器：只读内存（ROM）、闪存（FLASH）、随机存取内存（RAM）、非易失性 RAM（NVRAM）。

③ 接口，如图 1-4-67 所示，Cisco7200 系列路由器接口如图 1-4-68 所示。

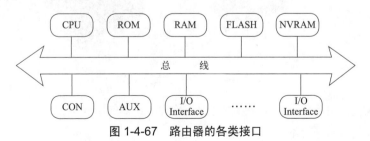

图 1-4-67 路由器的各类接口

4. 路由器的线缆

线缆是路由设备互连的重要配件，一般常用到的线缆主要有三种，如图 1-4-69 ~ 图 1-4-71 所示。

计算机网络

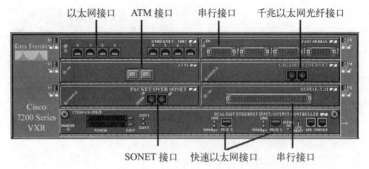

图 1-4-68　Cisco7200 系列路由器接口

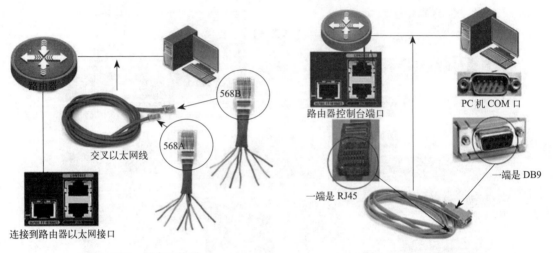

图 1-4-69　以太网线缆　　　　　图 1-4-70　控制台线缆

图 1-4-71　串行广域网线缆

① 以太网线缆：用于计算机或交换机之间连接到路由器的以太网接口。

② 控制台线缆：用于对路由器作初始化配置。

③ 串行广域网线缆：用于远距离路由器与路由器进行连接。

5. 路由器的配置方式

常用的有以下四种，如图 1-4-72 所示。

140

① 控制台方式。

② 远程登录（Telnet）方式。

③ 网管工作站方式。

④ TFTP 服务器方式。

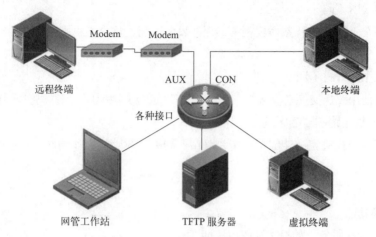

图 1-4-72　路由器的配置方式

4.9.2　三层交换机

1. 三层交换技术

三层交换技术就是：二层交换技术和三层转发技术。它解决了局域网中网段划分之后，网段中子网必须依赖路由器进行管理的局面，解决了传统路由器低速、复杂所造成的网络瓶颈问题，三层交换机如图 1-4-73 所示。

图 1-4-73　三层交换机

2. 三层交换原理

一个具有三层交换功能的设备，是一个带有第三层路由功能的第二层交换机，但它是二者的有机结合，并不是简单地把路由器设备的硬件及软件叠加在局域网交换机上。其原理是：

假设两个使用 IP 协议的站点 A、B 通过第三层交换机进行通信，发送站点 A 在开始发送时，把自己的 IP 地址与 B 站点的 IP 地址比较，判断 B 站点是否与自己在同一子网内。若目的站点 B 与发送站点 A 在同一子网内，则进行二层的转发。

若两个站点不在同一子网内，如发送站点 A 要与目的站点 B 通信，发送站点 A 要向"默认网关"发出 ARP（地址解析）封包，而"默认网关"的 IP 地址其实是三层交换机的三层交换模块。

由于仅仅在路由过程中才需要三层处理，绝大部分数据都通过二层交换转发，因此三层交换机的速度很快，接近二层交换机的速度，同时比相同路由器的价格低很多。

3. 三层交换机与两层交换机的区别

（1）主要功能不同

二层交换机和三层交换机都可以交换转发数据帧，但三层交换机除了有二层交换机的转发功能外，还有 IP 数据报路由功能。

（2）使用的场所不同

二层交换机是工作在 OSI 参考模型第二层的设备，而三层交换机是工作在 OSI 参考模型第三层的设备。

（3）处理数据的方式不同

二层交换机使用二层交换转发数据帧，而三层交换的路由模块使用三层交换 IP 数据报。

4. 三层交换机与路由器的区别

现在的第三层交换机完全能够执行传统路由器的大多数功能。作为网络互连的设备，第三层交换机具有以下特征：

① 转发基于第三层地址的业务流。

② 完全交换功能。

③ 可以完成特殊服务，如报文过滤或认证。

④ 执行或不执行路由处理。

第三层交换机与传统路由器相比有如下优点

① 子网间传输带宽可任意分配。

② 合理配置信息资源。

③ 降低成本。

④ 交换机之间连接灵活。

三层交换机与路由器的区别如下：

① 交换机一般用于 LAN-WAN 的连接，交换机归于网桥，是数据链路层的设备，有些交换机也可实现第三层的交换。

② 路由器用于 WAN-WAN 之间的连接，可以解决异构网络之间转发分组，作用于网络层。它们只是从一条线路上接受输入分组,然后向另一条线路转发。这两条线路可能分属于不同的网络，并采用不同协议。

③ 相比较而言，路由器的功能较交换机要强大，但速度相对也慢，价格昂贵，第三层交换机既有交换机线速转发报文能力，又有路由器良好的控制功能，因此得以广泛应用。

5. 三层交换机的基本配置与管理

三层交换机的基本配置与二层交换机、路由器的基本配置大体是相同的。

三层交换机的管理模式有：超级终端管理模式、Web 管理模式、Telnet 管理模式。

习　题

单项选择题

1. 网络层数据包的名称是（　　）。

    A. 报文　　　　　　　B. 数据段　　　　　　C. 数据报 / 分组　　　D. 数据帧

2. 在数据报网络中，两个最重要的网络层功能是（　　）。

    A. 转发和路由　　　　B. 转发和过滤　　　　C. 路由和检测　　　　D. 路由和检查

3. 当一个数据包到达路由器的输入链路，路由器必须将数据包移动到适当的输出链接，这个动作被称为（　　）。

    A. 转发　　　　　　　B. 路由　　　　　　　C. 穿过　　　　　　　D. 过滤

4. 网络层必须确定数据包从发送者 / 源到接收者 / 目的地的路径，这个动作称作（　　）。

    A. 转发　　　　　　　B. 路由　　　　　　　C. 穿过　　　　　　　D. 检查

5. 路由器通过检查一个到达的分组的头部字段的值来转发分组，然后使用这个值去更新路由器的转发表，这个值是（　　）。

    A. 目的地 IP 地址　　B. 源 IP 地址　　　　C. 目的 MAC 地址　　D. 源 MAC 地址

6. IP 属于（　　）层。

    A. 传输　　　　　　　B. 网络　　　　　　　C. 数据链路　　　　　D. 物理

7. （　　）提供主机到主机的服务。

    A. 传输层　　　　　　B. 网络层　　　　　　C. 数据链路层　　　　D. 物理层

8. （　　）提供了虚电路网络的连接服务和称为数据报网络面向无连接服务。

    A. 传输层　　　　　　B. 网络层　　　　　　C. 数据链路层　　　　D. 物理层

9. IPv4 有（　　）位地址。

    A. 48　　　　　　　　B. 16　　　　　　　　C. 32　　　　　　　　D. 64

10. 每当一个数据报被由路由器处理后，TTL（　　）。

    A. 减少　　　　　　　B. 增加　　　　　　　C. 没有变化　　　　　D. 总是 0

11. ICMP 是用来（　　）的。

    A. 可靠的数据传输　　　　　　　　　　B. 错误报告

    C. 流量控制　　　　　　　　　　　　　D. 拥塞控制

12. IP 寻址分配一个地址 223.10.198.250/29，这个网络的网络地址是（　　）。

    A. 23.10.198.248　　　　　　　　　　　B. 223.10.198.250

    C. 223.10.198.0　　　　　　　　　　　 D. 223.10.0.0

13. 如果所有的从广域网到达路由器的数据报有相同的目的 IP 地址，路由器是如何知道应该将给定数据报转发给内部的主机？关键是使用路由器中的（　　）表，在这个表中还包括端口号以及 IP 地址。

    A. 路由　　　　　　　B. 转发　　　　　　　C. Arp　　　　　　　 D. NAT 翻译

14. 从发送方到接收方，所有数据包将使用相同的路径，这表明我们在使用（　　）服务。
    A. 数据报　　　　　B. 虚电路　　　　　C. 电路　　　　　D. 以太网

15. （　　）意味着将数据包从路由器的输入端口转到合适的输出端口。
    A. 转发　　　　　B. 过滤　　　　　C. 路由　　　　　D. 切换

16. （　　）意味着数据包从源到目的地确定路线。
    A. 转发　　　　　B. 过滤　　　　　C. 路由　　　　　D. 切换

17. 网络层在两个（　　）之间提供服务。
    A. 主机　　　　　B. 进程　　　　　C. 应用程序　　　　　D. 机器

18. 链路层在两个（　　）之间提供服务。
    A. 主机　　　　　B. 进程　　　　　C. 应用程序　　　　　D. 机器

19. 互联网的网络层提供了一个单一的服务（　　）。
    A. 可靠的数据传输　　　　　　　　B. 流量控制
    C. 拥塞控制　　　　　　　　　　　D. 尽力而为的服务

20. 数据报网络提供网络层的（　　）服务。
    A. 无连接服务　　B. 连接服务　　　C. 两个以上　　　D. A 和 B

21. VC 网络提供网络层（　　）。
    A. 无连接服务　　B. 连接服务　　　C. 两个以上　　　D. A 和 B

22. 在 VC 网络，每个包携带（　　）。
    A. VC 标识符　　B. 目的地主机地址　　C. IP 地址　　　D. MAC 地址

23. 在（　　）网络，一系列的包可能会遵循不同的路径和顺序到目的地。
    A. 数据报　　　　B. 虚电路　　　　C. TCP　　　　　D. 以上都不是

24. 互联网是一个（　　）网络。
    A. 数据报　　　　B. 虚电路　　　　C. 两个以上　　　D. 以上都不是

25. IP 地址是用来标识（　　）的。
    A. 主机　　　　　B. 路由器接口　　C. 两个以上　　　D. 以上都不是

26. 233.1.1.0/24 中的 "/ 24" 符号有时被称为（　　）。
    A. 子网掩码　　　B. 网络地址　　　C. 主机地址　　　D. 以上都不是

27. 数据报网络和虚电路网络中的不同在于（　　）。
    A. 数据报网络是电路交换网络，虚电路网络是分组交换网络
    B. 数据报网络是分组交换网络，虚电路网络是电路交换网络
    C. 数据报网络使用目的地址，虚电路网络使用 VC 向目的地转发数据包
    D. 数据报网络使用 VC，虚电路网络使用目的地地址将数据包转发到目的地

28. 互联网网络层负责将网络层（　　）从一个主机传播到另一台主机。
    A. 帧　　　　　　B. 数据报　　　　C. 段　　　　　　D. 消息

29. 各层的协议称为（　　）。
    A. 协议栈　　　　B. TCP/IP　　　　C. ISP　　　　　D. 网络协议

144

30. 在 Internet 中，IP 数据报从源节点到目的节点可能需要经过多个网络和路由器。在整个传输过程中，IP 数据报头部中的源 IP 地址和目的 IP 地址（　　）。

    A. 源地址和目的地址都不会发生变化

    B. 源地址有可能发生变化而目的地址不会发生变化

    C. 源地址不会发生变化而目的地址有可能发生变化

    D. 源地址和目的地址都有可能发生变化

第5章

✦ 传 输 层

本章导读

在五层体系模型中，传输层位于网络层和应用层的中间。传输层最基本的功能是实现端到端的数据传输。本章介绍了传输层的基本概念、传输层的两个主要协议 TCP 和 UDP 及其相关特点。

通过对本章内容的学习，应做到：

◎ 了解：传输层的基本概念。

◎ 熟悉：TCP、UDP 协议概念、特点。

◎ 掌握：TCP 协议三次握手机制、TCP 可靠传输的工作原理。

5.1　概述

传输层（Transport Layer）是 ISO OSI 协议的第四层协议，实现端到端的数据传输。该层是两台计算机经过网络进行数据通信时，一个端到端的层次，具有缓冲作用。当网络层服务质量不能满足要求时，它将服务加以提高，以满足高层的要求；当网络层服务质量较好时，它只用很少的工作。传输层还可进行复用，即在一个网络连接上创建多个逻辑连接。

传输层在终端用户之间提供透明的数据传输，向上层提供可靠的数据传输服务。传输层在给定的链路上通过流量控制、分段 / 重组和差错控制来保证数据的可靠传输。一些协议是面向连接的，这就意味着传输层能保持对分段的跟踪，并且重传那些传输失败的分段。

5.1.1　进程之间的通信

两个主机进行通信实际上就是两个主机中的应用进程互相通信。应用进程之间的通信又称为端到端的通信。

传输层的一个很重要的功能就是复用和分用。应用层不同进程的报文通过不同的端口向下交到传输层，再往下就共用网络层提供的服务。

"传输层提供应用进程间的逻辑通信"。"逻辑通信"的意思是：传输层之间的通信好像是沿水平方向传送数据。但事实上这两个传输层之间并没有一条水平方向的物理连接。

传输层协议和网络层协议的主要区别如图 1-5-1 所示。

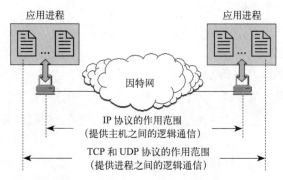

图 1-5-1 传输层协议和网络层协议的主要区别

5.1.2 传输层的两个主要协议

传输层为应用进程之间提供端到端的逻辑通信（网络层是为主机之间提供逻辑通信）。传输层还要对收到的报文进行差错检测。传输层需要有两种不同的运输协议，如图 1-5-2 所示。

传输层向高层用户屏蔽了下面网络核心的细节（如网络拓扑、所采用的路由选择协议等），它使应用进程看见的就是好像在两个传输层实体之间有一条端到端的逻辑通信信道。

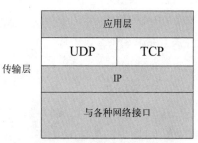

图 1-5-2 传输层的两个协议

当传输层采用面向连接的 TCP 协议时，尽管下面的网络是不可靠的（只提供尽最大努力服务），但这种逻辑通信信道就相当于一条全双工的可靠信道；当传输层采用无连接的 UDP 协议时，这种逻辑通信信道是一条不可靠信道。

TCP 传送的数据单位协议是 TCP 报文段（Segment）；UDP 传送的数据单位协议是 UDP 报文或用户数据报。

UDP 在传送数据之前不需要先建立连接。对方的传输层在收到 UDP 报文后，不需要给出任何确认。虽然 UDP 不提供可靠交付，但在某些情况下 UDP 是一种最有效的工作方式。TCP 则提供面向连接的服务。TCP 不提供广播或多播服务。由于 TCP 要提供可靠的、面向连接的运输服务，因此不可避免地增加了许多的开销。这不仅使协议数据单元的首部增大很多，还要占用许多的处理机资源。

传输层的 UDP 用户数据报与网际层的 IP 数据报有很大区别。IP 数据报要经过互联网中许多路由器的存储转发，但 UDP 用户数据报是在传输层的端到端抽象的逻辑信道中传送的。TCP 报文段是在传输层抽象的端到端逻辑信道中传送，这种信道是可靠的全双工信道。但这样的信道却不知道究竟经过了哪些路由器，而这些路由器也根本不知道上面的传输层是否建立了 TCP 连接。

5.1.3 传输层的端口

运行在计算机中的进程是用进程标识符来标识的。运行在应用层的各种应用进程却不应当让计算机操作系统指派它的进程标识符。这是因为在因特网上使用的计算机的操作系统种类很多，

而不同的操作系统又使用不同格式的进程标识符。

为了使运行不同操作系统的计算机的应用进程能够互相通信，就必须用统一的方法对 TCP/IP 体系的应用进程进行标志。

由于进程的创建和撤销都是动态的，发送方几乎无法识别其他机器上的进程。有时我们会改换接收报文的进程，但并不需要通知所有发送方。我们往往需要利用目的主机提供的功能来识别终点，而不需要知道实现这个功能的进程。对此解决方法就是通过端口来实现：

1. 端口号（Protocol Port Number）

它简称为端口（Port），虽然通信的终点是应用进程，但我们可以把端口想象是通信的终点，因为我们只要把要传送的报文交到目的主机的某一个合适的目的端口，剩下的工作（即最后交付目的进程）就由 TCP 来完成。

2. 软件端口与硬件端口

在协议栈层间的抽象的协议端口是软件端口。路由器或交换机上的端口是硬件端口。硬件端口是不同硬件设备进行交互的接口，而软件端口是应用层的各种协议进程与运输实体进行层间交互的一种地址。

3. TCP 的端口

端口用一个 16 位端口号进行标志。端口号只具有本地意义，即端口号只是为了标志本计算机应用层中的各进程。在因特网中不同计算机的相同端口号是没有联系的。传输层有三类端口：

① 熟知端口（0 ~ 1023）。

② 登记端口号（1024 ~ 49151）：为没有熟知端口号的应用程序使用的。使用这个范围的端口号必须在 IANA 登记，以防止重复。

③ 客户端口号或短暂端口号（49152 ~ 65535）：留给客户进程选择暂时使用。当服务器进程收到客户进程的报文时，就知道了客户进程所使用的动态端口号。通信结束后，这个端口号可供其他客户进程以后使用。

5.2 用户数据报协议

5.2.1 用户数据报协议概述

用户数据报协议（User Datagram Protocol，UDP），是 OSI 参考模型中一种无连接的传输层协议，提供面向事务的简单不可靠信息传送服务，IETF RFC 768 是 UDP 的正式规范。UDP 在 IP 报文的协议号是 17。

UDP 在网络中与 TCP 协议一样用于处理数据包，是一种无连接的协议。在 OSI 模型中，在第四层——传输层，处于 IP 协议的上一层。UDP 有不提供数据包分组、组装和不能对数据包进行排序的缺点，也就是说，当报文发送之后，是无法得知其是否安全完整到达的。UDP 用来支持那些需要在计算机之间传输数据的网络应用，包括网络视频会议系统在内的众多的客户/服务器模式的网络应用都需要使用 UDP 协议。UDP 协议从问世至今已经被使用了很多年，虽然其最初的光彩已经被一些类似协议所掩盖，但是即使是在今天 UDP 仍然不失为一项非常实用和可行的网络传输层协议。

与所熟知的 TCP 协议一样，UDP 协议直接位于 IP 协议的顶层。根据 OSI 参考模型，UDP 和 TCP 都属于传输层协议。UDP 协议的主要作用是将网络数据流量压缩成数据包的形式。一个典型的数据包就是一个二进制数据的传输单位。每一个数据包的前 8 字节用来包含报头信息，剩余字节则用来包含具体的传输数据。

UDP 只在 IP 的数据报服务之上增加了很少一点的功能，即端口的功能和差错检测的功能。虽然 UDP 用户数据报只能提供不可靠的交付，但 UDP 在某些方面有其特殊的优点。

UDP 的主要特点：

① UDP 是无连接的，即发送数据之前不需要建立连接。

② UDP 使用尽最大努力交付，即不保证可靠交付，同时也不使用拥塞控制。

③ UDP 是面向报文的。UDP 没有拥塞控制，很适合多媒体通信的要求。

④ UDP 支持一对一、一对多、多对一和多对多的交互通信。

⑤ UDP 的首部开销小，只有 8 字节。

UDP 是面向报文的一个协议，如图 1-5-3 所示，即：

① 发送方 UDP 对应用程序交下来的报文，在添加首部后就向下交付 IP 层。

② UDP 对应用层交下来的报文，既不合并，也不拆分，而是保留这些报文的边界。

③ 应用层交给 UDP 多长的报文，UDP 就照样发送，即一次发送一个报文。

④ 接收方 UDP 对 IP 层交上来的 UDP 用户数据报，在去除首部后就原封不动地交付上层的应用进程，一次交付一个完整的报文。

⑤ 应用程序必须选择合适大小的报文。

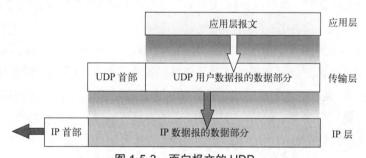

图 1-5-3　面向报文的 UDP

5.2.2　UDP 报文结构

UDP 的首部格式如图 1-5-4 所示。UDP 与 TCP 类似，也有不同端口，UDP 基于端口的分用，如图 1-5-5 所示。

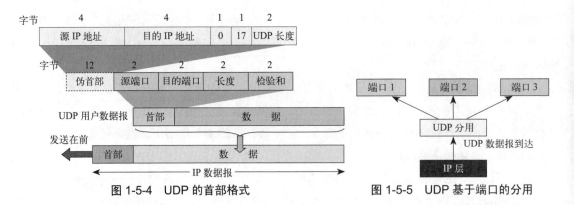

图 1-5-4 UDP 的首部格式   图 1-5-5 UDP 基于端口的分用

用户数据报 UDP 有两个字段：数据字段和首部字段。首部字段有 8 字节，由 4 个字段组成，每个字段都是 2 字节。

在计算检验和时，临时把"伪首部"和 UDP 用户数据报连接在一起。伪首部仅仅是为了计算检验和。

5.3   传输控制协议

5.3.1 传输控制协议概述

传输控制协议（Transmission Control Protocol，TCP）是一种面向连接的、可靠的、基于字节流的传输层通信协议，由 IETF 的 RFC 793 定义。在简化的计算机网络 OSI 模型中，它完成第四层传输层所指定的功能，用户数据报协议（UDP）是同一层内另一个重要的传输协议。在因特网协议族（Internet Protocol Suite）中，TCP 层是位于 IP 层之上，应用层之下的中间层。不同主机的应用层之间经常需要可靠的、像管道一样的连接，但是 IP 层不提供这样的流机制，而是提供不可靠的包交换。

应用层向 TCP 层发送用于网间传输的、用 8 位字节表示的数据流，然后 TCP 把数据流分区成适当长度的报文段（通常受该计算机连接的网络的数据链路层的最大传输单元的限制）。之后 TCP 把结果包传给 IP 层，由它来通过网络将包传送给接收端实体的 TCP 层。TCP 为了保证不发生丢包，就给每个包一个序号，同时序号也保证了传送到接收端实体的包的按序接收。然后接收端实体对已成功收到的包发回一个相应的确认（ACK）；如果发送端实体在合理的往返时延（RTT）内未收到确认，那么对应的数据包就被假设为已丢失，将会被进行重传。TCP 用一个校验和函数来检验数据是否有错误，在发送和接收时都要计算校验和。

1. TCP 的特点

① TCP 是面向连接的传输层协议。

② 每一条 TCP 连接只能有两个端点（Endpoint），每一条 TCP 连接只能是点对点的（一对一）。

③ TCP 提供可靠交付的服务。

④ TCP 提供全双工通信。

TCP 面向字节流，如图 1-5-6 所示。

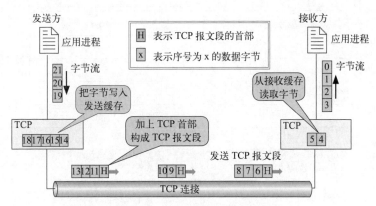

图 1-5-6　TCP 面向流的概念

2. 应当注意的几个问题

① TCP 连接是一条虚连接而不是一条真正的物理连接。

② TCP 对应用进程一次把多长的报文发送到 TCP 的缓存中是不关心的。

③ TCP 根据对方给出的窗口值和当前网络拥塞的程度来决定一个报文段应包含多少个字节（UDP 发送的报文长度是应用进程给出的）。

④ TCP 可把太长的数据块划分短一些再传送。TCP 也可等待积累有足够多的字节后再构成报文段发送出去。

⑤ TCP 把连接作为最基本的抽象。

⑥ 每一条 TCP 连接有两个端点。

⑦ TCP 连接的端点不是主机，不是主机的 IP 地址，不是应用进程，也不是传输层的协议端口。每一条 TCP 连接唯一地被通信两端的两个端点（即两个套接字）所确定。即：

$$\text{TCP 连接}::=\{socket1, socket2\}$$
$$=\{IP1: port1\}, \{IP2: port2\}$$

⑧ TCP 连接的端点叫作套接字（socket）或插口。

$$\text{套接字 socket (IP 地址 : 端口号)}$$

⑨ 端口号拼接 IP 地址即构成了套接字。

⑩ TCP 和 UDP 中端口的性质是一样的，只是使用的时机不一样。

5.3.2　TCP 报文结构

TCP 报文的首部格式，如图 1-5-7 所示。

① 源端口和目的端口字段，各占 2 字节。端口是传输层与应用层的服务接口。传输层的复用和分用功能都要通过端口才能实现。

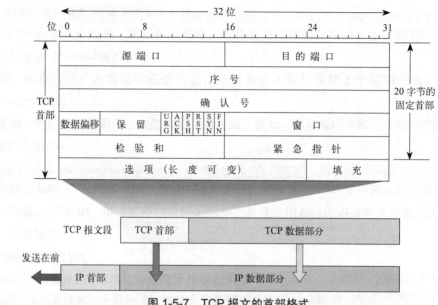

图 1-5-7　TCP 报文的首部格式

② 序号字段，占 4 字节。TCP 连接中传送的数据流中的每一个字节都编上一个序号。序号字段的值则指的是本报文段所发送的数据的第一个字节的序号。

③ 确认号字段，占 4 字节，是期望收到对方的下一个报文段的数据的第一个字节的序号。

④ 数据偏移（即首部长度），占 4 位，它指出 TCP 报文段的数据起始处距离 TCP 报文段的起始处有多远。"数据偏移"的单位是 32 位字（以 4 字节为计算单位）。

⑤ 保留字段，占 6 位，保留为今后使用，但目前应置为 0。

⑥ 紧急 URG，当 URG=1 时，表明紧急指针字段有效。它告诉系统此报文段中有紧急数据，应尽快传送（相当于高优先级的数据）。

⑦ 确认 ACK，只有当 ACK=1 时确认号字段才有效。当 ACK = 0 时，确认号无效。

⑧ 推送 PSH (PuSH)，接收 TCP 收到 PSH = 1 的报文段，就尽快地交付接收应用进程，而不再等到整个缓存都填满了后再向上交付。

⑨ 复位 RST (ReSeT)，当 RST=1 时，表明 TCP 连接中出现严重差错（如由于主机崩溃或其他原因），必须释放连接，然后再重新建立运输连接。

⑩ 同步 SYN，同步 SYN=1 表示这是一个连接请求或连接接受报文。

⑪ 终止 FIN (FINis)，用来释放一个连接。FIN = 1 表明此报文段的发送端的数据已发送完毕，并要求释放运输连接。

⑫ 检验和，占 2 字节。检验和字段检验的范围包括首部和数据这两部分。在计算检验和时，要在 TCP 报文段的前面加上 12 字节的伪首部。

⑬ 紧急指针字段，占 16 位，指出在本报文段中紧急数据共有多少个字节（紧急数据放在本报文段数据的最前面）。

⑭ 选项字段，长度可变。TCP 最初只规定了一种选项，即最大报文段长度 MSS。MSS 告诉对方 TCP："我的缓存所能接收的报文段的数据字段的最大长度是 MSS 个字节。"

⑮ 填充字段，这是为了使整个首部长度是 4 字节的整数倍。

5.3.3 TCP 的可靠传输

1. 停止等待协议

停止等待协议是实现可靠传输的一种机制，如图 1-5-8 所示。

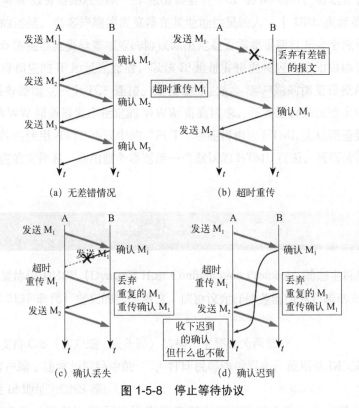

图 1-5-8 停止等待协议

请注意：

① 在发送完一个分组后，必须暂时保留已发送的分组的副本。

② 分组和确认分组都必须进行编号。

③ 超时计时器的重传时间应当比数据在分组传输的平均往返时间更长一些。

使用上述的确认和重传机制，我们就可以在不可靠的传输网络上实现可靠的通信。这种可靠传输协议常称为自动重传请求（Automatic Repeat reQuest，ARQ）。ARQ 表明重传的请求是自动进行的。接收方不需要请求发送方重传某个出错的分组。

停止等待协议的优点是简单，但缺点是信道利用率太低，如图 1-5-9 所示。

图 1-5-9 信道利用率

信道的利用率 U 可用下式计算：

$$U = \frac{T_D}{T_D + \mathrm{RTT} + T_A}$$

2. 流水线传输

发送方可连续发送多个分组，不必每发完一个分组就停顿下来等待对方的确认。由于信道上一直有数据不间断地传送，这种传输方式可获得很高的信道利用率，如图 1-5-10 所示。

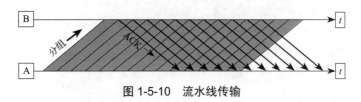

图 1-5-10　流水线传输

连续 ARQ 协议，一般采用累积确认的方式来进行传输，如图 1-5-11 所示。

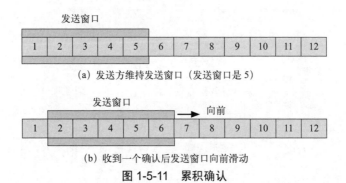

（a）发送方维持发送窗口（发送窗口是 5）

（b）收到一个确认后发送窗口向前滑动

图 1-5-11　累积确认

接收方一般采用累积确认的方式。即不必对收到的分组逐个发送确认，而是对按序到达的最后一个分组发送确认，这样就表示：到这个分组为止的所有分组都已正确收到了。

累积确认有的优点是：容易实现，即使确认丢失也不必重传。缺点是：不能向发送方反映出接收方已经正确收到的所有分组的信息。

如果发送方发送了前 5 个分组，而中间的第 3 个分组丢失了。这时接收方只能对前两个分组发出确认。发送方无法知道后面三个分组的下落，而只好把后面的三个分组都再重传一次，这就叫作 Go-back-N（回退 N），表示需要再退回来重传已发送过的 N 个分组。可见当通信线路质量不好时，连续 ARQ 协议会带来负面的影响。

3. TCP 可靠通信的具体实现

① TCP 连接的每一端都必须设有两个窗口——一个发送窗口和一个接收窗口。

② TCP 的可靠传输机制用字节的序号进行控制。TCP 所有的确认都是基于序号而不是基于报文段。

③ TCP 两端的四个窗口经常处于动态变化之中。

④ TCP 连接的往返时间 RTT 也不是固定不变的。需要使用特定的算法估算较为合理的重传时间。

以字节为单位的滑动窗口，其可靠传输过程如图 1-5-12 ～图 1-5-15 所示。

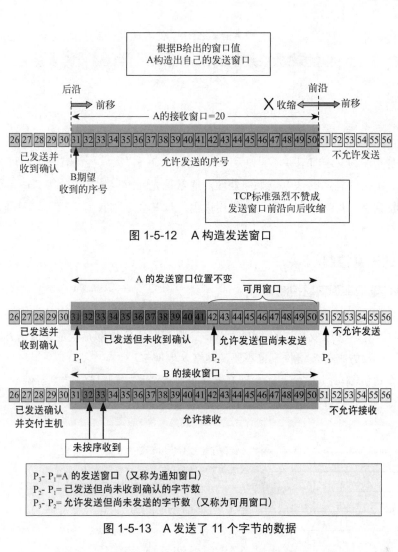

图 1-5-12　A 构造发送窗口

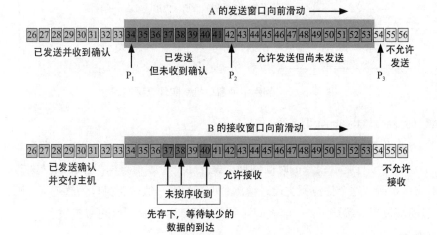

图 1-5-14　A 收到新的确认号，发送窗口向前滑动

A的发送窗口已满，有效窗口为零

26 27 28 29 30 31 32 33 34 35 36 37 38 39 40 41 42 43 44 45 46 47 48 49 50 51 52 53 54 55 56

已发送并收到确认　　　　　　　　　　　已发送但未收到确认　　　　　　　不允许
发送

P₁　　　　　　　　　　　　　　　　　　　P₂
　　　　　　　　　　　　　　　　　　　　P₃

图 1-5-15　A 的发送窗口内的序号都已用完，必须停止发送

要注意的是：A 的发送窗口并不总是和 B 的接收窗口一样大（因为有一定的时间滞后）。TCP 标准没有规定对不按序到达的数据应如何处理。通常是先临时存放在接收窗口中，等到字节流中所缺少的字节收到后，再按序交付上层的应用进程。TCP 要求接收方必须有累积确认的功能，这样可以减小传输开销。

5.3.4　TCP 的流量控制

1. 利用滑动窗口实现流量控制

一般说来，我们总是希望数据传输得更快一些。但如果发送方把数据发送得过快，接收方就可能来不及接收，这就会造成数据的丢失。流量控制（Flow Control）就是让发送方的发送速率不要太快，既要让接收方来得及接收，也不要使网络发生拥塞。

利用滑动窗口机制可以很方便地在 TCP 连接上实现流量控制。流量控制举例如图 1-5-16 所示。A 向 B 发送数据。在连接建立时，B 告诉 A："我的接收窗口 rwnd = 400（字节）"。

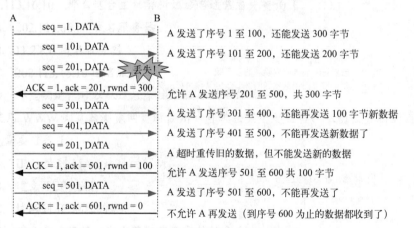

图 1-5-16　利用滑动窗口机制实现流量控制

2. 持续计时器（Persistence Timer）

TCP 为每一个连接设有一个持续计时器。只要 TCP 连接的一方收到对方的零窗口通知，就启动持续计时器。若持续计时器设置的时间到期，就发送一个零窗口探测报文段（仅携带 1 字节的数据），而对方就在确认这个探测报文段时给出了现在的窗口值。若窗口仍然是零，则收到这个报文段的一方就重新设置持续计时器。若窗口不是零，则死锁的僵局就可以打破了。

3. 传输效率

可以用不同的机制来控制 TCP 报文段的发送时机：

第一种机制是 TCP 维持一个变量，它等于最大报文段长度 MSS。只要缓存中存放的数据达到 MSS 字节时，就组装成一个 TCP 报文段发送出去。

第二种机制是由发送方的应用进程指明要求发送报文段，即 TCP 支持的推送（push）操作。

第三种机制是发送方的一个计时器期限到了，这时就把当前已有的缓存数据装入报文段（但长度不能超过 MSS）发送出去。

5.3.5 TCP 的拥塞控制

1. 拥塞控制的一般原理

① 拥塞（Congestion）：在某段时间，若对网络中某资源的需求超过了该资源所能提供的可用部分，网络的性能就要变坏，我们把这一状态称为拥塞。

② 出现资源拥塞的条件：对资源需求的总和 > 可用资源。

③ 若网络中有许多资源同时产生拥塞，网络的性能就要明显变坏，整个网络的吞吐量将随输入负荷的增大而下降。

2. 拥塞控制与流量控制的关系

拥塞控制所要做的都有一个前提，就是网络能够承受现有的网络负荷。拥塞控制是一个全局性的过程，涉及所有的主机、所有的路由器，以及与降低网络传输性能有关的所有因素。

流量控制往往指在给定的发送端和接收端之间的点对点通信量的控制。流量控制所要做的就是抑制发送端发送数据的速率，以便使接收端来得及接收。

3. 拥塞控制所起的作用

当到达通信子网中某一部分的分组数量过多，使得该部分网络来不及处理，以致引起这部分乃至整个网络性能下降的现象，严重时甚至会导致网络通信业务陷入停顿，即出现死锁现象。这种现象跟公路网中经常所见的交通拥挤一样，当节假日公路网中车辆大量增加时，各种走向的车流相互干扰，使每辆车到达目的地的时间都相对增加（即延迟增加），甚至有时在某段公路上车辆因堵塞而无法开动（即发生局部死锁）。通过拥塞控制，可以减少、避免这些现象的发生，拥塞控制所起的作用如图 1-5-17 所示。

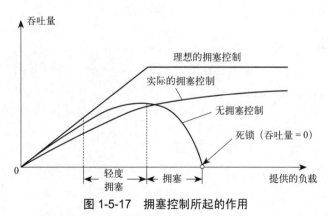

图 1-5-17 拥塞控制所起的作用

4. 拥塞控制的一般原理

拥塞控制是很难设计的，因为它是一个动态的（而不是静态的）问题。

当前网络正朝着高速化的方向发展，这很容易出现缓存不够大而造成分组的丢失，但分组的丢失是网络发生拥塞的征兆而不是原因。

在许多情况下，甚至正是拥塞控制本身成为引起网络性能恶化甚至发生死锁的原因。这点应特别引起重视。

5. 开环控制和闭环控制

开环控制方法就是在设计网络时事先将有关发生拥塞的因素考虑周到，力求网络在工作时不产生拥塞。

闭环控制是基于反馈环路的概念。属于闭环控制的有以下几种措施：

① 监测网络系统以便检测到拥塞在何时、何处发生。

② 将拥塞发生的信息传送到可采取行动的地方。

③ 调整网络系统的运行以解决出现的问题。

6. 几种拥塞控制方法

（1）慢开始和拥塞避免

发送方维持一个叫作拥塞窗口 cwnd 的状态变量。拥塞窗口的大小取决于网络的拥塞程度，并且动态地在变化。发送方让自己的发送窗口等于拥塞窗口。如再考虑到接收方的接收能力，则发送窗口还可能小于拥塞窗口。

① 发送方控制拥塞窗口的原则是：只要网络没有出现拥塞，拥塞窗口就再增大一些，以便把更多的分组发送出去。但只要网络出现拥塞,拥塞窗口就减小一些,以减少注入到网络中的分组数。

② 慢开始算法的原理：在主机刚刚开始发送报文段时可先设置拥塞窗口 cwnd = 1，即设置为一个最大报文段 MSS 的数值。在每收到一个对新的报文段的确认后，将拥塞窗口加 1，即增加一个 MSS 的数值。用这样的方法逐步增大发送端的拥塞窗口 cwnd，可以使分组注入到网络的速率更加合理。发送方每收到一个对新报文段的确认（重传的不算在内）就使 cwnd 加 1，如图 1-5-18 所示。

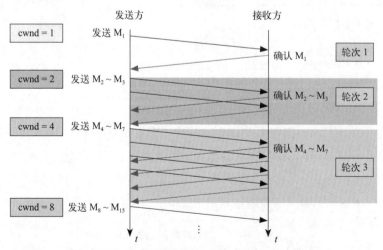

图 1-5-18 发送方每收到一个确认就使 cwnd 加 1

（2）传输轮次（Transmission Round）

使用慢开始算法后，每经过一个传输轮次，拥塞窗口 cwnd 就加倍。一个传输轮次所经历的时间其实就是往返时间 RTT。

"传输轮次"更加强调：把拥塞窗口 cwnd 所允许发送的报文段都连续发送出去，并收到了对已发送的最后一个字节的确认。

例如，拥塞窗口 cwnd = 4，这时的往返时间 RTT 就是发送方连续发送 4 个报文段，并收到这 4 个报文段的确认，总共经历的时间。

（3）设置慢开始门限状态变量 ssthresh

慢开始门限 ssthresh 的用法如下：

当 cwnd < ssthresh 时，使用慢开始算法。

当 cwnd > ssthresh 时，停止使用慢开始算法而改用拥塞避免算法。

当 cwnd = ssthresh 时，既可使用慢开始算法，也可使用拥塞避免算法。

拥塞避免算法的思路是让拥塞窗口 cwnd 缓慢地增大，即每经过一个往返时间 RTT 就把发送方的拥塞窗口 cwnd 加 1，而不是加倍，使拥塞窗口 cwnd 按线性规律缓慢增长。

当网络出现拥塞时，无论在慢开始阶段还是在拥塞避免阶段，只要发送方判断（其根据就是没有按时收到确认）网络出现拥塞，就要把慢开始门限 ssthresh 设置为出现拥塞时的发送方窗口值的一半（但不能小于 2）。然后把拥塞窗口 cwnd 重新设置为 1，执行慢开始算法。这样做的目的就是要迅速减少主机发送到网络中的分组数，使得发生拥塞的路由器有足够时间把队列中积压的分组处理完毕。

慢开始和拥塞避免算法的实现举例，如图 1-5-19 所示。

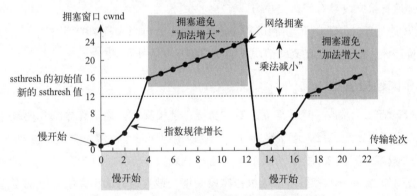

图 1-5-19 慢开始和拥塞避免算法的实现举例

① 当 TCP 连接进行初始化时，将拥塞窗口置为 1。图中的窗口单位不使用字节而使用报文段。慢开始门限的初始值设置为 16 个报文段，即 ssthresh = 16。

② 发送端的发送窗口不能超过拥塞窗口 cwnd 和接收端窗口 rwnd 中的最小值。我们假定接收端窗口足够大，因此现在发送窗口的数值等于拥塞窗口的数值。

③ 在执行慢开始算法时，拥塞窗口 cwnd 的初始值为 1，发送第一个报文段 M0。

④ 发送端每收到一个确认，就把 cwnd 加 1。于是发送端可以接着发送 M1 和 M2 两个报文段。

⑤ 接收端共发回两个确认。发送端每收到一个对新报文段的确认，就把发送端的 cwnd 加 1。现在 cwnd 从 2 增大到 4，并可接着发送后面的 4 个报文段。

⑥ 发送端每收到一个对新报文段的确认，就把发送端的拥塞窗口加 1，因此拥塞窗口 cwnd 随着传输轮次按指数规律增长。

⑦ 当拥塞窗口 cwnd 增长到慢开始门限值 ssthresh 时（即当 cwnd = 16 时），就改为执行拥塞避免算法，拥塞窗口按线性规律增长。

⑧ 假定拥塞窗口的数值增长到 24 时，网络出现超时，表明网络拥塞了。

⑨ 更新后的 ssthresh 值变为 12（即发送窗口数值 24 的一半），拥塞窗口再重新设置为 1，并执行慢开始算法。

⑩ 当 cwnd = 12 时改为执行拥塞避免算法，拥塞窗口按按线性规律增长，每经过一个往返时延就增加一个 MSS 的大小。

乘法减小（Multiplicative Decrease）是指不论在慢开始阶段还是拥塞避免阶段，只要出现一次超时（即出现一次网络拥塞），就把慢开始门限值 ssthresh 设置为当前的拥塞窗口值乘以 0.5。当网络频繁出现拥塞时，ssthresh 值就下降得很快，以大大减少注入网络中的分组数。

加法增大（Additive Increase）是指执行拥塞避免算法后，在收到对所有报文段的确认后（即经过一个往返时间），就把拥塞窗口 cwnd 增加一个 MSS 大小，使拥塞窗口缓慢增大，以防止网络过早出现拥塞。

"拥塞避免"并非指完全能够避免了拥塞。利用以上的措施要完全避免网络拥塞还是不可能的。"拥塞避免"是说在拥塞避免阶段把拥塞窗口控制为按线性规律增长，使网络比较不容易出现拥塞。

快重传算法首先要求接收方每收到一个失序的报文段后就立即发出重复确认。这样做可以让发送方及早知道有报文段没有到达接收方。

发送方只要一连收到三个重复确认就应当立即重传对方尚未收到的报文段。不难看出，快重传并非取消重传计时器，而是在某些情况下可更早地重传丢失的报文段。

5.3.6 TCP 的连接管理

运输连接就有三个阶段：连接建立、数据传送、连接释放。运输连接的管理就是使运输连接的建立和释放都能正常地进行。连接建立过程中要解决以下三个问题：

① 要使每一方能够确知对方的存在。

② 要允许双方协商一些参数（如最大报文段长度，最大窗口大小，服务质量等）。

③ 能够对运输实体资源（如缓存大小，连接表中的项目等）进行分配。

TCP 连接的建立都是采用客户服务器方式。主动发起连接建立的应用进程叫作客户（Client）。被动等待连接建立的应用进程叫作服务器（Server）。用三次握手建立 TCP 连接的各状态，如图 1-5-20 所示

A 的 TCP 向 B 发出连接请求报文段，其首部中的同步位 SYN = 1，并选择序号 seq = x，表明传送数据时的第一个数据字节的序号是 x。

B 的 TCP 收到连接请求报文段后，如同意，则发回确认。B 在确认报文段中应使 SYN = 1，使 ACK = 1，其确认号 ack = x+1，自己选择的序号 seq = y。

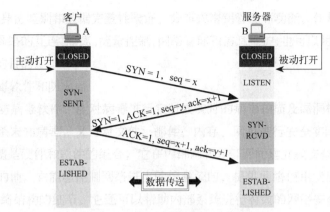

图 1-5-20 用三次握手建立 TCP 连接

A 收到此报文段后向 B 给出确认,其 ACK = 1,确认号 ack = y+1。A 的 TCP 通知上层应用进程,连接已经建立。

B 的 TCP 收到主机 A 的确认后,也通知其上层应用进程:TCP 连接已经建立。TCP 的连接释放,具体过程如图 1-5-21 ～ 图 1-5-26 所示。

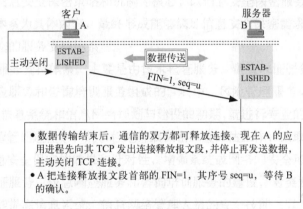

图 1-5-21 A 向 B 发出连接释放

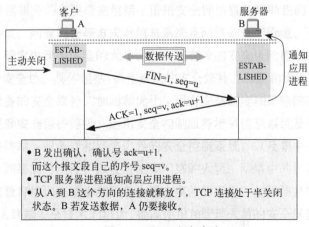

图 1-5-22 B 发出确认

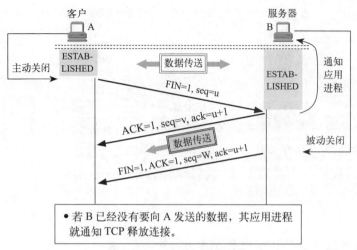

● 若 B 已经没有要向 A 发送的数据，其应用进程
就通知 TCP 释放连接。

图 1-5-23　B 通知释放连接

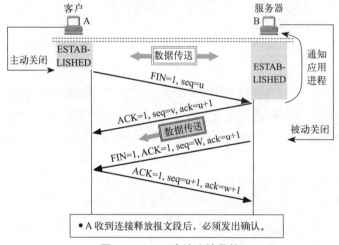

● A 收到连接释放报文段后，必须发出确认。

图 1-5-24　A 确认连接释放

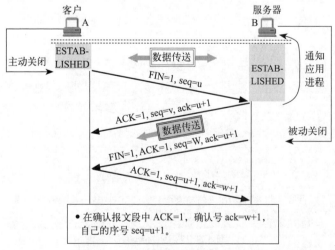

● 在确认报文段中 ACK=1，确认号 ack=w+1，
自己的序号 seq=u+1。

图 1-5-25　A 确认

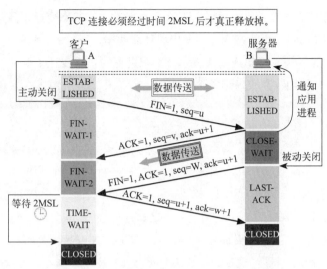

图 1-5-26　等待 2MSL 时间后，真正释放连接

A 必须等待 2MSL 的时间：

第一，为了保证 A 发送的最后一个 ACK 报文段能够到达 B。

第二，防止"已失效的连接请求报文段"出现在本连接中。A 在发送完最后一个 ACK 报文段后，再经过时间 2MSL（Maximum Segment Lifetime），就可以使本连接持续的时间内所产生的所有报文段，都从网络中消失。这样就可以使下一个新的连接中不会出现这种旧的连接请求报文段。

图 1-5-27 中每一个方框都是 TCP 可能具有的状态。每个方框中的大写英文字符串是 TCP 标

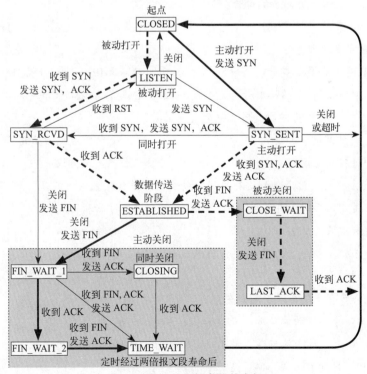

图 1-5-27　TCP 的有限状态机

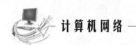

准所使用的 TCP 连接状态名。状态之间的箭头表示可能发生的状态变迁。箭头旁边的字，表明引起这种变迁的原因，或表明发生状态变迁后又出现什么动作。

图中有三种不同的箭头：粗实线箭头表示对客户进程的正常变迁；粗虚线箭头表示对服务器进程的正常变迁；另一种细线箭头表示异常变迁。

习 题

单项选择题

1. 传输层协议提供了在（　　）之间的一个逻辑通信。

    A. 应用程序进程　　B. 主机　　 C. 路由器　　 D. 端系统

2. 传输层协议运行在（　　）上。

    A. 服务器　　 B. 客户机　　 C. 路由器　　 D. 端系统

3. 在传输层，发送端应用程序将消息分解成（　　）传输给网络层。

    A. 帧　　 B. 数据段　　 C. 数据报　　 D. 比特流

4. 传输层提供的服务包括（　　）。

    A. HTTP 和 FTP　　B. TCP 和 IP　　C. TCP 和 UDP　　D. SMTP

5. 端口号的范围为（　　）。

    A. 0 ～ 1023　　B. 0 ～ 65535　　C. 0 ～ 127　　 D. 0 ～ 255

6. 端口号（　　）称为知名端口号。

    A. 0 ～ 1023　　B. 0 ～ 65535　　C. 0 ～ 127　　 D. 0 ～ 255

7. UDP 套接字由两部分组成，它们是（　　）。

    A. 源 IP 地址和源端口号　　 B. 源 IP 地址和目的 IP 地址

    C. 目的 IP 地址和目的端口号　　D. 目的端口号和源端口号

8. 下面哪个关于 TCP 的描述是不正确的（　　）？

    A. 它是一种无连接的协议　　 B. 全双工数据传输协议

    C. 面向连接的协议　　 D. 流控制协议

9. 将主机到主机的交付延伸到进程到进程的交付叫作传输层（　　）。

    A. 多路复用和多路分用　　 B. 存储和转发

    C. 转发和过滤　　 D. 转换和路由

10. UDP 是一种（　　）的服务，而 TCP 是一种面向连接的服务。

    A. 无连接　　 B. 可靠　　 C. 面向连接　　D. 按序

11. UDP 报头只有 4 个字段，它们是（　　）。

    A. 源端口号、目的端口号、长度和校验和

    B. 源端口号、目的端口号、源 IP 地址和目的 IP 地址

    C. 源 IP、目的 IP、源 MAC 地址和目的 MAC 地址

    D. 源 IP、目的 IP、序列号和 ACK 序号

12. 在以下应用程序中，（　　）使用 UDP。

　　A. 电子邮件　　　B. Web 应用程序　　　C. 文件传输　　　D. DNS

13. TCP 服务不提供（　　）。

　　A. 可靠的数据传输　B. 流量控制　　　　C. 延迟保证　　　　D. 拥塞控制

14. 传输层协议提供了（　　）之间的通信，网络层协议提供了（　　）之间的通信。

　　A. 主机，进程　　　B. 进程，主机　　　C. 线程，进程　　　D. 进程，线程

15. 如果应用程序开发人员选择（　　）协议，则应用程序的进程几乎是直接与 IP 进行会话。

　　A. HTTP　　　　　B. RIP　　　　　　C. CSMA/CD　　　　D. UDP

16. 传输层的接收方将报文段重装成对应的消息，传给（　　）。

　　A. 应用层　　　　　B. 网络层　　　　　C. 物理层　　　　　D. MAC 层

17. HTTP 所使用的端口号是（　　）。

　　A. 80　　　　　　　B. 25　　　　　　　C. 110　　　　　　　D. 53

18. SMTP 使用的端口号是（　　）。

　　A. 80　　　　　　　B. 25　　　　　　　C. 110　　　　　　　D. 53

19. POP3 所使用的端口号是（　　）。

　　A. 80　　　　　　　B. 25　　　　　　　C. 110　　　　　　　D. 53

20. DNS 所使用的端口号是（　　）。

　　A. 80　　　　　　　B. 25　　　　　　　C. 110　　　　　　　D. 53

21. FTP 所使用的端口号是（　　）。

　　A. 20 和 21　　　　B. 20　　　　　　　C. 21　　　　　　　D. 53

22. 传输控制协议运行在（　　）。

　　A. 服务器端　　　　B. 客户端　　　　　C. 路由器上　　　　D. 端系统上

23. TCP 套接字是（　　）元组。

　　A. 2　　　　　　　　B. 4　　　　　　　C. 1　　　　　　　　D. 3

24. （　　）服务不是由 TCP 提供的。

　　A. 延迟和带宽保证　　　　　　　　　　B. 可靠的数据传输和流量控制

　　C. 拥塞控制　　　　　　　　　　　　　D. 顺序数据传输

25. 下列描述中，关于 UDP 不正确的是（　　）。

　　A. 这是一个可靠的数据传输协议　　　　B. 这是无连接

　　C. UDP 发送方、接收方之间没有握手　　D. 这是一个尽力而为的服务协议

26. DNS 使用（　　）服务。

　　A. TCP　　　　　　B. UDP　　　　　　C. TCP 和 UDP　　　D. 都不是

27. 下列关于 UDP 的描述，正确的是（　　）。

　　A. 为发送什么数据、何时发送数据提供更好的应用程控制

　　B. 不需要建立一个连接（会增加加延迟），所以没有连接延迟

　　C. 没有连接状态（UDP 可以通常支持许多活跃客户）

　　D. 更大的数据包头开销（16B）

28. 通常情况下，流媒体使用（　　　）服务。

    A. TCP　　　　　　　B. UDP　　　　　　　C. TCP 和 UDP　　　D. 都不是

29. 下列关于传输层和网络层之间关系描述，不正确的是（　　　）。

    A. 传输层协议提供了主机之间逻辑通信

    B. 传输层协议提供了进程之间的逻辑通信

    C. 传输层协议可以提供的服务往往受到的服务模型的网络层协议的限制

    D. 计算机网络可能提供多个传输协议

第6章
应 用 层

第6章

 本章导读

在五层体系模型中，应用层位于最高层。应用层协议是网络和用户之间的接口，即网络用户是通过不同的应用协议来使用网络的。应用层协议向用户提供各种实际的网络应用服务，使得上网者更方便地使用网络上的资源。随着网络技术的不断发展，应用层服务的功能也在不断地改进与增加。本章在介绍应用层的概念后，主要介绍了在网络上广泛使用的几个应用层协议：域名系统、文件传输协议 FTP、远程登录协议 Telnet、电子邮件协议 SMTP 和 POP3 及 IMAP4、超文本传输协议 HTTP、动态主机配置协议 DHCP 等。

通过对本章内容的学习，应做到：

◎ 了解：应用层的基本概念和远程登录协议 Telnet。

◎ 熟悉：域名系统、电子邮件协议 SMTP 和 POP3 及 IMAP4。

◎ 掌握：文件传输协议 FTP、超文本传输协议 HTTP 和动态主机配置协议 DHCP。

6.1 应用层的基本概念

应用层也称为应用实体，它处在网络体系结构的最高层。TCP/IP 体系结构中的应用层相当于 OSI 模型中的会话层、表示层和应用层的组合，是用户应用程序与网络的接口。应用进程通过应用层协议为用户提供最终服务。所谓应用进程是指在为用户解决某一类应用问题时在网络环境中相互通信的进程。应用层协议是规定应用进程在通信时所遵循的规则。

应用层的许多协议都是基于客户/服务器方式。客户和服务器都是指通信中所涉及的两个应用进程。客户/服务器方式描述的是进程之间服务和被服务的关系，客户是服务请求方，服务器是服务提供方。

6.1.1 主要的应用层协议

在 TCP/IP 参考模型中，应用层是参考模型的最高层，它包含所有的高层协议，该层协议是直接为用户提供服务的。应用层协议目前主要有以下几种：

① 域名系统（Domain Name System, DNS）用于实现网络设备名字到 IP 地址映射的网络服务。

② 文件传输协议（File Transfer Protocol, FTP）用于实现交互文件传输功能。

③ 远程登录协议（Telnet）用于实现远程登录功能。

④ 简单邮件传输协议（Simple Mail Transfer Protocol，SMTP）用于实现电子邮件传输功能。

⑤ 超文本传输协议（Hypertext Transfer Protocol,HTTP）用于实现 WWW 服务。

⑥ 动态主机配置协议（Dynamic Host Configuration Protocol，DHCP）用于服务器向客户端动态分配 IP 地址和配置信息。

6.1.2　网络应用模式

网络应用模式的发展经过三个阶段：

第一阶段是以大型机为中心的集中式应用模式，特点是一切处理均依赖于主机，集中的数据、集中的应用软件、集中的管理。

第二阶段是以服务器为中心的计算模式，将 PC 联网，使用专用服务器或高档 PC 充当文件服务器及打印服务器，PC 可独立运行，在需要的时候可以从服务器共享资源。文件服务器既用作共享数据中枢，也作为共享外部设备的中枢。其缺点是：文件服务器模型不提供多用户要求的数据并发性；当许多工作站请求和传输很多文件时，网络很快就达到信息饱和状态并造成瓶颈。

第三阶段是客户机 / 服务器应用模式，基于网络的分布式应用，网络的主要作用是通信和资源共享，并且在分布式应用中用来支持应用进程的协同工作，完成共同应用任务。

客户机 / 服务器应用模式由客户机、服务器、中间件三部分组成。客户机的主要功能是执行用户一方的应用程序，提供 GUI 或 OOUI，供用户与数据进行交互。服务器的功能主要是执行共享资源的管理应用程序，主要承担连接和管理功能。中间件是支持客户机 / 服务器进行对话、实施分布式应用的各种软件的总称。它是 Client/Server 实施中难度最大也是最重要的环节，其作用是透明地连接客户机和服务器。

基于 Web 的客户机 / 服务器应用模式：基本思想是把目前常驻在 PC 机上的许多功能转移到网上，对用户而言可减轻负担，大大降低维护和升级等方面的费用。实现是基于 Web 的客户机 / 服务器模型可提供"多层次连接"的新的应用模式，即客户机可与相互配合的多个服务器组相连以支持各种应用服务，而不必关心这些服务器的物理位置在何处。本质是将整个全球网络提供的应用服务连接到一起，让用户所需的所有应用服务都集成在一个客户 / 网络环境之中。

把 Internet 技术运用到企业组织内部即成为 Intranet，其服务对象原则上以企业内部员工为主，以联系公司内部各部门、促进公司内部沟通、提高工作效率、增加企业竞争力为目的。

客户机 / 服务器应用模式涉及三项新技术：Web 信息服务、Java 语言、NC（用来访问网络资源的设备）。

6.2　域名系统

域名系统是互联网的一项服务，它作为将域名和 IP 地址相互映射的一个分布式数据库，能够使人更方便地访问互联网。DNS 使用 TCP 和 UDP 端口 53。当前，对于每一级域名长度的限制是63 个字符，域名总长度则不能超过 253 个字符。

域名系统是 Internet 上解决网上机器命名的一种系统，就像拜访朋友要先知道朋友家地址信息一样。当 Internet 上一台主机要访问另外一台主机时，就必须首先获知其地址，TCP/IP 中的 IP 地址是由四段以"."分开的数字组成，记起来不方便，所以，就采用了域名系统管理名字和 IP 地址的对应关系。

虽然因特网上的节点都可以用 IP 地址唯一标识，并且可以通过 IP 地址访问，但即使是将 32 位的二进制 IP 地址写成 4 个 0 ～ 255 的十进制数表示形式，也依然太长、太难记。因此，人们发明了域名（Domian Name），域名可将一个 IP 地址关联到一组有意义的字符上去。用户访问一个网站时，既可以输入该网站的 IP 地址，也可以输入其域名，对访问而言，两者是等价的。

一个公司的 Web 网站可看作是它在网上的门户，而域名就相当于其门牌地址，通常域名都使用该公司的名称或简称。如微软公司的域名是 www.microsoft.com，类似的还有：IBM 公司的域名是 www.ibm.com、Oracle 公司的域名是 www.oracle.com、Cisco 公司的域名是 www.cisco.com 等。当人们要访问一个公司的 Web 网站，又不知道其确切域名的时候，也总会首先输入其公司名称。但是，由一个公司的名称或简称构成的域名，也有可能会被其他公司或个人抢注。甚至还有一些公司或个人恶意抢注了大量由知名公司的名称构成的域名，然后再高价转卖给这些公司，以此牟利。已经有一些域名注册纠纷的仲裁措施，但要从源头上控制这类现象，还需要有一套完整的限制机制。尽早注册由自己名称构成的域名应当是任何一个公司或机构，特别是那些著名企业必须重视的事情。有的公司已经对由自己著名品牌构成的域名进行了保护性注册。

6.2.1 Internet 的域名结构

1. 名字空间的层次结构

名字空间是指定义了所有可能的名字的集合。域名系统的名字空间是层次结构的，类似 Windows 的文件名。它可看作是一个树状结构，域名系统不区分树内节点和叶子节点，而统称为节点，不同节点可以使用相同的标记。所有节点的标记只能由 3 类字符组成：26 个英文字母（a ～ z）、10 个阿拉伯数字（0 ～ 9）和英文连词号（-），不能使用空格及特殊字符（如！、$、&、？等）。在域名中，不区分英文字母的大小写。一个节点的域名是由从该节点到根的所有节点的标记连接组成的，中间以点分隔。最上层节点的域名称为顶级域名（Top-Level Domain，TLD），第二层节点的域名称为二级域名，依此类推。

域名层次结构一般含有 3 ～ 5 个字段。从左至右，级别不断增大（若自右至左，则是逐渐具体化），如图 1-6-1 所示。

在域名中，最右边的一段称为顶域名，或称一级域名，是最高级域名，它代表国家或地区代码及组织机构。

由于 Internet 起源于美国，所以一级域名在美国用于表示组织机构，美国之外的其他国家用于表示国家或地区。常用的一级域名如表 1-6-1 所示。

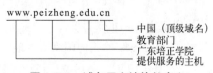

图 1-6-1　域名层次结构的含义

表 1-6-1　常用顶级域名一览表

域　名	含　义	域　名	含　义
com	商业部门	cn	中国
net	大型网络	fr	法国
gov	政府部门	uk	英国
edu	教育部门	au	澳大利亚
mil	军事部门	jp	日本
org	组织机构	ca	加拿大

在一级域名下，继续按机构性和地理性划分的域名，就成为二、三级域名。如北京大学的域名 www.pku.edu.cn 中的 .edu、上海热线域名 www.online.sh.cn 中的 .sh 等。

用域名树来表示互联网的域名系统是最清楚的。图 1-6-2 是互联网域名空间的结构，它实际上是一个倒过来的树，在最上面的是根，但没有对应的名字。根下面一级的节点就是最高一级的顶级域名（由于根没有名字，所以在根下面一级的域名就叫作顶级域名）。顶级域名可往下划分子域，即二级域名。再往下划分就是三级域名、四级域名等。

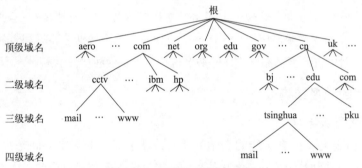

图 1-6-2　互联网的域名空间

2. 域名的分配和管理

域名由因特网域名与地址管理机构（Internet Corporation for Assigned Names and Numbers，ICANN）管理，这是为承担域名系统管理、IP 地址分配、协议参数配置，以及主服务器系统管理等职能而设立的非营利机构。ICANN 为不同的国家或地区设置了相应的顶级域名，这些域名通常都由两个英文字母组成。例如：.uk 代表英国、.fr 代表法国、.jp 代表日本。中国的顶级域名是 .cn，.cn 下的域名由 CNNIC 进行管理。

CNNIC 规定 .cn 域下不能申请二级域名，三级域名的长度不得超过 20 个字符，并且对名称还做了下列限制：

① 注册含有"CHINA""CHINESE""CN"和"NATIONAL"等字样的域名要经国家有关部门（指部级以上单位）正式批准。

② 公众知晓的其他国家或者地区名称、外国地名和国际组织名称不得使用。

③ 县级以上（含县级）行政区划名称的全称或者缩写的使用要得到相关县级以上（含县级）人民政府正式批准。

④ 行业名称或者商品的通用名称不得使用。

⑤ 他人已在中国注册过的企业名称或者商标名称不得使用。

⑥ 对国家、社会或者公共利益有损害的名称不得使用。

⑦ 经国家有关部门（指部级以上单位）正式批准和相关县级以上（含县级）人民政府正式批准，是指相关机构要出据书面文件表示同意 ×××× 单位注册 ××× 域名。如：要申请 beijing.com.cn 域名，则要提供北京市人民政府的批文。

3. 顶级类别域名

除了代表各个国家顶级域名之外，ICANN 最初还定义了 7 个顶级类别域名，它们分别是 .com、.top、.edu、.gov、.mil、.net、.org、.com、.top 用于企业，.edu 用于教育机构，.gov 用于政府机构，.mil 用于军事部门，.net 用于互联网络及信息中心等，.org 用于非营利性组织。

随着因特网的发展，ICANN 又增加了两大类共 7 个顶级类别域名，分别是 .aero、.biz、.coop、.info、.museum、.name、.pro。其中，.aero、.coop、.museum 是 3 个面向特定行业或群体的顶级域名：.aero 代表航空运输业，.coop 代表协作组织，.museum 代表博物馆；.biz、.info、.name、.pro 是 4 个面向通用的顶级域名：.biz 表示商务，.name 表示个人，.pro 表示会计师、律师、医师等，.info 则没有特定指向。

6.2.2 中文网址与中文域名

1. 中文网址

由于因特网发源于美国，因此域名也是由英文字母组成的，对于这种英文表示方式，中国人并不适应，而且它也很难融合。实际上，中国的企业或组织在网上登记的名称与其真实名称往往大相径庭。例如，大家都知道《解放日报》，但知道它的域名 www.jfdaily.com 的，恐怕不多。传统经济正同网络相融合，如果客户无法直接根据企业名称、品牌猜出其域名，那么企业原有的品牌优势就不能直接延伸到网上，这是大部分中国企业，甚至是进驻国内市场的外企都会碰到的一个尴尬问题。更尴尬的是，为了不被人恶意抢注、冒充，进而影响自身形象，一个企业可能要同时注册很多相近的域名，例如：www.jiefangribao.com、www.jiefangdaily.com、www.liberationdaily.com 等，这将是一笔很大的开销。

鉴于此，国内开始探索网络地址的中文化。1999 年，www.3721.com 在国内首先提出了中文网址的概念。使用中文网址，用户在访问时不必再记忆烦琐、冗长的英文域名，可以不需要再输入 www.、.com 等前后缀，中文的企业名称或产品名称就可以直接作为网址，大大拓展了品牌的影响力。例如，可以直接使用"人民日报""新华社""古墓丽影"等。www.3721.com 又进一步推出了网络实名，网络实名提供了中文网址、英文网址、拼音网址和数字网址 4 种访问方式。

使用中文网址需要安装一个客户端软件。运行该软件后，只要在浏览器地址栏输入中文、拼音字头，甚至股票代码，就能直接到达相应网页，无须去任何网站搜索。

2. 中文域名

2000 年年初，CNNIC 推出了中文域名注册试验系统。信息产业部于 2000 年 11 月发布了《关于互联网中文域名管理的通告》，通告对中文域名的注册体系进行了规范。2001 年 2 月，CNNIC 在其网站上宣布中文通用域名顶级服务器已经开始提供解析服务。

CNNIC 的中文域名将同时提供两种方案：一种是以 .cn 结尾的中文域名，另一种是纯中文域名，形如信息中心 . 网络、联想 . 公司，其中的点号也可以用中文的句号代替。整套系统同现有域名系统兼容，并且支持简繁体的完全互通解析。另外，中文域名注册后还可以支持中文电子邮件地址功能和中文虚拟主机等应用服务。

3. 中文网址与中文域名的比较

中文网址和中文域名都是为了解决中国人不适应因特网用英文方式表示而提出的解决方案。两者看上去很相似，但是本质上却有很大差别。首先，中文网址以域名为基础。举例来说，假如要乘出租车去中央电视台，你可以告诉司机它的门牌号，这相当于域名，你也可以直接告诉司机说"我要去电视台"，这就好比网址。但不可否认，门牌号是基础，而直接说的"电视台"算是一个别称。其次，在层次结构上，中文网址是一层平行结构，没有域和子域的概念区分；而中文域名则保持了域名的层次结构特性，一个大的机构可以为其各个部门建立中文域名体系，例如：某专业 . 某系 . 某大学 . 中国。最后，中文域名可以支持其他应用服务，例如 E-mail 等，而中文网址则适合于智能化的搜索。

6.2.3 域名服务器

把域名翻译成 IP 地址的软件称为域名系统，即 DNS。它是一种管理名字的方法。这种方法是分不同的组来负责各子系统的名字。系统中的每一层为一个域，每个域用一个点分开。所谓域名服务器实际上就是装有域名系统的主机。它是一种能够实现名字解析（Name Resolution）的分层结构数据库。

如果采用图 1-6-2 所示的树状结构，每个节点都采用一个域名服务器，这样会使得域名服务器的数量太多，使域名服务器系统的运行效率降低。所以在 DNS 中，采用划分区的方法来解决。

一个服务器所负责管辖（或有权限）的范围称为区（Zone）。各单位根据具体情况来划分自己管辖范围的区，但在一个区中的所有节点必须是能够连通的。每一个区设置相应的权限域名服务器，用来保存该区中的所有主机到域名 IP 地址的映射。总之，DNS 服务器的管辖范围不是以"域"为单位，而是以"区"为单位。区是 DNS 服务器实际管辖的范围。

图 1-6-3 是区的不同划分方法的举例。假定 abc 公司有下属部门 x 和 y，部门 x 下面又分三个分部门 u.v.w，而 y 下面还有下属部门 t。图（a）表示 abc 公司只设一个区 http://abc.com。这时，区 http://abc.com 和域 http://abc.com 指的是同一地址。但图（b）表示 abc 公司划分为两个区：http://abc.com 和 http://y.abc.com。这两个区都隶属于域 http://abc.com，都各设置了相应的权限域名服务器。不难看出，区是域的子集。

图 1-6-4 是以图 1-6-3（b）中 abc 公司划分的两个区为例，给出了 DNS 域名服务器树状结构图。这种 DNS 域名服务器树状结构图可以更准确地反映出 DNS 的分布式结构。每个域名服务器都能够进行部分域名的解析。当某个 DNS 服务器不能进行域名到 IP 地址的转换时，它就会设法找因特网上别的域名服务器进行解析。

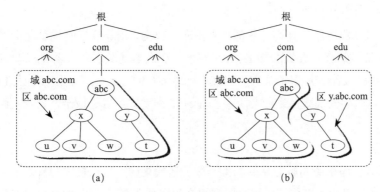

图 1-6-3　区的不同划分方法

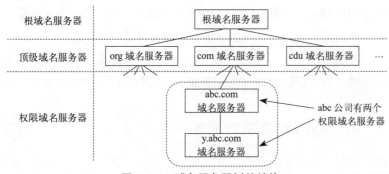

图 1-6-4　域名服务器树状结构

从图 1-6-4 可以看出，因特网上的 DNS 服务器也是按照层次安排的。每一个域名服务器只对域名体系中的一部分进行管辖。根据域名服务器所起的作用，可以把域名服务器划分为下面四种不同的类型。

① 根域名服务器：最高层次的域名服务器，也是最重要的域名服务器。所有的根域名服务器都知道所有的顶级域名服务器的域名和 IP 地址。不管是哪一个本地域名服务器，若要对因特网上任何一个域名进行解析，只要自己无法解析，就首先求助根域名服务器。所以根域名服务器是最重要的域名服务器。假定所有的根域名服务器都瘫痪了，那么整个 DNS 系统就无法工作。需要注意的是，在很多情况下，根域名服务器并不直接把待查询的域名直接解析出 IP 地址，而是告诉本地域名服务器下一步应当找哪一个顶级域名服务器进行查询。

② 顶级域名服务器：负责管理在该顶级域名服务器注册的二级域名。

③ 权限域名服务器：负责一个"区"的域名服务器。

④ 本地域名服务器：本地域名服务器是从用户角度出发设定的一种域名服务器，一般由本地 ISP 管理，距离用户不超过几个路由器，它对域名系统非常重要。当一个主机发出 DNS 查询请求时，这个查询请求报文就发送给本地域名服务器。

6.2.4　域名解析过程

在 Internet 上只知道某台机器的域名还是不够的，还要找到那台机器。寻找这台机器的任务由网上一种称为域名服务器的设备来完成，而完成这一任务的过程就称为域名解析。

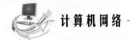

1. 递归查询

主机向本地域名服务器的查询一般都是采用递归查询。所谓递归查询就是：如果主机所询问的本地域名服务器不知道被查询的域名的 IP 地址，那么本地域名服务器就以 DNS 客户的身份，向根域名服务器继续发出查询请求报文（即替主机继续查询），而不是让主机自己进行下一步查询。因此，递归查询返回的查询结果或者是所要查询的 IP 地址，或者是报错，表示无法查询到所需的 IP 地址。

2. 迭代查询

本地域名服务器向根域名服务器的查询一般为迭代查询。迭代查询的特点：当根域名服务器收到本地域名服务器发出的查询请求报文时，要么给出所要查询的 IP 地址，要么告诉本地服务器"你下一步应当向哪一个域名服务器进行查询"。然后让本地服务器进行后续的查询。根域名服务器通常是把自己知道的顶级域名服务器的 IP 地址告诉本地域名服务器，让本地域名服务器再向顶级域名服务器查询。顶级域名服务器在收到本地域名服务器的查询请求后，要么给出所要查询的 IP 地址，要么告诉本地服务器下一步应当向哪一个权限域名服务器进行查询。经过权限域名服务器进行最后查询，知道了所要解析的 IP 地址或查询不到进行报错，然后把这个结果返回给发起查询的主机。

图 1-6-5 给出了递归查询和迭代查询两种查询的过程：

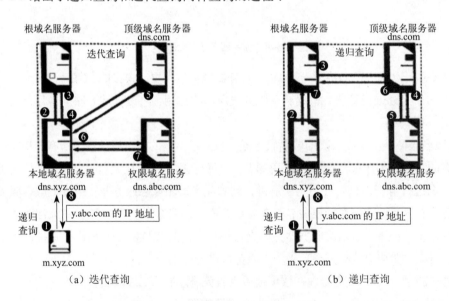

图 1-6-5　递归查询和迭代查询的过程

下面举一个例子演示整个查询过程：

假定域名为 m.xyz.com 的主机想知道另一个主机 y.abc.com 的 IP 地址。例如，主机 m.xyz.com 打算发送邮件给主机 y.abc.com。这时就必须知道主机 y.abc.com 的 IP 地址。下面是图 1-6-5(a) 的几个查询步骤：

① 主机 m.abc.com 先向本地域名服务器 dns.xyz.com 进行递归查询。

② 本地域名服务器采用迭代查询，它先向一个根域名服务器查询。

③ 根域名服务器告诉本地域名服务器，下一次应查询的顶级域名服务器 dns.com 的 IP 地址。

④ 本地域名服务器向顶级域名服务器 dns.com 进行查询。

⑤ 顶级域名服务器 dns.com 告诉本地域名服务器，下一步应查询的权限服务器 dns.abc.com 的 IP 地址。

⑥ 本地域名服务器向权限域名服务器 dns.abc.com 进行查询。

⑦ 权限域名服务器 dns.abc.com 告诉本地域名服务器，所查询的主机的 IP 地址。

⑧ 本地域名服务器最后把查询结果告诉主机 m.xyz.com。

整个查询过程共用到了 8 个 UDP 报文。本地域名服务器经过三次迭代查询后，从权限域名服务器 dns.abc.com 查询到了主机 y.abc.com 的 IP 地址，最后向查询主机 m.abc.com 返回查询结果。图 1-6-5 (b) 是本地域名域名服务器采用递归查询的过程，由于递归查询对根域名服务器的压力过大，现在一般不采用，而是使用迭代查询。

为了提高 DNS 查询效率，并减轻根域名服务器的负荷和减少因特网上的 DNS 查询报文数量，在域名服务器中广泛使用了高速缓存，用来存放最近查询过的域名以及从何处获得域名映射信息的记录。

例如，在上面的查询过程中，如果在 m.xyz.com 的主机上不久前已经有用户查询过主机 y.abc.com 的 IP 地址，那么本地域名服务器就不必向根域名服务器重新查询主机 y.abc.com 的 IP 地址，而是直接把高速缓存中存放的上次查询结果 (即 y.abc.com 的 IP 地址) 告诉用户。

由于名字到地址的绑定并不经常改变，为保持高速缓存中的内容正确，域名服务器应为每项内容设置计时器并处理超过合理时间的项（例如每个项目两天）。当域名服务器已从缓存中删去某项信息后又被请求查询该项信息，就必须重新到授权管理该项的域名服务器获取绑定信息。当权限服务器回答一个查询请求时，在响应中都指明绑定有效存在的时间值。增加此时间值可减少网络开销，而减少此时间值可提高域名解析的正确性。

不仅在本地域名服务器中需要高速缓存，在主机中也需要。许多主机在启动时从本地域名服务器下载名字和地址的全部数据库，维护存放自己最近使用的域名的高速缓存，并且只在从缓存中找不到名字时才使用域名服务器。维护本地域名服务器数据库的主机应当定期地检查域名服务器以获取新的映射信息，而且主机必须从缓存中删除无效的项。由于域名改动并不频繁，大多数网点不需花太多精力就能维护数据库的一致性。

6.3　文件传输协议

文件传输协议（File Transfer Protocol，FTP）是用于在网络上进行文件传输的一套标准协议，它工作在 OSI 模型的第七层，TCP/IP 模型的第四层，即应用层，使用 TCP 传输而不是 UDP，客户在和服务器建立连接前要经过一个"三次握手"的过程,保证客户与服务器之间的连接是可靠的，而且是面向连接的，为数据传输提供可靠保证。

FTP 允许用户以文件操作的方式（如文件的增、删、改、查、传输等）与另一主机相互通信。然而，用户并不需要真正登录到自己想要存取文件的计算机上面而成为完全用户，可用 FTP 程序

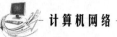

访问远程资源，实现用户往返传输文件、目录管理以及访问电子邮件等，即使双方计算机可能配有不同的操作系统和文件存储方式。

6.3.1 FTP 的工作原理

FTP 采用 Internet 标准文件传输协议 FTP 的用户界面，向用户提供了一组用来管理计算机之间文件传输的应用程序。

FTP 是基于客户 / 服务器（C/S）模型而设计的，在客户端与 FTP 服务器之间建立两个连接。

开发任何基于 FTP 的客户端软件都必须遵循 FTP 的工作原理，FTP 独特的优势同时也是与其他客户服务器程序最大的不同，在于它在两台通信的主机之间使用了两条 TCP 连接，一条是数据连接，用于数据传输；另一条是控制连接，用于传输控制信息（命令和响应），这种将命令和数据分开传输的思想大大提高了 FTP 的效率，而其他客户服务器应用程序一般只有一条 TCP 连接。图 1-6-6 给出了 FTP 的基本模型。客户有三个构件：用户接口、客户控制进程和客户数据传输进程。服务器有两个构件：服务器控制进程和服务器数据传输进程。在整个交互的 FTP 会话中，控制连接始终是处于连接状态的，数据连接则在每一次进行文件传输时先打开后关闭。

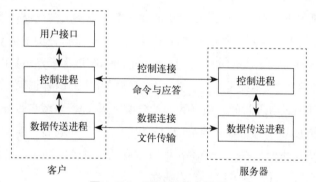

图 1-6-6　FTP 的基本模型

FTP 使用 2 个端口，一个数据端口和一个命令端口，又称控制端口。这两个端口一般是 21（命令端口）和 20（数据端口）。控制 Socket 用来传输命令，数据 Socket 则用于传输数据。每一个 FTP 命令发送之后，FTP 服务器都会返回一个字符串，其中包括一个响应代码和一些说明信息。其中的返回码主要是用于判断命令是否被成功执行了。

1. 命令端口

一般来说，客户端有一个 Socket 用来连接 FTP 服务器的相关端口，它负责 FTP 命令的发送和接收返回的响应信息。一些操作如"登录""改变目录""删除文件"，依靠这个连接发送命令就可完成。

2. 数据端口

对于有数据传输的操作，主要是显示目录列表，上传、下载文件，需要依靠另一个 Socket 来完成。

如果使用被动模式，通常服务器端会返回一个端口号。客户端需要用另开一个 Socket 来连接这个端口，然后我们可根据操作来发送命令，数据会通过新开的这个端口进行传输。如果使用主动模式，通常客户端会发送一个端口号给服务器端，并在这个端口监听。服务器需要连接到客户端开启的这个数据端口，并进行数据的传输。下面对 FTP 的主动模式和被动模式进行简单介绍。

（1）主动模式（PORT）

在主动模式下，客户端随机打开一个大于 1024 的端口向服务器的命令端口 P，即 21 端口，发起连接，同时开放 N+1 端口监听，并向服务器发出"port N+1"命令，由服务器从它自己的数据端口（20）主动连接到客户端指定的数据端口（N+1）。

FTP 的客户端只是告诉服务器自己的端口号，让服务器来连接客户端指定的端口。对于客户端的防火墙来说，这是从外部到内部的连接，可能会被阻塞。

（2）被动模式（PASV）

为了解决服务器发起到客户的连接问题，有了另一种 FTP 连接方式，即被动模式。命令连接和数据连接都由客户端发起，这样就解决了从服务器到客户端的数据端口的连接被防火墙过滤的问题。

被动模式下，当开启一个 FTP 连接时，客户端打开两个任意的本地端口（N>1024 和 N+1）。

第一个端口连接服务器的 21 端口，提交 PASV 命令。然后，服务器会开启一个任意的端口（P>1024），返回如"227 entering passive mode（127,0,0,1,4,18）"。它返回了 227 开头的信息，在括号中有以逗号隔开的六个数字，前四个指服务器的地址，最后两个，将倒数第二个乘 256 再加上最后一个数字，这就是 FTP 服务器开放的用来进行数据传输的端口。如得到 227 entering passive mode（h1,h2,h3,h4,p1,p2），那么端口号是 p1*256+p2，IP 地址为 h1.h2.h3.h4。这意味着在服务器上有一个端口被开放。客户端收到命令取得端口号之后，会通过 N+1 号端口连接服务器的端口 P，然后在两个端口之间进行数据传输。

6.3.2　简单文件传输协议

简单文件传输协议，它基于 UDP 协议而实现，使用端口号为 69。它不具备通常的 FTP 的许多功能，它只能从文件服务器上获得或写入文件，不能列出目录，不进行认证，它传输 8 位数据。传输中有三种模式：netascii，这是 8 位的 ASCII 码形式；另一种是 octet，这是 8 位源数据类型；最后一种 mail 已经不再支持，它将返回的数据直接返回给用户而不是保存为文件。

任何传输起自一个读取或写入文件的请求，这个请求也是连接请求。如果服务器批准此请求，则服务器打开连接，数据以定长 512 字节传输。每个数据包包括一块数据，服务器发出下一个数据包以前必须得到客户对上一个数据包的确认。如果一个数据包的大小小于 512 字节，则表示传输结束。如果数据包在传输过程中丢失，发出方会在超时后重新传输最后一个未被确认的数据包。通信的双方都是数据的发出者与接收者，一方传输数据接收应答，另一方发出应答接收数据。大部分的错误会导致连接中断，错误由一个错误的数据包引起。这个包不会被确认，也不会被重新发送，因此另一方无法接收到。如果错误包丢失，则使用超时机制。错误主要是由下面三种情况引起的：不能满足请求，收到的数据包内容错误，而这种错误不能由延时或重发解释，对需要资源的访问丢失（如硬盘满）。TFTP 只在一种情况下不中断连接，这种情况是源端口不正确，在这种情况下，指示错误的包会被发送到源机。这个协议限制很多，这些都是为了实现起来比较方便

而进行的。

尽管与 FTP 相比，TFTP 的功能要弱得多，但是 TFTP 具有两个优点：

① TFTP 能够用于那些有 UDP 而无 TCP 的环境。

② TFTP 代码所占的内存要比 FTP 少。

尽管这两个优点对于普通计算机来说并不重要，但是对于那些不具备磁盘来存储系统软件的自举硬件设备来说 TFTP 特别有用。

TFTP 协议的作用和我们经常使用的 FTP 大致相同，都是用于文件传输，可以实现网络中两台计算机之间的文件上传与下载。可以将 TFTP 协议看作是 FTP 协议的简化版本。

它们之间的区别是：

① TFTP 协议不需要验证客户端的权限，FTP 需要进行客户端验证。

② TFTP 协议一般多用于局域网以及远程 UNIX 计算机中，而常见的 FTP 协议则多用于互联网中。

③ FTP 客户与服务器间的通信使用 TCP，而 TFTP 客户与服务器间的通信使用的是 UDP；

④ TFTP 只支持文件传输。也就是说，TFTP 不支持交互，而且没有一个庞大的命令集。最为重要的是，TFTP 不允许用户列出目录内容或者与服务器协商来决定哪些是可得到的文件。

6.4 远程登录协议 Telnet

6.4.1 Telnet 简介

Telnet 协议是 TCP/IP 协议族中的一员，是 Internet 远程登录服务的标准协议和主要方式。它为用户提供了在本地计算机上完成远程主机工作的能力。在终端使用者的计算机上使用 Telnet 程序，用它连接到服务器。终端使用者可以在 Telnet 程序中输入命令，这些命令会在服务器上运行，就像直接在服务器的控制台上输入一样。可以在本地就能控制服务器。要开始一个 Telnet 会话，必须输入用户名和密码来登录服务器。Telnet 是常用的远程控制 Web 服务器的方法。

6.4.2 Telnet 工作过程

使用 Telnet 协议进行远程登录时需要满足以下条件：在本地计算机上必须装有包含 Telnet 协议的客户程序；必须知道远程主机的 IP 地址或域名；必须知道登录标识与口令。

Telnet 远程登录服务分为以下 4 个过程：

① 本地与远程主机建立连接。该过程实际上是建立一个 TCP 连接，用户必须知道远程主机的 IP 地址或域名。

② 将本地终端上输入的用户名和口令及以后输入的任何命令或字符以 NVT（Net Virtual Terminal）格式传输到远程主机。该过程实际上是从本地主机向远程主机发送一个 IP 数据包。

③ 将远程主机输出的 NVT 格式的数据转化为本地所接受的格式送回本地终端，包括输入命令回显和命令执行结果。

④ 最后，本地终端对远程主机进行撤销连接，该过程是撤销一个 TCP 连接。

6.5　电子邮件协议

电子邮件是一种用电子手段提供信息交换的通信方式，是互联网应用最广的服务。通过网络的电子邮件系统，用户可以用非常低廉的价格（不管发送到哪里，都只需负担网费）、非常快速的方式（几秒钟之内可以发送到世界上任何指定的目的地），与世界上任何一个角落的网络用户联系。

电子邮件可以是文字、图像、声音等多种形式。同时，用户可以得到大量免费的新闻、专题邮件，并轻松实现轻松的信息搜索。电子邮件的存在极大地方便了人与人之间的沟通与交流，促进了社会的发展。

6.5.1　电子邮件的收发原理

电子邮件在 Internet 上发送和接收的原理可以很形象地用我们日常生活中邮寄包裹来形容：当我们要寄一个包裹时，我们首先要找到任何一个有这项业务的邮局，在填写完收件人姓名、地址等之后包裹就寄出。而到了收件人所在地的邮局，那么对方取包裹的时候就必须去这个邮局才能取出。同样的，当我们发送电子邮件时，这封邮件是由邮件发送服务器（任何一个都可以）发出，并根据收信人的地址判断对方的邮件接收服务器而将这封信发送到该服务器上，收信人要收取邮件也只能访问这个服务器才能完成。

一个电子邮件系统有三个主要组成构件：用户代理、邮件服务器和邮件协议。图 1-6-7 是电子邮件的通信模型，表明了电子邮件系统三个构件之间的关系。

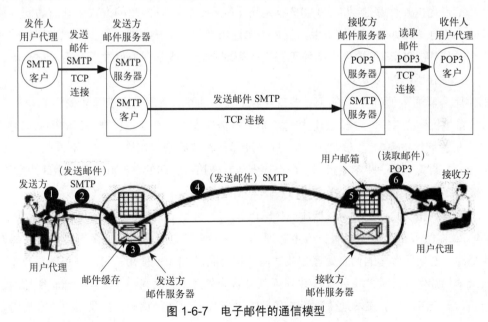

图 1-6-7　电子邮件的通信模型

1. 电子邮件的发送

SMTP 是维护传输秩序、规定邮件服务器之间进行哪些工作的协议，它的目标是可靠、高效地传输电子邮件。SMTP 独立于传输子系统，并且能够接力传输邮件。

SMTP 基于电子邮件的通信模型：根据用户代理的邮件请求，发送方 SMTP 建立与接收方

SMTP 之间的双向通道。接收方 SMTP 可以是最终接收者，也可以是中间传输者。发送方 SMTP 产生并发送 SMTP 命令，接收方 SMTP 向发送方 SMTP 返回响应信息。

连接建立后，发送方 SMTP 发送 MAIL 命令指明发信人，如果接收方 SMTP 认可，则返回 OK 应答。发送方 SMTP 再发送 RCPT 命令指明收信人，如果接收方 SMTP 也认可，则再次返回 OK 应答；否则将给予拒绝应答（但不中止整个邮件的发送操作）。当有多个收信人时，双方将如此重复多次。这一过程结束后，发送方 SMTP 开始发送邮件内容，并以一个特别序列作为终止。如果接收方 SMTP 成功处理了邮件，则返回 OK 应答。

对于需要接力转发的情况，如果一个 SMTP 服务器接受了转发任务，但后来却发现由于转发路径不正确或者其他原因无法发送该邮件，那么它必须发送一个"邮件无法递送"的消息给最初发送该信的 SMTP 服务器。为防止因该消息可能发送失败而导致报错消息在两台 SMTP 服务器之间循环发送的情况，可以将该消息的回退路径置空。

2. 电子邮件的接收

（1）电子邮件协议第 3 版本（POP3）

要在因特网的一个比较小的节点上维护一个消息传输系统（Message Transport System，MTS）是不现实的。例如，一台工作站可能没有足够的资源允许 SMTP 服务器及相关的本地邮件传输系统驻留且持续运行。同样的，要求一台个人计算机长时间连接在 IP 网络上的开销也是巨大的，有时甚至是做不到的。尽管如此，允许在这样小的节点上管理邮件常常是很有用的，并且它们通常能够支持一个可以用来管理邮件的用户代理。为满足这一需要，可以让那些能够支持 MTS 的节点为这些小节点提供邮件存储功能。POP3 就是用于提供这样一种实用的方式来动态访问存储在邮件服务器上的电子邮件的。一般来说，就是指允许用户主机连接到服务器上，以取回那些服务器为它暂存的邮件。POP3 不提供对邮件更强大的管理功能，通常在邮件被下载后就被删除。更多的管理功能则由 IMAP4 来实现。

邮件服务器通过侦听 TCP 的 110 端口开始 POP3 服务。当用户主机需要使用 POP3 服务时，就与服务器主机建立 TCP 连接。当连接建立后，服务器发送一个表示已准备好的确认消息，然后双方交替发送命令和响应，以取得邮件，这一过程一直持续到连接终止。一条 POP3 指令由一个与大小写无关的命令和一些参数组成。命令和参数都使用可打印的 ASCII 字符，中间用空格隔开。命令一般为 3 ~ 4 个字母，而参数却可以长达 40 个字符。

（2）因特网报文访问协议第 4 版本（IMAP4）

IMAP4 提供了在远程邮件服务器上管理邮件的手段，它能为用户提供有选择地从邮件服务器接收邮件、基于服务器的信息处理和共享信箱等功能。IMAP4 使用户可以在邮件服务器上建立任意层次结构的保存邮件的文件夹，并且可以灵活地在文件夹之间移动邮件，随心所欲地组织自己的信箱，而 POP3 只能在本地依靠用户代理的支持来实现这些功能。如果用户代理支持，那么 IMAP4 甚至还可以实现选择性下载附件的功能，假设一封电子邮件中含有 5 个附件，用户可以选择下载其中的 2 个，而不是所有。

与 POP3 类似，IMAP4 仅提供面向用户的邮件收发服务。邮件在因特网上的收发还是依靠 SMTP 服务器来完成。

6.5.2　电子邮件地址格式与工作过程

电子邮件地址的格式由三部分组成：第一部分"USER"代表用户信箱的账号，对于同一个邮件接收服务器来说，这个账号必须是唯一的；第二部分"@"是分隔符；第三部分是用户信箱的邮件接收服务器域名，用以标志其所在的位置。

① 电子邮件系统是一种新型的信息系统，是通信技术和计算机技术结合的产物。电子邮件的传输是通过简单邮件传输协议（Simple Mail Transfer Protocol,SMTP）这一系统软件来完成的，它是 Internet 下的一种电子邮件通信协议。

② 电子邮件的基本原理是在通信网上设立"电子信箱系统"，它实际上是一个计算机系统。系统的硬件是一个高性能、大容量的计算机。硬盘作为信箱的存储介质，在硬盘上为用户分配一定的存储空间作为用户的"信箱"，每位用户都有属于自己的一个电子信箱，并确定一个用户名，用户可以自己随意修改邮箱进入口令。存储空间包含存放所收信件、编辑信件以及信件存档三部分空间，用户使用口令开启自己的信箱，并进行发信、读信、编辑、转发、存档等各种操作。系统功能主要由软件实现。

③ 电子邮件的通信是在信箱之间进行的。用户首先开启自己的信箱，然后通过输入命令的方式将需要发送的邮件发到对方的信箱中。邮件在信箱之间进行传递和交换，也可以与另一个邮件系统进行传递和交换。收方在取信时，使用特定账号从信箱提取。

电子邮件的工作过程遵循客户-服务器模式。每份电子邮件的发送都要涉及发送方与接收方，发送方构成客户端，而接收方构成服务器，服务器含有众多用户的电子信箱。发送方通过邮件客户程序，将编辑好的电子邮件向邮局服务器（SMTP 服务器）发送。邮局服务器识别接收者的地址，并向管理该地址的邮件服务器（POP3 服务器）发送消息。邮件服务器识别后将消息存放在接收者的电子信箱内，并告知接收者有新邮件到来。接收者通过邮件客户程序连接到服务器后，就会看到服务器的通知，进而打开自己的电子信箱来查收邮件。

通常 Internet 上的个人用户不能直接接收电子邮件，而是通过申请 ISP 主机的一个电子信箱，由 ISP 主机负责电子邮件的接收。一旦有用户的电子邮件到来，ISP 主机就将邮件移到用户的电子信箱内，并通知用户有新邮件。因此，当发送一封电子邮件给另一个客户时，电子邮件首先从用户计算机发送到 ISP 主机，再到 Internet，再到收件人的 ISP 主机，最后到收件人的个人计算机。

ISP 主机起着"邮局"的作用，管理着众多用户的电子信箱。每个用户的电子信箱实际上就是用户所申请的账号名。每个用户的电子邮件信箱都要占用 ISP 主机一定容量的硬盘空间，由于这一空间是有限的，因此用户要定期查收和阅读电子信箱中的邮件，以便腾出空间来接收新的邮件。

6.6　万维网

万维网是 World Wide Web 的简称，也称为 Web、3W 等。WWW 是基于客户机/服务器方式的信息发现技术和超文本技术的综合。WWW 服务器通过超文本标记语言（HTML）把信息组织

成为图文并茂的超文本，利用链接从一个站点跳到另个站点。这样一来彻底摆脱了以前查询工具只能按特定路径一步步地查找信息的限制。

6.6.1　万维网基本概念

WWW 由遍布在因特网中的被称为 WWW 服务器（又称为 Web 服务器）的计算机组成。Web 是一个容纳各种类型信息的集合，从用户的角度看，万维网由庞大的、世界范围的文档集合而成，简称为页面（Page）。

用户使用浏览器总是从访问某个主页（Homepage）开始的。由于页中包含了超链接，因此可以指向另外的页面，这样就可以查看大量的信息。

1.　WWW

WWW 是网络应用的典范，它可让用户从 Web 服务器上得到文档资料，它所运行的模式叫作客户／服务器（Client／Server）模式。用户计算机上的万维网客户程序就是通常所用的浏览器，万维网服务器则运行服务器程序让万维网文档驻留。客户程序向服务器程序发出请求，服务器程序向客户程序送回客户所要的万维网文档。

2.　网页（Web Pages 或 Web Documents）

网页又称"Web 页"，它是浏览 WWW 资源的基本单位。每个网页对应磁盘上一个单一的文件，其中可以包括文字、表格、图像、声音、视频等。

一个 WWW 服务器通常被称为"Web 站点"或者"网站"。每个这样的站点中，都有许多的 Web 页作为它的资源。

3.　主页（Home Page）

WWW 是通过相关信息的指针链接起来的信息网络，由提供信息服务的 Web 服务器组成。在 Web 系统中，这些服务信息以超文本文档的形式存储在 Web 服务器上。在每个 Web 服务器上都有一个 Home page（主页），它把服务器上的信息分为几大类，通过主页上的链接来指向它们，其他超文本文档称作网页，通常也把它们称作页面或 Web 页。主页反映了服务器所提供的信息内容的层次结构，通过主页上的提示性标题（链接指针），可以转到主页之下的各个层次的其他各个页面，如果用户从主页开始浏览，可以完整地获取这一服务器所提供的全部信息。

4.　超文本（Hypertext）

超文本文档不同于普通文档，超文本文档中也可以有大段的文字用来说明问题，除此之外他们最重要的特色是文档之间的链接。互相链接的文档可以在同一个主机上，也可以分布在网络上的不同主机上，超文本就因为有这些链接才具有更好的表达能力。用户在阅读超文本信息时，可以随意跳跃一些章节，阅读下面的内容，也可以从计算机里取出存放在另一个文本文件中的相关内容，甚至可以从网络上的另一台计算机中获取相关的信息。

5.　超媒体（Hypermedia）

就信息的呈现形式而言，除文本信息以外，还有语音、图像和视频（或称动态图像）等，这些统称为多媒体。在多媒体的信息浏览中引入超文本的概念，就是超媒体。

6. 超级链接（Hyperlink）

在超文本 / 超媒体页面中，通过指针可以转向其他的 Web 页，而新的 Web 页又指向另一些 Web 页的指针……这样一种没有顺序、没有层次结构，如同蜘蛛网般的链接关系就是超链接。

6.6.2　统一资源定位符

1. URL 的格式

统一资源定位符是对可以从因特网上得到的资源的位置和访问方法的一种简洁的表示。URL 给资源的位置提供一种抽象的识别方法，并用这种方法给资源定位。只要能够给资源定位，系统就可以对资源进行各种操作，如存取、更新、替换和查找其属性。

上述的"资源"是指在因特网上可以被访问的任何对象，包括文件目录、文件、文档、图像、声音等，以及与因特网相连的任何形式的数据。

URL（Uniform Resource Locator）相当于一个文件名在网络范围的扩展。因此，URL 是与因特网相连的机器上的任何可访问对象的一个指针。由于对不同对象的访问方式不同（如通过 WWW、FTP 等），所以 URL 还指出读取某个对象时所使用的访问方式。URL 的一般形式为：

```
protocol://hostname[:port]/path/[;parameters][?query]#fragment
```

其中：

① protocol（协议）指定使用的传输协议。最常用的是 HTTP 协议，它也是 WWW 中应用最广的协议。除了 WWW 用的 HTTP 协议之外，还可以是 FTP、News 等。

② hostname（主机名）是指存放资源的服务器的域名系统（DNS）主机名或 IP 地址。有时，在主机名前也可以包含连接到服务器所需的用户名和密码（格式：username:password@hostname）。

③ port（端口号），整数，可选，省略时使用方案的默认端口，各种传输协议都有默认的端口号，如 http 的默认端口为 80。如果输入时省略，则使用默认端口号。有时候出于安全或其他考虑，可以在服务器上对端口进行重定义，即采用非标准端口号，此时，URL 中就不能省略端口号这一项。

④ path（路径），用以指出资源在所在机器上的位置，包含路径和文件名，通常"目录名 / 目录名 / 文件名"，也可以不含路径。例如，广东培正学院的 WWW 主页的 URL 就表示为：http：// www.peizheng.edu.cn。

⑤ parameters（参数），这是用于指定特殊参数的可选项。

⑥ query（查询），可选，用于给动态网页（如使用 CGI、ISAPI、PHP/JSP/ASP/ASP/NET 等技术制作的网页）传递参数，可有多个参数，用"&"符号隔开，每个参数的名和值用"="符号隔开。

⑦ fragment（信息片断），字符串，用于指定网络资源中的片断。例如一个网页中有多个名词解释，可使用 fragment 直接定位到某一名词解释。

在输入 URL 时，资源类型和服务器地址不区分字母的大小写，但目录和文件名则可能区分字母的大小写。这是因为大多数服务器安装了 UNIX 操作系统，而 UNIX 的文件系统区分文件名的大小写。

2. 使用 HTTP 的 URL

对于万维网网站的访问要使用 HTTP 协议。HTTP 的 URL 的一般形式如：

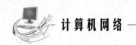

```
http://<主机域名>:<端口>/<路径>
```

http 的默认端口号是 80，通常可以省略。若再省略文件的 <路径> 项，则 URL 就指到因特网上的某个主页（Home Page）。

例如，要查有关广东培正学院的信息，就可先进入到广东培正学院的主页，其 URL 为：Http://www.peizheng.edu.cn

更复杂一些的路径是指向层次结构的从属页面。例如：要查看广东培正学院的校园文化页面，可直接定位 URL 为：

```
http://www.peizheng.edu.cn/culture.php
```

用户使用 URL 不仅能够访问万维网的页面，而且能够通过 URL 使用其他的因特网应用程序，如 FTP、Gopher、Telnet、电子邮件以及新闻组等。并且，用户在使用这些应用程序时，只使用一个程序，即浏览器。

3. 使用 FTP 的 URL

使用 FTP 访问站点的 URL 的最简单的形式为：

```
Ftp:// <主机域名>:<端口>/<路径>
```

FTP 的默认端口号是 21，一般可省略。但有时也可以使用另外的端口号。

6.6.3 超文本传输协议

超文本传输协议 HTTP（Hypertext Transfer Protocol）是用来在浏览器和 WWW 服务器之间传输超文本的协议。HTTP 协议由两部分组成：从浏览器到服务器的请求集和从服务器到浏览器的应答集。HTTP 协议是一种面向对象的协议，为了保证 WWW 客户机与 WWW 服务器之间通信不会产生二义性，HTTP 精确定义了请求报文和响应报文的格式。

① 请求报文：从 WWW 客户向 WWW 服务器发送请求报文。

② 响应报文：从 WWW 服务器到 WWW 客户的回答。

HTTP 会话过程包括四个步骤：连接、请求、应答、关闭。如图 1-6-8 所示，每个万维网站点都有一个服务器进程，它不断地监听 TCP 的 80 端口，以便发现是否具有浏览器（即客户进程）向它发出连接建立请求，一旦监听到连接建立请求并建立了 TCP 连接之后，浏览器就向服务器发出浏览某个页面的请求，服务器接着就返回所请求的页面作为响应。然后，TCP 连接就被释放了。在浏览器和服务器之间的请求和响应的交互，必须按照规定的格式和遵循一定的规则。这些格式和规则就是超文本传输协议 HTTP。

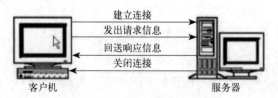

图 1-6-8　HTTP 会话过程

WWW 以客户/服务器模式进行工作。运行 WWW 服务器程序并提供 WWW 服务的机器被称为 WWW 服务器；在客户端，用户通过一个被称为浏览器（Browser）的交互式程序来获得

WWW 信息服务。常用到的浏览器有 Mosaic、Netscape 和微软的 IE（Internet explorer）。

用户浏览页面的方法有两种：一种方法是在浏览器的地址窗口中输入所要找的页面的 URL。另一种方法是在某一个页面中单击一个可选的超链接部分，这时浏览器自动在因特网上找到所要链接的页面。

由于每个 WWW 服务器站点都有一个服务器监听 TCP 的 80 端口，看是否有从客户端（通常是浏览器）过来的连接。当客户端的浏览器在其地址栏里输入一个 URL 或者单击 Web 页上的一个超链接时，Web 浏览器就要检查相应的协议以决定是否需要重新打开一个应用程序，同时对域名进行解析以获得相应的 IP 地址。然后，以该 IP 地址并根据相应的应用层协议即 HTTP 所对应的 TCP 端口与服务器建立一个 TCP 连接。连接建立之后，客户端的浏览器使用 HTTP 协议中的"GET"功能向 WWW 服务器发出指定的 WWW 页面请求，服务器收到该请求后将根据客户端所要求的路径和文件名使用 HTTP 协议中的"PUT"功能将相应 HTML 文档回送到客户端，如果客户端没有指明相应的文件名，则由服务器返回一个默认的 HTML 页面。页面传输完毕则中止相应的会话连接。

6.7　动态主机配置协议

动态主机配置协议 DHCP（Dynamic Host Configuration Protocol，动态主机配置协议）是 RFC 1541（已被 RFC 2131 取代）定义的标准协议，该协议允许服务器向客户端动态分配 IP 地址和配置信息。

DHCP 协议支持 C/S（客户端 / 服务器）结构，主要分为两部分：

① DHCP 客户端：通常为网络中的 PC、打印机等终端设备，使用从 DHCP 服务器分配下来的 IP 信息，包括 IP 地址、DNS 等。

② DHCP 服务器：所有的 IP 网络设定信息都由 DHCP 服务器集中管理，并处理客户端的 DHCP 请求。

DHCP 采用 UDP 作为传输协议，客户端发送消息到 DHCP 服务器的 67 号端口，服务器返回消息给客户端的 68 号端口。

6.7.1　DHCP 相关概念

① DHCP Server：DHCP 服务器，为用户提供可用的 IP 地址等配置信息。

② DHCP Client：DHCP 客户端，通过 DHCP 动态申请 IP 地址的用户。

③ DHCP Relay：DHCP 中继，用户跨网段申请 IP 地址时，实现 DHCP 报文的中继转发功能。

④ DCHP SECURITY：DHCP 安全特性，实现合法用户 IP 地址表的管理功能。

⑤ DHCP SNOOPING：DHCP 监听，记录通过二层设备申请到 IP 地址的用户信息。

6.7.2　DHCP 实现原理

DHCP 客户端实际上是一个接口级的概念，一台主机若包含多个以太网接口，则该主机的每一个以太网接口都可以配置成一个独立的 DHCP 客户端。

交换机上实现的 DHCP 客户端特性，比主机上实现的 DHCP 客户端特性要简单一些。为了获取并使用一个合法的动态 IP 地址，在不同的阶段，DHCP 客户端需要与服务器之间交互不同的信息，两者的交互包括如图 1-6-9 几个过程。

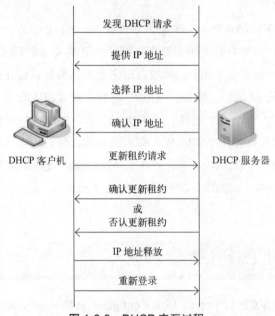

发现 DHCP 请求

提供 IP 地址

选择 IP 地址

确认 IP 地址

DHCP 客户机　　更新租约请求　　DHCP 服务器

确认更新租约
或
否认更新租约

IP 地址释放

重新登录

图 1-6-9　DHCP 交互过程

① 发现阶段，即 DHCP 客户机寻找 DHCP 服务器的阶段。因为 DHCP 服务器的 IP 地址对于客户机来说是未知的，所以 DHCP 客户机以广播方式发送 DHCP DISCOVER 发现信息来寻找 DHCP 服务器，即向地址 255.255.255.255 发送特定的广播信息。网络上每一台安装了 TCP/IP 协议的主机都会接收到这种广播信息，但只有 DHCP 服务器才会做出响应。

② 提供阶段，即 DHCP 服务器提供 IP 地址的阶段。在网络中接收到 DHCP DISCOVER 发现信息的 DHCP 服务器都会做出响应，它从尚未出租的 IP 地址中挑选一个分配给 DHCP 客户机，向 DHCP 客户机发送一个包含出租的 IP 地址和其他设置的 DHCP OFFER 提供信息。

③ 选择阶段，即 DHCP 客户机选择某台 DHCP 服务器提供的 IP 地址的阶段。如果有多台 DHCP 服务器向 DHCP 客户机发来的 DHCP OFFER 提供信息，则 DHCP 客户机只接收第一个收到的 DHCP OFFER 提供信息，然后它就以广播方式回答一个 DHCP REQUEST 请求信息，该信息中包含向它所选定的 DHCP 服务器请求 IP 地址的内容。之所以要以广播方式回答，是为了通知所有的 DHCP 服务器，他将选择某台 DHCP 服务器所提供的 IP 地址。

④ 确认阶段，即 DHCP 服务器确认所提供的 IP 地址的阶段。当 DHCP 服务器收到 DHCP 客户机回答的 DHCP REQUEST 请求信息之后，它便向 DHCP 客户机发送一个包含它所提供的 IP 地址和其他设置的 DHCP ACK 确认信息，告诉 DHCP 客户机可以使用它所提供的 IP 地址。然后 DHCP 客户机便将获取到的 IP 地址与网卡绑定，另外，除 DHCP 客户机选中的服务器外，其他的 DHCP 服务器都将收回曾提供的 IP 地址。

⑤ 更新租约。DHCP 服务器向 DHCP 客户机出租的 IP 地址一般都有一个租借期限，期满后

DHCP 服务器便会收回出租的 IP 地址。如果 DHCP 客户机要延长其 IP 租约,则必须更新其 IP 租约。DHCP 客户机 IP 租约期限过一半时,DHCP 客户机都会自动向 DHCP 服务器发送更新其 IP 租约的信息。

⑥ 更新租约确认。DHCP 服务器收到 DHCP 客户机更新 IP 租约信息后,若同意,则发回确认报文 DHCP ACK,DHCP 客户机获得新的租约期,并重新设置计时器。若不同意,则发回否认报文 DHCP NACK。这时,DHCP 客户机必须立即停止使用原 IP 地址,重新申请新的 IP 地址。

⑦ IP 地址释放。DHCP 客户机如果不再使用分配的 IP 地址,可以随时提前终止租约期,这时只需向 DHCP 服务器发送释放报文 DHCP RELEASE 即可。

⑧ 重新登录。DHCP 客户机从 DHCP 服务器获取到 IP 地址后,DHCP 客户机每次重新登录网络时,就不需要再发送 DHCP DISCOVER 发现信息了,而是直接发送包含前一次所分配的 IP 地址的 DHCP REQUEST 请求信息。当 DHCP 服务器收到这一信息后,它会尝试让 DHCP 客户机继续使用原来的 IP 地址,并回答一个 DHCP ACK 确认信息。如果此 IP 地址已无法再分配给原来的 DHCP 客户机使用时(比如此 IP 地址已分配给其他 DHCP 客户机使用),则 DHCP 服务器给 DHCP 客户机回答一个 DHCP NACK 否认信息。当原来的 DHCP 客户机收到此 DHCP NACK 否认信息后,它就必须重新发送 DHCP DISCOVER 发现信息来请求新的 IP 地址。

习　题

单项选择题

1. 下面协议中,运行在应用层的是(　　　)。
   A. IP
   B. FTP
   C. TCP
   D. ARP

2. 下列选项中,格式正确的电子邮件地址是(　　　)。
   A. http://www.nudt.edu.cn/youjian
   B. FTP://www.nudet.edu.cn/youjian
   C. youjian@nudt.edu.cn
   D. Youjian#nudt.edu.cn

3. 在相互发送电子邮件时,我们必须知道彼此的(　　　)。
   A. 家庭地址
   B. 电子邮箱的大小
   C. 邮箱密码
   D. 电子邮箱的地址

4. 下列关于电子邮件的描述中,正确的是(　　　)。
   A. 一封信只能发给一个人
   B. 不能给自己发信
   C. 如果地址正确,对方一定能收到邮件
   D. 发信时可以同时密送信件给第二个人

5. 下面应用中,不属于 P2P 应用范畴的是(　　　)。
   A. 电驴软件下载
   B. PPstream 网络视频
   C. Skype 网络电话
   D. 网上售卖飞机票

6. 远程登录协议、电子邮件协议、文件传输协议依赖（　　）协议。

    A. TCP   B. UDP   C. ICMP   D. IGMP

7. 在电子邮件程序向邮件服务器中发送邮件时，使用的是简单邮件传输协议，而电子邮件程序从邮件服务器中读取邮件时，可以使用（　　）协议。

    A. PPP   B. POP3   C. P-to-P   D. NEWS

8. 标准的 URL 由 3 部分组成：服务器类型、主机名和路径及（　　）。

    A. 客户名   B. 浏览器名   C. 文件名   D. 进程名

9. WWW 浏览器是由一组客户、一组解释单元与一个（　　）所组成。

    A. 解释器   B. 控制单元

    C. 编辑器   D. 差错控制单元

10. 从协议分析的角度，WWW 服务的第一步操作是 WWW 浏览器对 WWW 服务器的（　　）。

    A. 地址解析   B. 传输连接建立

    C. 域名解析   D. 会话连接建立

11. FTP Client 发起对 FTP Server 的连接建立的第一阶段，是建立（　　）。

    A. 传输连接   B. 数据连接   C. 会话连接   D. 控制连接

12. 一台主机要解析 www.abc.edu.cn 的 IP 地址，如果这台主机配置的域名服务器为 202.120.66.68，因特网顶级域名服务器为 11.2.8.6，而存储上述域名与 IP 地址对应关系的域名服务器为 202.113.16.10，那么这台主机解析该域名通常首先查询（　　）。

    A. 202.120.66.68 域名服务器

    B. 11.2.8.6 域名服务器

    C. 202.113.16.10 域名服务器

    D. 不能确定，可以从这 3 个域名服务器中任选一个

13. 使用 WWW 浏览器浏览网页时，用户可单击某个超链接，从协议分析的角度看，此时浏览器首先需要进行（　　）。

    A. IP 地址到 MAC 地址的解析

    B. 建立 TCP 连接

    C. 域名到 IP 地址的解析

    D. 建立会话连接，发出获取某个文件的命令

14. FTP 客户机和服务器之间一般需要建立（　　）个连接。

    A. 1   B. 2   C. 3   D. 4

15. 因特网用户使用 FTP 的主要目的是（　　）。

    A. 发送和接收即时消息   B. 发送和接收电子邮件

    C. 上传和下载文件   D. 获取大型主机的数字证书

16. 使用匿名 FTP 服务，用户登录时常常使用（　　）作为用户名。

    A. anonymous   B. 主机的 IP 地址

    C. 自己的 E-mail 地址   D. 自己的 IP 地址

17. FTP 客户和服务器间传递 FTP 命令时，使用的连接是 (　　　)。

    A. 建立在 TCP 之上的控制连接　　　　B. 建立在 TCP 之上的数据连接

    C. 建立在 UDP 之上的控制连接　　　　D. 建立在 UDP 之上的数据连接

18. 电子邮件地址 wang@263.net 中没有包含的信息是 (　　　)。

    A. 发送邮件服务器　　　　　　　　　　B. 接收邮件服务器

    C. 邮件客户机　　　　　　　　　　　　D. 邮箱所有者

19. 主页一般包含以下几种基本元素：Text、Image、Table 与 (　　　)。

    A. NFS　　　　　　B. IPSec　　　　　　C. SMTP　　　　　　D. Hyperlink

20. DNS 使用的端口号是 (　　　)。

    A. 51　　　　　　　B. 52　　　　　　　C. 53　　　　　　　D. 54

第7章

网络安全

 本章导读

随着计算机网络的不断发展，全球信息化已成为人类发展的大趋势，但由于计算机网络具有联结形式多样性、终端分布不均匀性和网络的开放性、互连性等特征，致使网络易受黑客、怪客、恶意软件的攻击，所以网络安全问题已变得日益突出和重要。本章对网络安全相关问题进行了讨论，主要介绍了网络安全概念、数据加密技术、密钥管理、防火墙系统和入侵检测技术等。

通过对本章内容的学习，应做到：

◎ 了解：网络安全的相关知识。

◎ 熟悉：数据加密技术和密钥管理技术。

◎ 掌握：防火墙和入侵检测的部署方式。

7.1 网络安全概述

当今世界信息化建设飞速发展，尤其以通信、计算机、网络为代表的互联网技术更是日新月异，令人眼花缭乱、目不暇接。由于互联网络的发展，计算机网络在政治、经济和生活的各个领域正在迅速普及，全社会对网络的依赖程度也变越来越高。伴随着网络技术的发展和进步，网络信息安全问题已变得日益突出和重要。

7.1.1 网络安全概念

网络安全，通常指计算机网络的安全，实际上也可以指计算机通信网络的安全。计算机通信网络是将若干台具有独立功能的计算机通过通信设备及传输媒体互连起来，在通信软件的支持下，实现计算机间的信息传输与交换的系统。而计算机网络是指以共享资源为目的，利用通信手段把地域上相对分散的若干独立的计算机系统、终端设备和数据设备连接起来，并在协议的控制下进行数据交换的系统。计算机网络的根本目的在于资源共享，通信网络是实现网络资源共享的途径，因此，计算机网络如果是安全的，相应的计算机通信网络也必须是安全的，应该能为网络用户实现信息交换与资源共享。本章中，网络安全既指计算机网络安全，又指计算机通信网络安全。

安全的基本含义：客观上不存在威胁，主观上不存在恐惧。即客体不担心其正常状态受到影响。

可以把网络安全定义为：一个网络系统不受任何威胁与侵害，能正常地实现资源共享功能。要使网络能正常地实现资源共享功能，首先要保证网络的硬件、软件能正常运行，然后要保证数据信息交换的安全。从前面可以看到，由于资源共享的滥用，导致了网络的安全问题。因此网络安全的技术途径就是要实行有限制的共享。

7.1.2　网络安全威胁

网络安全威胁主要表现为：

1. 黑客的恶意攻击

"黑客"（Hack）对于大家来说可能并不陌生，他们是一群利用自己的技术专长专门攻击网站和计算机而不暴露身份的计算机用户，由于黑客技术逐渐被越来越多的人掌握和发展，目前世界上约有 20 多万个黑客网站，这些站点都介绍一些攻击方法，攻击软件的使用以及系统的一些漏洞，因而任何网络系统、站点都有遭受黑客攻击的可能。尤其是现在还缺乏针对网络犯罪卓有成效的反击和跟踪手段，使得黑客们善于隐蔽，攻击"杀伤力"强，这是网络安全的主要威胁。而就目前网络技术的发展趋势来看，黑客也越来越多地采用了病毒进行破坏，他们采用的攻击和破坏方式多种多样，对没有网络安全防护设备（如防火墙）的网站和系统（或防护级别较低）进行攻击和破坏，这给网络的安全防护带来了严峻的挑战。

2. 网络自身和管理有欠缺

因特网的共享性和开放性使网上信息安全存在先天不足，因为其赖以生存的 TCP/IP 协议，缺乏相应的安全机制，而且因特网最初的设计考虑是该网不会因局部故障而影响信息的传输，基本没有考虑安全问题，因此它在安全防范、服务质量、带宽和方便性等方面存在滞后及不适应性。网络系统的严格管理是企业、组织、政府部门和用户免受攻击的重要措施。事实上，很多企业、机构及用户的网站或系统都疏于这方面的管理，没有制定严格的管理制度。据 IT 界企业团体 ITAA 的调查显示，美国 90% 的 IT 企业对黑客攻击准备不足。目前美国 75%～85% 的网站都抵挡不住黑客的攻击，约有 75% 的企业网上信息失窃。

3. 软件设计的漏洞或"后门"而产生的问题

随着软件系统规模的不断扩大，新的软件产品开发出来，系统中的安全漏洞或"后门"也不可避免地存在，比如我们常用的操作系统，无论是 Windows 还是 UNIX 几乎都存在或多或少的安全漏洞，众多的各类服务器、浏览器、一些桌面软件等都被发现过存在安全隐患。大家熟悉的一些病毒都是利用微软系统的漏洞给用户造成巨大损失，可以说任何一个软件系统都可能会因为程序员的一个疏忽、设计中的一个缺陷等原因而存在漏洞，不可能完美无缺，这也是网络安全的主要威胁之一。例如，"熊猫烧香"病毒，就是我国一名黑客针对微软 Windows 操作系统安全漏洞设计的计算机病毒，依靠互联网迅速蔓延开来，数以万计的计算机不幸先后"中招"，并且它已产生众多变种，还没有人准确统计出该病毒在国内殃及的计算机的数量，它对社会造成的各种损失更是难以估计。

4. 恶意网站设置的陷阱

互联网世界的各类网站，有些网站恶意编制一些盗取他人信息的软件，并且可能隐藏在下载的信息中，只要登录或者下载网络的信息就会被其控制和感染病毒，计算机中的所有信息都会被

自动盗走，该软件会长期存在计算机中，操作者并不知情，如现在非常流行的"木马"病毒。因此，上互联网应格外注意，不良网站和不安全网站万不可登录，否则后果不堪设想。

5. 用户网络内部工作人员的不良行为引起的安全问题

网络内部用户的误操作，资源滥用和恶意行为也有可能对网络的安全造成巨大的威胁。由于各行业、各单位现在都在建局域网，计算机使用频繁，但是由于单位管理制度不严，不能严格遵守行业内部关于信息安全的相关规定，都容易引起一系列安全问题。

7.1.3 网络安全策略

1. 采取技术防护手段

（1）物理安全策略

物理安全策略的目的是保护计算机系统、网络服务器、打印机等硬件实体和通信链路免受自然灾害、人为破坏和搭线攻击；验证用户的身份和使用权限、防止用户越权操作；确保计算机系统有一个良好的电磁兼容工作环境；建立完备的安全管理制度，防止非法进入计算机控制室和各种偷窃、破坏活动的发生。

抑制和防止电磁泄漏（即 TEMPEST 技术）是物理安全策略的一个主要问题。目前主要防护措施有两类：一类是对传导发射的防护，主要采取对电源线和信号线加装性能良好的滤波器，减小传输阻抗和导线间的交叉耦合。另一类是对辐射的防护，这类防护措施又可分为以下两种：一是采用各种电磁屏蔽措施，如对设备的金属屏蔽和各种接插件的屏蔽，同时对机房的下水管、暖气管和金属门窗进行屏蔽和隔离；二是干扰的防护措施，即在计算机系统工作的同时，利用干扰装置产生一种与计算机系统辐射相关的伪噪声向空间辐射来掩盖计算机系统的工作频率和信息特征。

（2）访问控制策略

访问控制是网络安全防范和保护的主要策略，它的主要任务是保证网络资源不被非法使用和非法访问。它也是维护网络系统安全、保护网络资源的重要手段。各种安全策略必须相互配合才能真正起到保护作用，但访问控制可以说是保证网络安全最重要的核心策略之一。

（3）信息加密技术

网络信息发展的关键问题是其安全性，因此，必须建立一套有效的包括信息加密技术、安全认证技术、安全交易等内容的信息安全机制作为保证，来实现电子信息数据的机密性、完整性、不可否认性和交易者身份认证技术，防止信息被一些不良用心的人窃取、破坏，甚至出现虚假信息。

美国国防部技术标准把操作系统安全等级由低到高分为 Dl、Cl、C2、B1、B2、B3、A 级。目前主要的操作系统等级为 C2 级，在使用 C2 级系统时，应尽量使用 C2 级的安全措施及功能，对操作系统进行安全配置。在极端重要的系统中，应采用 B 级操作系统。对军事涉密信息在网络中的存储和传输可以使用传统的信息加密技术和新兴的信息隐藏技术来提供安全保证。在转发保存军事涉密信息的过程中，要用加密技术隐藏信息内容，还要用信息隐藏技术来隐藏信息的发送者、接收者甚至信息本身。通过隐藏术、数字水印、数据隐藏和数据嵌入、指纹等技术手段可以将秘密资料先隐藏到一般的文件中，然后再通过网络来传递，提高信息保密的可靠性。

（4）使用路由器和虚拟专用网技术

路由器采用了密码算法和解密专用芯片，通过在路由器主板上增加加密模件来实现路由器信息和 IP 包的加密、身份鉴别和数据完整性验证、分布式密钥管理等功能。使用路由器可以实现单位内部网络与外部网络的互连、隔离、流量控制、网络管理和信息维护,也可以阻塞广播信息的传输,达到保护网络安全的目的。

(5) 安装防病毒软件和防火墙

在主机上安装防病毒软件,能对病毒进行定时或实时的病毒扫描及漏洞检测,变被动清毒为主动截杀,既能查杀未知病毒,又可对文件、邮件、内存、网页进行安全实时监控,发现异常情况及时处理。防火墙是硬件和软件的组合,它在内部网和外部网间建立起安全网关,过滤数据包,决定是否转发到目的地。它能够控制网络进出的信息流向,提供网络使用状况和流量的审计、隐藏内部 IP 地址及网络结构的细节。它还可以帮助内部系统进行有效的网络安全隔离,通过安全过滤规则严格控制外网用户非法访问,并只打开必需的服务,防范外部来的服务攻击。同时,防火墙可以控制内网用户访问外网时间,并通过设置 IP 地址与 MAC 地址绑定,防止 IP 地址欺骗。更重要的是,防火墙不但将大量的恶意攻击直接阻挡在外面,同时也屏蔽来自网络内部的不良行为。

2. 构建信息安全保密体系

(1) 信息安全保密的体系框架

该保密体系是以信息安全保密策略和机制为核心,以信息安全保密服务为支撑,以标准规范、安全技术和组织管理体系为具体内容,最终形成能够满足信息安全保密需求的工作能力。

(2) 信息安全保密的服务支持体系

信息安全保密的服务支持体系,主要是由技术检查服务、调查取证服务、风险管理服务、系统测评服务、应急响应服务和咨询培训服务组成的。其中,风险管理服务必须贯穿到信息安全保密的整个工程中,要在信息系统和信息网络规划与建设的初期,就进行专业的安全风险评估与分析,并在系统或网络的运营管理过程中,经常性地开展保密风险评估工作,采取有效的措施控制风险,只有这样才能提高信息安全保密的效果和针对性,增强系统或网络的安全可观性、可控性。其次,还要大力加强调查取证服务、应急响应服务和咨询培训服务的建设,对突发性的失泄密事件能够快速反应,同时尽可能提高信息系统、信息网络管理人员的安全技能,以及他们的法规意识和防范意识,做到"事前有准备,事后有措施,事中有监察"。

加强信息安全保密服务的主要措施包括:借用安全评估服务帮助我们了解自身的安全性。通过安全扫描、渗透测试、问卷调查等方式对信息系统及网络的资产价值、存在的脆弱性和面临的威胁进行分析评估,确定失泄密风险的大小,并实施有效的安全风险控制。采用安全加固服务来增强信息系统的自身安全性。具体包括:操作系统的安全修补、加固和优化;应用服务的安全修补、加固和优化;网络设备的安全修补、加固和优化;现有安全制度和策略的改进与完善等。部署专用安全系统及设备提升安全保护等级。运用安全控制服务增强信息系统及网络的安全可观性、可控性。通过部署面向终端、服务器和网络边界的安全控制系统,以及集中式的安全控制平台,增强对整个信息系统及网络的可观性,以及对使用网络的人员、网络中的设备及其所提供服务的可控性。加强安全保密教育培训来减少和避免失泄密事件的发生。加强信息安全基础知识及防护技能的培训,尤其是个人终端安全技术的培训,提高使用和管理人员的安全保密意识,以及检查入侵、查处失泄密事件的能力。采用安全通告服务来对窃密威胁提前预警,具体包括对紧急事件的通告,

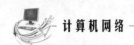

对安全漏洞和最新补丁的通告，对最新防护技术及措施的通告，对国家、军队的安全保密政策法规和安全标准的通告等。

（3）信息安全保密的标准规范体系

信息安全保密的标准规范体系，主要是由国家和军队相关安全技术标准构成的。这些技术标准和规范涉及物理场所、电磁环境、通信、计算机、网络、数据等不同的对象，涵盖信息获取、存储、处理、传输、利用和销毁等整个生命周期。既有对信息载体的相关安全保密防护规定，也有对人员的管理和操作要求。因此，它们是设计信息安全保密解决方案，提供各种安全保密服务，检查与查处失泄密事件的准则和依据。各部门应该根据本单位信息系统、信息网络的安全保密需求，以及组织结构和使用维护人员的配置情况，制定相应的操作性和针对性更强的技术和管理标准。

（4）信息安全保密的技术防范体系

信息安全保密的技术防范体系主要是由电磁防护技术、信息终端防护技术、通信安全技术、网络安全技术和其他安全技术组成的。这些技术措施的目的，是为了从信息系统和信息网络的不同层面保护信息的机密性、完整性、可用性、可控性和不可否认性，进而保障信息及信息系统的安全，提高信息系统和信息网络的抗攻击能力和安全可靠性。安全保密技术是随着信息技术、网络技术，以及各种入侵与攻击技术的发展不断完善和提高的。一些最新的安全防护技术，如可信计算技术、内网监控技术等，可以极大地弥补传统安全防护手段存在的不足，这就为我们降低安全保密管理的难度和成本，提高信息系统和信息网络的安全可控性和可用性，奠定了技术基础。因此，信息安全保密的技术防范体系，是构建信息安全保密体系的一个重要组成部分，应该在资金到位和技术可行的情况下，尽可能采用最新的、先进的技术防护手段，这样才能有效抵御不断出现的安全威胁。

（5）信息安全保密的管理保障体系

信息安全是"三分靠技术，七分靠管理"。信息安全保密的管理保障体系，主要是从技术管理、制度管理、资产管理和风险管理等方面，加强安全保密管理的力度，使管理成为信息安全保密工作的重中之重。技术管理主要包括对泄密隐患的技术检查，对安全产品、系统的技术测评，对各种失泄密事件的技术取证。制度管理主要是指各种信息安全保密制度的制定、审查、监督执行与落实。资产管理主要包括涉密人员的管理，重要信息资产的备份恢复管理，涉密场所、计算机和网络的管理，涉密移动通信设备和存储设备的管理等。风险管理主要是指保密安全风险的评估与控制。

现有的安全管理，重在保密技术管理而极大地忽视了保密风险管理，同时在制度管理和资产管理等方面也存在很多问题，要么是管理制度不健全，落实不到位；要么是一些重要的资产监管不力，这就给失窃密和遭受网络攻击带来了人为的隐患。加强安全管理，不但能改进和提高现有安全保密措施的效益，还能充分发挥人员的主动性和积极性，使信息安全保密工作从被动接受变成自觉履行。

（6）信息安全保密的工作能力体系

将技术、管理与标准规范结合起来，以安全保密策略和服务为支持，就能合力形成信息安全保密工作的能力体系。该能力体系既是信息安全保密工作效益与效率的体现，也能反映出当前信息安全保密工作是否到位。它以防护、检测、响应、恢复为核心，对信息安全保密的相关组织和个人进行工作考评，并通过标准化、流程化的方式加以持续改进，使信息安全保密能力随着信息化建设的进展不断提高。

<h2>7.2　数据加密技术</h2>

7.2.1　数据加密概念

所谓数据加密（Data Encryption）技术是指将一个信息（Plain Text）经过加密钥匙（Encryption Key）及加密函数转换，变成无意义的密文（Cipher Text），而接收方则将此密文经过解密函数、解密钥匙（Decryption Key）还原成明文。加密技术是网络安全技术的基石。

密码技术是通信双方按约定的法则进行信息特殊变换的一种保密技术。根据特定的法则，变明文（Plain Text）为密文（Cipher Text）。从明文变成密文的过程称为加密（Encryption）；由密文恢复出原明文的过程，称为解密（Decryption）。密码在早期仅对文字或数码进行加、解密，随着通信技术的发展，对语音、图像、数据等都可实施加、解密变换。密码学是由密码编码学和密码分析学组成的，其中密码编码学主要研究对信息进行编码以实现信息加密，而密码分析学主要研究通过密文获取对应的明文信息。密码学研究密码理论、密码算法、密码协议、密码技术和密码应用等。随着密码学的不断成熟，大量密码产品应用于国计民生中，如 USB Key、PIN EntryDevice、RFID 卡、银行卡等。广义上讲，包含密码功能的应用产品也是密码产品，如各种物联网产品，它们的结构与计算机类似，也包括运算、控制、存储、输入 / 输出等部分。密码芯片是密码产品安全性的关键，它通常是由系统控制模块、密码服务模块、存储器控制模块、功能辅助模块、通信模块等关键部件构成的。

数据加密技术要求只有在指定的用户或网络下，才能解除密码而获得原来的数据，这就需要给数据发送方和接收方以一些特殊的信息用于加解密，这就是所谓的密钥。其密钥的值是从大量的随机数中选取的，按加密算法分为专用密钥和公开密钥两种。

7.2.2　数据加密技术

一般的数据加密技术可以在通信的三个层次来实现：链路加密、节点加密和端到端加密。

1. 链路加密

对于在两个网络节点间的某一次通信链路，链路加密能为网上传输的数据提供安全保证。对于链路加密（又称在线加密），所有消息在被传输之前进行加密，在每一个节点对接收到的消息进行解密，然后先使用下一个链路的密钥对消息进行加密，再进行传输。在到达目的地之前，一条消息可能要经过许多通信链路的传输。

由于在每一个中间传输节点消息均被解密后重新进行加密，因此，包括路由信息在内的链路上的所有数据均以密文形式出现。这样，链路加密就掩盖了被传输消息的源点与终点。由于填充技术的使用以及填充字符在不需要传输数据的情况下就可以进行加密，这使得消息的频率和长度特性得以掩盖，从而可以防止对通信业务进行分析。

尽管链路加密在计算机网络环境中使用得相当普遍，但它并非没有问题。链路加密通常用在

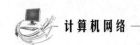

点对点的同步或异步线路上，它要求先对在链路两端的加密设备进行同步，然后使用一种链模式对链路上传输的数据进行加密，这就给网络的性能和可管理性带来了副作用。

在线路 / 信号经常不通的海外或卫星网络中，链路上的加密设备需要频繁地进行同步，带来的后果是数据丢失或重传。另一方面，即使仅一小部分数据需要进行加密，也会使得所有传输数据被加密。

在一个网络节点，链路加密仅在通信链路上提供安全性，消息以明文形式存在，因此所有节点在物理上必须是安全的，否则就会泄漏明文内容。然而保证每一个节点的安全性需要较高的费用，为每一个节点提供加密硬件设备和一个安全的物理环境所需要的费用由以下几部分组成：保护节点物理安全的雇员开销，为确保安全策略和程序的正确执行而进行审计时的费用，以及为防止安全性被破坏时带来损失而参加保险的费用。

在传统的加密算法中，用于解密消息的密钥与用于加密的密钥是相同的，该密钥必须被秘密保存，并按一定规则进行变化。这样，密钥分配在链路加密系统中就成了一个问题，因为每一个节点必须存储与其相连接的所有链路的加密密钥，这就需要对密钥进行物理传送或者建立专用网络设施。而网络节点地理分布的广阔性使得这一过程变得复杂，同时增加了密钥连续分配时的费用。

2. 节点加密

尽管节点加密能给网络数据提供较高的安全性，但它在操作方式上与链路加密是类似的：两者均在通信链路上为传输的消息提供安全性；都在中间节点先对消息进行解密，然后进行加密。因为要对所有传输的数据进行加密，所以加密过程对用户是透明的。

然而，与链路加密不同，节点加密不允许消息在网络节点以明文形式存在，它先把收到的消息进行解密，然后采用另一个不同的密钥进行加密，这一过程在节点上的一个安全模块中进行。

节点加密要求报头和路由信息以明文形式传输，以便中间节点能得到如何处理消息的信息，因此这种方法对于防止攻击者分析通信业务是脆弱的。

3. 端到端加密

端到端加密允许数据在从源点到终点的传输过程中始终以密文形式存在。采用端到端加密（又称脱线加密或包加密），消息在被传输时到达终点之前不进行解密，因为消息在整个传输过程中均受到保护，所以即使有节点被损坏也不会使消息泄露。

端到端加密系统的价格便宜些，并且与链路加密和节点加密相比更可靠，更容易设计、实现和维护。端到端加密还避免了其他加密系统所固有的同步问题，因为每个报文包均是独立被加密的，所以一个报文包所发生的传输错误不会影响后续的报文包。此外，从用户对安全需求的直觉上讲，端到端加密更自然些。单个用户可能会选用这种加密方法，以便不影响网络上的其他用户，此方法只需要源和目的节点是保密的即可。

端到端加密系统通常不允许对消息的目的地址进行加密，这是因为每一个消息所经过的节点都要用此地址来确定如何传输消息。由于这种加密方法不能掩盖被传输消息的源点与终点，因此它对于防止攻击者分析通信业务是脆弱的。

7.2.3 数字签名技术

数字签名（又称公钥数字签名）是只有信息的发送者才能产生的别人无法伪造的一段数字串，

这段数字串同时也是对信息的发送者发送信息真实性的一个有效证明。它是一种类似写在纸上的普通的物理签名，但是使用了公钥加密领域的技术来实现的，用于鉴别数字信息的方法。一套数字签名通常定义两种互补的运算，一个用于签名，另一个用于验证。数字签名是非对称密钥加密技术与数字摘要技术的应用。

数字签名的文件的完整性是很容易验证的（不需要骑缝章，骑缝签名也不需要笔迹专家），而且数字签名具有不可抵赖性（不可否认性）。

简单地说，所谓数字签名就是附加在数据单元上的一些数据，或是对数据单元所作的密码变换。这种数据或变换允许数据单元的接收者用以确认数据单元的来源和数据单元的完整性并保护数据，防止被人（如接收者）进行伪造。它是对电子形式的消息进行签名的一种方法，一个签名消息能在一个通信网络中传输。基于公钥密码体制和私钥密码体制都可以获得数字签名，主要是基于公钥密码体制的数字签名，包括普通数字签名和特殊数字签名。普通数字签名算法有 RSA、ElGamal、Fiat-Shamir、Guillou-Quisquarter、Schnorr、Ong-Schnorr-Shamir 数字签名算法、DES/DSA，椭圆曲线数字签名算法和有限自动机数字签名算法等。特殊数字签名有盲签名、代理签名、群签名、不可否认签名、公平盲签名、门限签名、具有消息恢复功能的签名等，它与具体应用环境密切相关。显然，数字签名的应用涉及法律问题，美国联邦政府基于有限域上的离散对数问题制定了自己的数字签名标准（DSS）。

每个人都有一对"钥匙"（数字身份），其中一个只有她/他本人知道（密钥），另一个是公开的（公钥）。签名的时候用密钥，验证签名的时候用公钥。又因为任何人都可以落款声称她/他就是你，因此公钥必须向接收者信任的人（身份认证机构）来注册。注册后身份认证机构给你发一数字证书。对文件签名后，你把此数字证书连同文件及签名一起发给接受者，接收者向身份认证机构求证是否真的是用你的密钥签发的文件。

在通信中使用数字签名一般具有以下特点：

1. 鉴权

公钥加密系统允许任何人在发送信息时使用公钥进行加密，数字签名能够让信息接收者确认发送者的身份。当然，接收者不可能百分之百确信发送者的真实身份，而只能在密码系统未被破译的情况下才有理由确信。

鉴权的重要性在财务数据上表现得尤为突出。举个例子，假设一家银行将指令由它的分行传输到它的中央管理系统，指令的格式是 (a, b)，其中 a 是账户的账号，而 b 是账户的现有金额。这时一位远程客户可以先存入 100 元，观察传输的结果，然后接二连三地发送格式为 (a,b) 的指令，这种方法被称作重放攻击。

2. 完整性

传输数据的双方都总希望确认消息未在传输的过程中被修改。加密使得第三方想要读取数据十分困难，然而第三方仍然能采取可行的方法在传输的过程中修改数据。一个通俗的例子就是同形攻击：回想一下，还是上面的那家银行从它的分行向它的中央管理系统发送格式为 (a, b) 的指令，其中 a 是账号，而 b 是账户中的金额。一个远程客户可以先存 100 元，然后拦截传输结果，篡改数据 b 后再传输 (a,b)，如果银行的接收端不能验证数据的完事性，他就立刻变成百万富翁了。

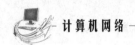

3. 不可抵赖

在密文背景下，抵赖这个词指的是不承认与消息有关的举动（即声称消息来自第三方）。消息的接收方可以通过数字签名来防止所有后续的抵赖行为，因为接收方可以出示签名给别人看来证明信息的来源。

7.3　密钥管理

密钥，即密匙，一般泛指生产、生活所应用到的各种加密技术，能够对个人资料、企业机密进行有效的监管，密钥管理就是指对密钥进行管理的行为，如加密、解密、破解等等。密钥管理包括从密钥的产生到密钥的销毁各个方面，主要表现于管理体制、管理协议和密钥的产生、分配、更换和注入等。

7.3.1　密钥管理流程

1. 密钥生成

密钥长度应该足够长。一般来说，密钥长度越大，对应的密钥空间就越大，攻击者使用穷举猜测密码的难度就越大。

选择好密钥，避免弱密钥。由自动处理设备生成的随机的比特串是好密钥，选择密钥时，应该避免选择一个弱密钥。

对公钥密码体制来说，密钥生成更加困难，因为密钥必须满足某些数学特征。密钥生成可以通过在线或离线的交互协商方式实现，如密码协议等。

2. 密钥分发

采用对称加密算法进行保密通信，需要共享同一密钥。通常是系统中的一个成员先选择一个秘密密钥，然后将它传送给另一个成员或别的成员。X9.17 标准描述了两种密钥：密钥加密密钥和数据密钥。密钥加密密钥加密其他需要分发的密钥；而数据密钥只对信息流进行加密。密钥加密密钥一般通过手工分发。为增强保密性，也可以将密钥分成许多不同的部分然后用不同的信道发送出去。

3. 验证密钥

密钥附着一些检错和纠错位来传输，当密钥在传输中发生错误时，能很容易地被检查出来，并且如果需要，密钥可被重传。

接收端也可以验证接收的密钥是否正确。发送方用密钥加密一个常量，然后把密文的前 2 ～ 4 字节与密钥一起发送。在接收端，做同样的工作，如果接收端解密后的常数能与发端常数匹配，则传输无错。

4. 更新密钥

当密钥需要频繁改变时，频繁进行新的密钥分发的确是困难的事，一种更容易的解决办法是从旧的密钥中产生新的密钥，有时称为密钥更新。可以使用单向函数进行更新密钥。如果双方共享同一密钥，并用同一个单向函数进行操作，就会得到相同的结果。

5. 密钥存储

密钥可以存储在人脑、磁条卡、智能卡中。也可以把密钥平分成两部分，一半存入终端一半存入 ROM 密钥。还可采用类似于密钥加密密钥的方法对难以记忆的密钥进行加密保存。

6. 备份密钥

密钥的备份可以采用密钥托管、密钥分割、密钥共享等方式。最简单的方法，是使用密钥托管中心。密钥托管要求所有用户将自己的密钥交给密钥托管中心，由密钥托管中心备份保管密钥（如锁在某个地方的保险柜里或用主密钥对它们进行加密保存），一旦用户的密钥丢失（如用户遗忘了密钥或用户意外死亡），按照一定的规章制度，可从密钥托管中心索取该用户的密钥。另一个备份方案是用智能卡作为临时密钥托管。如 Alice 把密钥存入智能卡，当 Alice 不在时就把它交给Bob，Bob 可以利用该卡进行 Alice 的工作，当 Alice 回来后，Bob 交还该卡，由于密钥存放在卡中，所以 Bob 不知道密钥是什么。

7. 密钥有效期

加密密钥不能无限期使用，有以下有几个原因：密钥使用时间越长，它泄露的机会就越大；如果密钥已泄露，那么密钥使用越久，损失就越大；密钥使用越久，人们花费精力破译它的诱惑力就越大——甚至采用穷举攻击法；对用同一密钥加密的多个密文进行密码分析一般比较容易。

不同密钥应有不同有效期。数据密钥的有效期主要依赖数据的价值和给定时间里加密数据的数量。价值与数据传送率越大所用的密钥更换越频繁。

密钥加密密钥无须频繁更换，因为它们只是偶尔地用作密钥交换。在某些应用中，密钥加密密钥仅一月或一年更换一次。

用来加密保存数据文件的加密密钥不能经常地变换。通常是每个文件用唯一的密钥加密，然后再用密钥加密密钥把所有密钥加密，密钥加密密钥要么被记忆下来，要么保存在一个安全地点。当然，丢失该密钥意味着丢失所有的文件加密密钥。

公开密钥密码应用中的私钥的有效期是根据应用的不同而变化的。用作数字签名和身份识别的私钥必须持续数年（甚至终身），用作抛掷硬币协议的私钥在协议完成之后就应该立即销毁。即使期望密钥的安全性持续终身，两年更换一次密钥也是要考虑的。旧密钥仍需保密，以防用户需要验证从前的签名。但是新密钥将用作新文件签名，以减少密码分析者所能攻击的签名文件数目。

8. 销毁密钥
如果密钥必须替换，旧钥就必须销毁，密钥必须物理地销毁。

7.3.2 对称密钥管理

对称加密是基于共同保守秘密来实现的。采用对称加密技术的贸易双方必须要保证采用的是相同的密钥，要保证彼此密钥的交换是安全可靠的，同时还要设定防止密钥泄密和更改密钥的程序。这样，对称密钥的管理和分发工作将变成一件潜在危险的和烦琐的过程。通过公开密钥加密技术实现对称密钥的管理使相应的管理变得简单和更加安全，同时还解决了纯对称密钥模式中存在的可靠性问题和鉴别问题。贸易方可以为每次交换的信息（如每次的 EDI 交换）生成唯一一把对称密钥并用公开密钥对该密钥进行加密，然后再将加密后的密钥和用该密钥加密的信息（如EDI 交换）一起发送给相应的贸易方。由于对每次信息交换都对应生成了唯一一把密钥，因此各贸易方就不再需要对密钥进行维护和担心密钥的泄露或过期。这种方式的另一优点是，即使泄露了一把密钥也只将影响一笔交易，而不会影响到贸易双方之间所有的交易关系。这种方式还提供

了贸易伙伴间发布对称密钥的一种安全途径。

7.3.3 公开密钥管理

贸易伙伴间可以使用数字证书（公开密钥证书）来交换公开密钥。国际电信联盟（ITU）制定的标准 X.509，对数字证书进行了定义，该标准等同于国际标准化组织（ISO）与国际电工委员会（IEC）联合发布的 ISO/IEC 9594-8:195 标准。数字证书通常包含有唯一标识证书所有者（即贸易方）的名称、唯一标识证书发布者的名称、证书所有者的公开密钥、证书发布者的数字签名、证书的有效期及证书的序列号等。证书发布者一般称为证书管理机构（CA），它是贸易各方都信赖的机构。数字证书能够起到标识贸易方的作用，是目前电子商务广泛采用的技术之一。

7.4 防火墙系统

7.4.1 防火墙概述

所谓"防火墙"是指一种将内部网和公众访问网（如 Internet）分开的方法，它实际上是一种建立在现代通信网络技术和信息安全技术基础上的应用性安全技术，隔离技术。越来越多地应用于专用网络与公用网络的互联环境之中，尤其以接入 Internet 网络为最甚。

防火墙主要是借助硬件和软件的作用于内部和外部网络的环境间产生一种保护的屏障，从而实现对计算机不安全网络因素的阻断。只有在防火墙同意情况下，用户才能够进入计算机内，如果不同意就会被阻挡于外。防火墙技术的警报功能十分强大，在外部的用户要进入到计算机内时，防火墙就会迅速发出相应的警报，提醒用户的行为，并进行自我判断来决定是否允许外部的用户进入到内部，只要是在网络环境内的用户，这种防火墙都能够进行有效的查询，同时把查到信息对用户进行显示，然后用户需要按照自身需要对防火墙实施相应设置，对不允许的用户行为进行阻断。通过防火墙还能够对信息数据的流量实施有效查看，并且还能够对数据信息的上传和下载速度进行掌握，便于用户对计算机使用的情况具有良好的控制判断，计算机的内部情况也可以通过这种防火墙进行查看，还具有启动与关闭程序的功能，而计算机系统的内部具有的日志功能，其实也是防火墙对计算机的内部系统实时安全情况与每日流量情况进行的总结和整理。

防火墙是在两个网络通信时执行的一种访问控制尺度，能最大限度阻止网络中的黑客访问用户的网络。防火墙是指设置在不同网络（如可信任的企业内部网和不可信的公共网）或网络安全域之间的一系列部件的组合。它是不同网络或网络安全域之间信息的唯一出入口，能根据企业的安全政策控制（允许、拒绝、监测）出入网络的信息流，且本身具有较强的抗攻击能力。它是提供信息安全服务，实现网络和信息安全的基础设施。在逻辑上，防火墙是一个分离器，一个限制器，也是一个分析器，有效地监控了内部网和 Internet 之间的任何活动，保证了内部网络的安全。

7.4.2 防火墙的功能

1. 入侵检测

网络防火墙技术的主要功能之一就是入侵检测功能，主要有反端口扫描、检测拒绝服务工具、检测 CGI/IIS 服务器入侵、检测木马或者网络蠕虫攻击、检测缓冲区溢出攻击等功能，可以极大程度地减少网络威胁因素的入侵，有效阻挡大多数网络安全攻击。

2. 网络地址转换

利用防火墙技术可以有效实现内部网络或者外部网络的 IP 地址转换，可以分为源地址转换和目的地址转换，即 SNAT 和 DNAT。SNAT 主要用于隐藏内部网络结构，避免受到来自外部网络的非法访问和恶意攻击，有效缓解地址空间的短缺问题，而 DNAT 主要用于外网主机访问内网主机，以此避免内部网络被攻击。

3. 网络操作的审计监控

通过此功能可以有效对系统管理的所有操作以及安全信息进行记录，提供有关网络使用情况的统计数据，方便计算机网络管理以进行信息追踪。

4. 强化网络安全

防火墙技术管理可以实现集中化的安全管理，将安全系统装配在防火墙上，在信息访问的途径中就可以实现对网络信息安全的监管。

7.4.3 防火墙的主要类型

防火墙是现代网络安全防护技术中的重要构成内容，可以有效地防护外部的侵扰与影响。随着网络技术手段的完善，防火墙技术的功能也在不断地完善，可以实现对信息的过滤，保障信息的安全性。防火墙就是一种在内部与外部网络的中间过程中发挥作用的防御系统，具有安全防护的价值与作用，通过防火墙可以实现内部与外部资源的有效流通，及时处理各种安全隐患问题，进而提升了信息数据资料的安全性。防火墙技术具有一定的抗攻击能力，对于外部攻击具有自我保护的作用，随着计算机技术的进步，防火墙技术也在不断发展。

1. 过滤型防火墙

过滤型防火墙是在网络层与传输层中，可以基于数据源头的地址以及协议类型等标志特征进行分析，确定是否可以通过。在符合防火墙规定标准之下，满足安全性能以及类型才可以进行信息的传递，而一些不安全的因素则会被防火墙过滤、阻挡。

2. 应用代理防火墙

应用代理防火墙主要的工作范围就是在 OSI 的最高层，位于应用层上。其主要的特征是可以完全隔离网络通信流，通过特定的代理程序就可以实现对应用层的监督与控制。过滤型防火墙和应用代理防火墙是应用较为普遍的防火墙，其他一些防火墙应用效果也较为显著，在实际应用中要综合具体的需求以及状况合理地选择防火墙的类型，这样才可以有效地避免防火墙的外部侵扰等问题的出现。

3. 复合型防火墙

目前应用较为广泛的防火墙技术当属复合型防火墙技术，综合了包过滤防火墙技术以及应用代理防火墙技术的优点，譬如发过来的安全策略是包过滤策略，那么可以针对报文的报头部分进行访问控制；如果安全策略是代理策略，就可以针对报文的内容数据进行访问控制，因此复合型防火墙技术综合了其组成部分的优点，同时摒弃前述两种防火墙的原有缺点，大大提高了防火墙技术在应用实践中的灵活性和安全性。

7.4.4 防火墙的关键技术

1. 包过滤技术

防火墙的包过滤技术一般只应用于 OSI 七层的模型网络层的数据中，其能够完成对防火墙的状态检测，从而可以预先确定逻辑策略。逻辑策略主要针对地址、端口与源地址，通过防火墙所有的数据都需要进行分析，如果数据包内具有的信息和策略要求是不相符的，则其数据包就能够顺利通过，如果是完全相符的，则其数据包就被迅速拦截。计算机数据包传输的过程中，一般都会分解成为很多由目的地址等组成的一种小型数据包，当它们通过防火墙的时候，尽管其能够通过很多传输路径进行传输，而最终都会汇合于同一地方，在这个目地点位置，所有的数据包都需要进行防火墙的检测，在检测合格后，才会允许通过，如果传输的过程中，出现数据包的丢失以及地址的变化等情况，则就会被抛弃。

2. 加密技术

计算机信息传输的过程中，借助防火墙还能够有效地实现信息的加密，通过这种加密技术，相关人员就能够对传输的信息进行有效的加密，其中信息密码是由信息交流的双方进行掌握，对信息进行接收的人员需要对加密的信息实施解密处理后，才能获取所传输的信息数据，在防火墙加密技术应用中，要时刻注意信息加密处理安全性的保障。在防火墙技术应用中，想要实现信息的安全传输，还需要做好用户身份的验证，在进行加密处理后，信息的传输需要对用户授权，然后对信息接收方以及发送方要进行身份的验证，从而建立信息安全传递的通道，保证计算机的网络信息在传递中具有良好的安全性，非法分子不拥有正确的身份验证条件，因此，其就不能对计算机的网络信息实施入侵。

3. 防病毒技术

防火墙具有防病毒的功能，在防病毒技术的应用中，其主要包括病毒的预防、清除和检测等方面。防火墙的防病毒预防功能，在网络的建设过程中，通过安装相应的防火墙来对计算机和互联网间的信息数据进行严格的控制，从而形成一种安全的屏障来对计算机外网以及内网数据实施保护。计算机网络要想进行连接，一般都是通过互联网和路由器连接实现的，则对网络保护就需要从主干网的部分开始，在主干网的中心资源实施控制，防止服务器出现非法的访问，为了杜绝外来非法的入侵对信息进行盗用，在计算机连接的端口所接入的数据，还要进行以太网和 IP 地址的严格检查，被盗用 IP 地址会被丢弃，同时还会对重要信息资源进行全面记录，保障其计算机的信息网络具有良好安全性。

4. 代理服务器

代理服务器是防火墙技术应用比较广泛的功能，根据其计算机的网络运行方式可以通过防火墙技术设置相应的代理服务器，从而借助代理服务器来进行信息的交互。在信息数据从内网向外网发送时，其信息数据就会携带着正确 IP，非法攻击者能够分析信息数据 IP 作为追踪的对象，来让病毒进入到内网中，如果使用代理服务器，则就能够实现信息数据 IP 的虚拟化，非法攻击者在进行虚拟 IP 的跟踪中，就不能够获取真实的解析信息，从而实现代理服务器对计算机网络的安全防护。另外，代理服务器还能够进行信息数据的中转，对计算机内网以及外网信息的交互进行控制，对计算机的网络安全起到保护作用。

7.4.5 防火墙的部署方式

防火墙是为加强网络安全防护能力在网络中部署的硬件设备，有多种部署方式，常见的有桥模式、网管模式和 NAT 模式等。

1. 桥模式

桥模式又称透明模式。最简单的网络由客户端和服务器组成，客户端和服务器处于同一网段。为了安全方面的考虑，在客户端和服务器之间增加了防火墙设备，对经过的流量进行安全控制。正常的客户端请求通过防火墙送达服务器，服务器将响应返回给客户端，用户不会感觉到中间设备的存在。工作在桥模式下的防火墙没有 IP 地址，当对网络进行扩容时无须对网络地址进行重新规划，但牺牲了路由、VPN 等功能。

2. 网关模式

网关模式适用于内外网不在同一网段的情况，防火墙设置网关地址实现路由器的功能，为不同网段进行路由转发。网关模式相比桥模式具备更高的安全性，在进行访问控制的同时实现了安全隔离，具备了一定的私密性。

3. NAT 模式

NAT（Network Address Translation）地址翻译技术由防火墙对内部网络的 IP 地址进行地址翻译，使用防火墙的 IP 地址替换内部网络的源地址向外部网络发送数据；当外部网络的响应数据流量返回到防火墙后，防火墙再将目的地址替换为内部网络的源地址。NAT 模式能够实现外部网络不能直接看到内部网络的 IP 地址，进一步增强了对内部网络的安全防护。同时，在 NAT 模式的网络中，内部网络可以使用私网地址，可以解决 IP 地址数量受限的问题。

如果在 NAT 模式的基础上需要实现外部网络访问内部网络服务的需求时，还可以使用地址 / 端口映射（MAP）技术，在防火墙上进行地址 / 端口映射配置，当外部网络用户需要访问内部服务时，防火墙将请求映射到内部服务器上；当内部服务器返回相应数据时，防火墙再将数据转发给外部网络。使用地址 / 端口映射技术实现了外部用户能够访问内部服务，但是外部用户无法看到内部服务器的真实地址，只能看到防火墙的地址，增强了内部服务器的安全性。

4. 高可靠性设计

防火墙都部署在网络的出入口，是网络通信的大门，这就要求防火墙的部署必须具备高可靠性。一般 IT 设备的使用寿命被设计为 3 ~ 5 年，当单点设备发生故障时，要通过冗余技术实现可靠性，可以通过如虚拟路由冗余协议（VRRP）等技术实现主备冗余。目前，主流的网络设备都支持高可靠性设计。

7.5　入侵检测技术

7.5.1 入侵检测简介

入侵检测系统（IDS）可以被定义为对计算机和网络资源的恶意使用行为进行识别和相应处理的系统，包括系统外部的入侵和内部用户的非授权行为。

入侵检测技术是为保证计算机系统的安全而设计与配置的一种能够及时发现并报告系统中未授权或异常现象的技术，是一种用于检测计算机网络中违反安全策略行为的技术。进行入侵检测的软件与硬件的组合便是入侵检测系统（Intrusion Detection System，IDS）。

7.5.2　入侵检测系统的分类

1.　按技术划分

异常检测模型（Anomaly Detection）：检测与可接受行为之间的偏差。如果可以定义每项可接受的行为，那么每项不可接受的行为就应该是入侵。首先总结正常操作应该具有的特征(用户轮廓)，当用户活动与正常行为有重大偏离时即被认为是入侵。这种检测模型漏报率低，误报率高。因为不需要对每种入侵行为进行定义，所以能有效检测未知的入侵。

误用检测模型（Misuse Detection）：检测与已知的不可接受行为之间的匹配程度。如果可以定义所有的不可接受行为，那么每种能够与之匹配的行为都会引起告警。收集非正常操作的行为特征，建立相关的特征库，当监测的用户或系统行为与库中的记录相匹配时，系统就认为这种行为是入侵。这种检测模型误报率低、漏报率高。对于已知的攻击，它可以详细、准确地报告出攻击类型，但是对未知攻击却效果有限，而且特征库必须不断更新。

2.　按对象划分

基于主机：系统分析的数据是计算机操作系统的事件日志、应用程序的事件日志、系统调用、端口调用和安全审计记录。主机型入侵检测系统保护的一般是所在的主机系统。是由代理（Agent）来实现的，代理是运行在目标主机上的小的可执行程序，它们与命令控制台（Console）通信。

基于网络：系统分析的数据是网络上的数据包。网络型入侵检测系统担负着保护整个网段的任务，基于网络的入侵检测系统由遍及网络的传感器（Sensor）组成，传感器是一台将以太网卡置于混杂模式的计算机，用于嗅探网络上的数据包。

混合型：基于网络和基于主机的入侵检测系统都有不足之处，会造成防御体系的不全面，综合了基于网络和基于主机的混合型入侵检测系统既可以发现网络中的攻击信息，也可以从系统日志中发现异常情况。

7.5.3　入侵检测系统的部署

不同的组网应用可能使用不同的规则配置，所以用户在部署入侵检测系统前应先明确自己的目标，建议在满足检测策略要求的基础上，根据目标网络拓扑结构，以及便于 IDS 管理要求等方面着手，选择适合自己的入侵检测系统类型，并设计恰当的部署方式。

1.　基于主机的 IDS

基于主机的 IDS 只能够监控一个系统，它运行在你需要保护的主机之中，它能够读取主机的日志并寻找异常。但需要注意的是，当攻击发生之后，基于主机的 IDS 才能够检测到异常。基于网络的 IPS 能够检测到网段中的数据包，如果基于网络的 IPS 设计得当的话，它也许能够代替基于主机的 IPS。基于主机的 IDS 其另一个缺点就是，网络中的每一台主机都需要部署一个基于主机的 IDS 系统。你可以设想一下，如果你的环境中有 5 000 台主机，这样一来你的部署成本就会非常高了。

2. 基于设备的 IDS

你可以在一台物理服务器或虚拟服务器中安装 IDS，但你需要开启两个接口来处理流入和流出的网络流量。除此之外，你还可以在 Ubuntu 服务器（虚拟机）上安装类似 Snort 的 IDS 软件。

3. 基于路由器的 IDS

在一个网络中，几乎所有的流量都要经过路由器。路由器作为一个网络系统的网关，它是系统内主机与外部网络交互的桥梁。因此在网络安全设计架构中，路由器也是 IDS 和 IPS 系统可以考虑部署的地方。目前有很多可以整合进路由器的第三方软件，而它们可以构成网络系统抵御外部威胁的最前线。

4. 基于防火墙的 IDS

防火墙与 IDS 之间的区别在于，防火墙看起来可以防止外部威胁进入我们的网络，但它并不能监控网络内部所发生的攻击行为。很多厂商会在防火墙中整合 IPS 和 IDS，这样就可以给防火墙又添加一层保护功能。

习 题

单项选择题

1. 在短时间内向网络中的某台服务器发送大量无效连接请求，导致合法用户暂时无法访问服务器的攻击行为是破坏了（　　）。

    A. 机密性　　　　　　B. 完整性　　　　　　C. 可用性　　　　　　D. 可控性

2. Alice 向 Bob 发送数字签名的消息 M，以下不正确的说法是（　　）。

    A. Alice 可以保证 Bob 收到消息 M　　　　　B. Alice 不能否认发送消息 M

    C. Bob 不能编造或改变消息 M　　　　　　　D. Bob 可以验证消息 M 确实来源于 Alice

3. 入侵检测系统是对（　　）的合理补充，帮助系统对付网络攻击。

    A. 交换机　　　　　　B. 路由器　　　　　　C. 服务器　　　　　　D. 防火墙

4. 根据统计显示，80% 的网络攻击源于内部网络，因此，必须加强对内部网络的安全控制和防范。下面的措施中，无助于提高局域网内安全性的措施是（　　）。

    A. 使用防病毒软件　　　　　　　　　　　　B. 使用日志审计系统

    C. 使用入侵检测系统　　　　　　　　　　　D. 使用防火墙防止内部攻击

5. 典型的网络安全威胁不包括（　　）。

    A. 窃听　　　　　　　B. 伪造　　　　　　　C. 身份认证　　　　　D. 拒绝服务攻击

6. 就目前计算机设备的计算能力而言，数据加密标准 DES 不能抵抗对密钥的穷举搜索攻击，其原因是（　　）。

    A. DES 算法是公开的

    B. DES 的密钥较短

    C. DES 除了其中 S 盒是非线性变换外，其余变换均为线性变换

    D. DES 算法简单

7. 数字签名可以做到（　　　）。

    A. 防止窃听
                        B. 防止接收方的抵赖和发送方伪造

    C. 防止发送方的抵赖和接收方伪造
            D. 防止窃听者攻击

8. 下列描述不属于对称密码算法的是（　　　）。

    A. IDEA
            B. RC
            C. DES
            D. RSA

9. 下列算法中属于非对称算法的是（　　　）。

    A. Hash
          B. RSA
            C. IDEA
            D. 三重 DES

10. 下列不属于公钥管理的方法是（　　　）。

    A. 公开发布
       B. 公用目录表
       C. 公钥管理机构
       D. 数据加密

11. 下列不属于非对称密码算法特点的是（　　　）。

    A. 计算量大
                    B. 处理速度慢

    C. 使用两个密码
                D. 适合加密长数据

12. 数字证书是将用户的公钥与其（　　　）相联系。

    A. 私钥
          B. CA
            C. 身份
            D. 序列号

13. 一般而言，Internet 防火墙是建立在一个网络的（　　　）。

    A. 内部网络与外部网络的交叉点
        B. 每个子网的内部

    C. 部分内部网络与外部网络的结合处
        D. 内部子网之间传送信息的中枢

14. 下列关于防火墙的说法中，正确的是（　　　）。

    A. 防火墙可以解决来自内部网络的攻击

    B. 防火墙可以防止受病毒感染的文件的传输

    C. 防火墙会削弱计算机网络系统的性能

    D. 防火墙可以防止错误配置引起的安全威胁

15. 包过滤防火墙工作在（　　　）。

    A. 物理层
         B. 数据链路层
        C. 网络层
        D. 会话层

16. 防火墙中地址翻译的主要作用是（　　　）。

    A. 提供代理服务
                  B. 隐藏内部网络地址

    C. 进行入侵检测
                  D. 防止病毒入侵

17. 包过滤是有选择地让数据包在内部与外部主机之间进行交换，根据安全规则有选择地路由某些数据包。下面不能进行包过滤的设备是（　　　）。

    A. 路由器
         B. 主机
            C. 交换机
            D. 网桥

18. 有意避开系统访问控制机制，对网络设备及资源进行非正常使用属于（　　　）。

    A. 破坏数据完整性
                  B. 非授权访问

    C. 信息泄漏
                  D. 拒绝服务攻击

19. IDS 是一种重要的安全技术，其实现安全的基本思想是（　　　）。

    A. 过滤特定来源的数据包
        B. 过滤发往特定对象的数据包

    C. 利用网闸行为判断是否安全
        D. 通过网络行为判断是否安全

实 验 篇

实验一

网线制作与对等网构建
（Windows 7 系统）

实验学时：3 学时。

实验目的与要求：

① 掌握网线制作及连通性测试方法。

② 掌握计算机名、工作组、IP 地址的重要性，熟悉对等网构建的方法、步骤。

③ 了解 RJ-45 接口标准。

④ 掌握压线钳的使用方法。

实验环境：局域网及若干带有网卡的微机。

实验主要内容：

① 制作直通线、交叉线。

② 测试直通线、交叉线的连通性。

③ 设置计算机名、计算机工作组名。

④ 配置对等网中两台机器的 IP 地址。

实验准备：网钳一把、双绞线若干米、测线仪一个、RJ-45 水晶头若干个。

◎**网线钳的基本使用**

双绞线两端通过 RJ-45 水晶头连接网卡和交换机，在双绞线上压制水晶头需使用专用压线钳（网线钳），按下述步骤制作：用卡线钳剪线刀口将线头剪齐，再将双绞线端头伸入剥线刀口，使线头触及前挡板，然后适度握紧卡线钳同时慢慢旋转双绞线（握卡线钳力度不能过大，否则会剪断芯线；剥线的长度为 15 mm 左右，不宜太长或太短），让刀口划开双绞线的保护胶皮，取出端头从而拨下保护胶皮。

双绞线由 8 根有色导线两两绞合而成，将其整理为 568A 或 568B 标准平行排列，整理完毕用剪线刀口将前端修齐。然后一只手捏住水晶头（注：将水晶头有弹片一侧向下），另一只手捏平双绞线，稍稍用力将排好的线平行插入水晶头内的线槽中，八条导线顶端应插入线槽顶端。确认所有导线都到位后，将水晶头放入卡线钳夹槽中，用力捏几下卡线钳，压紧线头即可。

实验步骤：

1. 网线制作

（1）制作双绞线的材料和工具

双绞线、RJ-45 水晶头、压线钳、测线仪（见图 2-1-1）

RJ-45 水晶头　　　　　　　压线钳　　　　　　　测线仪

图 2-1-1　制作双绞线的材料和工具

（2）双绞线的两种制作标准

EIA/TIA 568A 和 EIA/TIA 568B。

（3）连接方法

① 直通线：双绞线两边都按照 EIA/TIA 568B 标准连接。

② 交叉线：双绞线一边按照 EIA/TIA 568A 标准连接，另一边按照 EIA/TIA 568B 标准连接。两种标准的线序（从左到右排列）如图 2-1-2 所示。

编号：　1　2　3　4　5　6　7　8
- 568 A：绿白、绿、橙白、蓝、蓝白、橙、棕白、棕。
- 568 B：橙白、橙、绿白、蓝、蓝白、绿、棕白、棕。

EIA/TIA568A（T568A）线序标准：

序号	1	2	3	4	5	6	7	8
颜色	绿白	绿	橙白	蓝	蓝白	橙	棕白	棕

EIA/TIA568B（T568B）线序标准：

序号	1	2	3	4	5	6	7	8
颜色	橙白	橙	绿白	蓝	蓝白	绿	棕白	棕

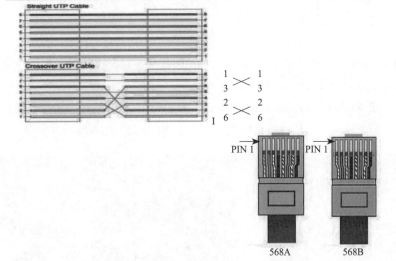

图 2-1-2　双绞线两种直线标准线序排列图

（4）制作直通线

两端都按照 EIA/TIA 568B 标准排线序，直通线适用于与交换机、路由器等设备的连接，应为在这些设备内部会进行线序交叉。

① 剪线与剥线。

用斜口钳剪下所需要的双绞线长度，然后利用双绞线剥线。切口将双绞线的外皮除去 2 ～ 3 cm。有一些双绞线电缆上含有一条柔软的尼龙绳，如果在剥除双绞线的外皮时，觉得裸露出的部分太短而不利于制作 RJ-45 接头时，可以紧握双绞线外皮，再捏住尼龙线往外皮的下方剥开，就可以得到较长的裸露线，如图 2-1-3 所示。

图 2-1-3　剪线与剥线

② 排线序。将裸露的双绞线中的橙色对线拨向自己的左方，棕色对线拨向右方，绿色对线拨向前方，蓝色对线拨向后方，如图 2-1-4 所示。

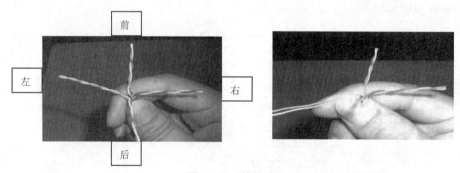

图 2-1-4　排线序

③ 小心地剥开每一对线，遵循 EIA/TIA 568B 的标准：按白橙－橙－白绿－蓝－白蓝－绿－白棕－棕的顺序排列好，排列结果如图 2-1-5 所示。

④ 将裸露出的双绞线用剪刀或斜口钳剪齐。最后再将双绞线的每一根线依序放入 RJ-45 接头的引脚内，第一只引脚内应该放白橙色的线，其余类推，如图 2-1-6 所示。

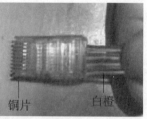

图 2-1-5　586B 线序　　　　　　　　图 2-1-6　剪齐并插入水晶头

⑤ 检查确认线序是否正确。确定双绞线的每根线是否按正确顺序放置，查看每根线是否进入到水晶头的底部位置，如图 2-1-7 所示。

⑥ 用压线钳压紧。用 RJ-45 压线钳压紧 RJ-45 接头，把水晶头里的八块小铜片压下去后，使每一块铜片的尖角都触到一根铜线，如图 2-1-8 所示。

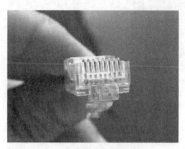

图 2-1-7　检查线序正确性

图 2-1-8　压紧 RJ-45 接头

⑦ 重复步骤①到步骤⑥，再制作另一端的 RJ-45 接头。因为工作站与集线器之间是直接对接，所以另一端 RJ-45 接头的引脚接法完全一样。

⑧ 直通线测试。将双绞线两端分别插入信号发射器和信号接收器，打开电源。如果网线制作成功，则依次从 1 到 8 号，发射器和接收器上同一条线对应的指示灯会亮起来。如果出现任何一个灯为红灯或黄灯，都证明存在断路或者接触不良现象。此时最好再将两端水晶头用网线钳压一次。如果故障依旧，再检查两端芯线的排列顺序是否一样。若不同，则剪掉一端并按另一端芯线排列顺序重新制作水晶头。若相同，则表明制作过程中连接不良，须照以上步骤重做。直到测试全为绿色指示灯闪过为止，如图 2-1-9 所示。

图 2-1-9　测试直通线

（5）制作交叉线

交叉线用于将计算机和计算机连接起来（不经过设备连接）。交叉线排序说明如下：

| 端 1 | 橙白 | 橙 | 绿白 | 蓝 | 蓝白 | 绿 | 棕白 | 棕 |
| 端 2 | 绿白 | 绿 | 橙白 | 蓝 | 蓝白 | 橙 | 棕白 | 棕 |

由上可以看出，端 1 为 586B 标准，端 2 是 586A 标准，其中 1 与 3 号线、2 与 6 号线实现了交叉对接。

除了线序与直通线不一样外，其他制作方法完全一样。交叉线测试步骤如下：

把 RJ-45 两端的接口插入测试仪的两个接口之后，打开测试仪，可以看到测试仪上的两组指示灯都在闪动。可以看到其中一端按 1、2、6 的顺序闪动绿灯，而另外一侧则会按照 3、6、1、2 的顺序闪动绿灯。以上信息表示网线制作成功，可以进行数据的发送和接收。

如果出现红灯或黄灯，就说明存在接触不良等现象，此时最好先用压线钳压制两端水晶头一次，再测，如果故障依旧存在，就得检查芯线的排列顺序是否正确。如果芯线顺序错误，那么就应重新进行制作，如图 2-1-10 所示。

图 2-1-10   交叉线测试

（6）注意事项

① 剥线时千万不能把芯线剪破或剪断，否则会造成芯线之间短路，或相互干扰。

② 双绞线颜色与 RJ-45 水晶头接线标准是否相符，应仔细检查，以免出错。

③ 插线一定要插到底，否则芯线与探针会接触不良。

④ 在排线过程中，左手一定要紧握已排好的芯线，否则芯线会移位，出现芯线错位现象。

⑤ 双绞线外皮是否已插入水晶头后端，并被水晶头后端夹住，这直接关系到所做线头的质量，否则在使用过程中会造成芯线松动。

⑥ 压线时一定要均匀缓慢用力，并且要用力压到底，使探针完全刺破双绞线芯线，否则会造成探针与芯线接触不良。

⑦ 测试时要仔细观察测试仪两端指示灯的对应是否正确，否则表明双绞线两端排列顺序有错，不能以为灯能亮就成功。

总结经验：

线序正确→将直且排列整齐→左手大拇指掐紧→线头剪齐→右手捏住水晶头弹片朝下→排线插入水晶头到位→用压线钳适当用力压紧。

2. 对等网的构建

在学校计算机中心每间机房中，有一台教师机和几十台学生机，这些机器在局域网络中的地位是平等的，它们属于网络中的同一工作组，即它们的工作组名被设置成同一个名称。一个同名工作组中的计算机构成一个对等网（地位对等，既使用资源也提供资源），可以相互共享软硬件资源。如打印机、硬盘、文件、文件夹等，所谓共享就是相互可以使用和传递上述资源。

（1）用制作好的交叉线连接计算机

每两台计算机为一组构建对等网（邻近两位学生为一组），由于学校同一间机房中的计算机的工作组名都已经设置成相同的，即每间机房是一个工作组。现在可以打开桌子后盖，拔去原有网线，将制作好的交叉线两头分别插入两台计算机的网卡 RJ-45 接口中（听到小响声表示插到位）。

（2）对等网中主机的计算机名与工作组名的检查、修改

在计算机桌面上右击"计算机"图标，在弹出的快捷菜单中选择"属性"命令，打开图 2-1-11 所示窗口，检查"工作组"是否同名，若不同，则必须更改（工作组名一定要相同）。检查"计算机名"是否同名，若相同，必须更改，（计算机名相同会发生冲突）。

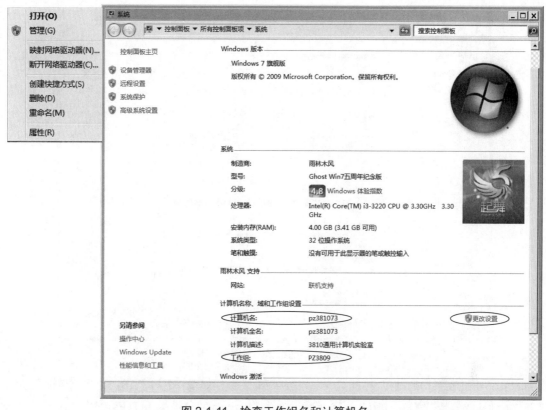

图 2-1-11 检查工作组名和计算机名

若要修改，则单击"更改设置"按钮，打开图 2-1-12（a）所示对话框，单击"更改"按钮，打开图 2-1-12（b）所示对话框，可在文本框中对工作组和计算机名进行修改。

（a）"系统属性"对话框

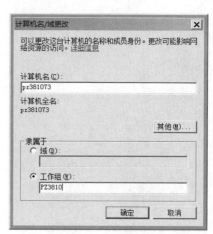

（b）"计算机名 / 域更改"对话框

图 2-1-12 修改工作组名和计算机名

（3）对等网中主机 IP 地址的检查、修改

单击"运行"→"控制面板"→"查看网络状态和任务"超链接，打开"网络和共享中心"窗口，如图 2-1-13 所示。

图 2-1-13 "网络和共享中心"窗口

单击"本地连接"超链接,打开"本地连接状态"窗口,如图 2-1-14 所示。单击"属性"按钮,打开"本地连接属性"窗口,如图 2-1-15 所示。选中"Internet 协议版本 4 (TCP/IP4)"选项,单击"属性"按钮,打开对话框,如图 2-1-16 所示。

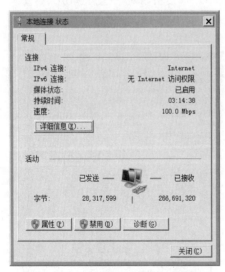

图 2-1-14 "本地连接状态"对话框

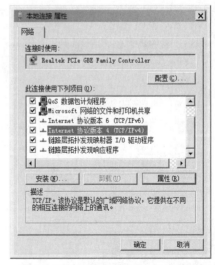

图 2-1-15 "本地连接属性"对话框

注意:在对等网中,由于不涉及网关和域名解析服务,所以网关和 DNS 可以不填,而对等网中所有机器的 IP 地址一定不能相同。

(4) 两台计算机的逻辑盘进行资源共享

由于机器上安装的 Windows 7 系统版本不同,资源共享进行的操作会有所不同,今后具体情况可以参考资料《Windows 7 下对等网的设置》。如下的操作是针对 3709、3801 等机房的配置环境而言。

① 开通 guest 来宾账户。

右击"计算机"→"管理"选项，打开"计算机管理"窗口，如图 2-1-17 所示，单击"本地用户和组"→"用户"选项，如图 2-1-18 所示，右击"guest"→"属性"选项，如图 2-1-19 所示，取消选中"账户已禁用"复选框，如图 2-1-20 所示，单击"确定"按钮。

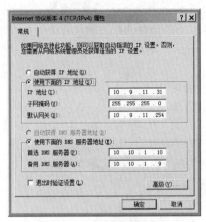

图 2-1-16　填写 IP 地址

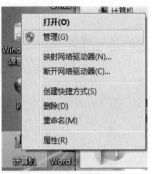

图 2-1-17　"管理"命令

图 2-1-18　"本地用户和组"选项

图 2-1-19　修改 guest 用户属性

图 2-1-20　取消选中"账户已禁用"复选框

② 设置逻辑盘共享。

在对等网的主机中，右击某一逻辑盘，在弹出的快捷菜单中选择"共享"→"高级共享"选项，如图 2-1-21 所示。

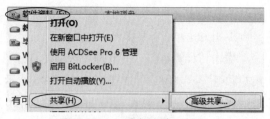

打开对话框，如图 2-1-22 (a) 所示，可见到 F: 盘的共享状况为不共享。单击"高级共享"按钮，

图 2-1-21 "高级共享"选项

可设置或修改该盘的"共享名"，如图 2-1-22 (b) 所示，然后设置共享后被操作的权限，单击"权限"按钮，打开"HP-F 的权限"对话框，如图 2-1-23 所示。

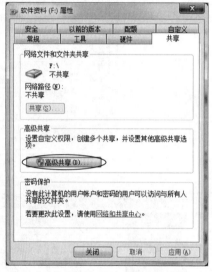

(a)"软件属性（F）：属性"对话框   (b)"高级共享"对话框

图 2-1-22 　设置逻辑盘的共享名

在图 2-1-23 中，单击"添加"按钮可以添加共享本逻辑盘的其他用户，我们可以选中 everyone 选项，让大家都可使用。为了安全起见，一般只允许别人读取自己的资源。若选中"更改"或"完全控制"复选框，则有很大风险。

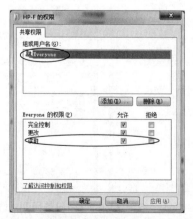

图 2-1-23 　设置共享盘的用户及其操作权限

设置好用户和权限后，单击"确定"→"确定"→"关闭"按钮，然后再单击"计算机"图标，可以看到被共享的逻辑盘前面多了一个图标，如图 2-1-24 所示。

软件资料 (F:)　　　　本地磁盘

图 2-1-24　已共享

于是，在对等网的其他主机中双击"计算机"→"网络"选项，就可以看到并使用被共享的逻辑盘。

③ 对两台计算机的逻辑盘中的文件夹进行资源共享。

参照上述逻辑盘的共享设置步骤，选中某一文件夹，进行类似操作即可。

（5）修改同组中两台机器的 IP 地址

内部 IP 地址有三套，除了培正学院公用机房局域网使用的是 10.0.0.0，还可以使用另外两套：192.168.0.0 和 172.16.0.0。

在图 2-1-16 中，将 IP 地址修改成图 2-1-25 所示的值，单击"确定"→"关闭"按钮。然后再相互复制粘贴文件，进行资源共享操作。

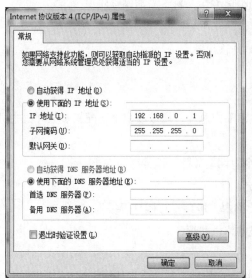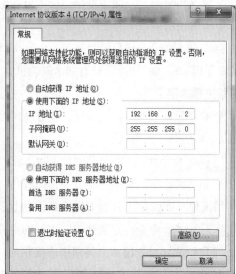

图 2-1-25　修改 IP 地址进行共享

实验二

网络适配器资源测试与常用网络命令（Windows 7 系统）

实验学时：3 学时。

实验目的与要求：

① 掌握 Windows 7 系统下网络适配器资源的测试方法，熟悉当前网络状况。

② 掌握常用网络命令的使用方法。

③ 会将 IP 地址与 MAC 地址绑定，防止 IP 地址盗用。

实验环境：局域网及若干带有网卡的微机。

实验主要内容：

① 查看并配置网卡的相关协议、服务、属性、工作速度，通过改变上述配置参数观察主机的变化并加以分析，熟悉网络状况。

② 用 ping 命令测试网络连通性，用 ping 命令对网络故障加以诊断。

③ 用 ipconfig 命令查看 TCP/IP 相关配置情况。

④ 用汉化 winipcfg 工具查看主机、IP 协议、路由、接口、总体分析报告。

⑤ 练习 tracert 命令判定数据包到达目的主机的路由状况。

⑥ 练习 netstat 命令显示当前网络连接状况。

⑦ 用 netsh 命令查看 IP 地址和 MAC 地址的对应情况，绑定某个主机的网卡 MAC 地址和 IP 地址。

实验步骤：

1. 查看网络适配器相关的软、硬件配置，熟悉网络状况

（1）查看网卡的相关协议服务、硬件属性

① 双击"网络"→"网络和共享中心"→"本地连接"选项，如图 2-2-1 所示。单击"本地连接"链接，查看本地连接状态，如 IPv4 网络速度；持续上网时间；已发送、已接收的 IP 数据包等数据，如图 2-2-2 所示。仔细观察"已发送"的字节数和"已接收"的字节数是否匹配？若是只有发送而没有接收，或者发送的多接收的很少，则表示当前网络状况不佳甚至网络不通。

② 单击"详细信息"按钮，打开"网络链接详细信息"对话框，熟悉 MAC 地址、IP 地址、子网掩码、网关、DNS、WINS 等信息，初步了解它们的含义。

将自己主机的如图 2-2-2 和图 2-2-3 的信息截图复制到实验报告中，以文字说明自己机器的网络工作速度、网卡的物理（MAC）地址及 IPv4 地址。

图 2-2-1　查看本地连接状态

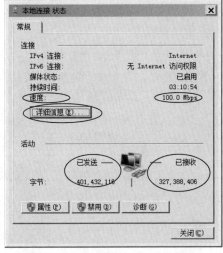

图 2-2-2　本地连接状态参数数据

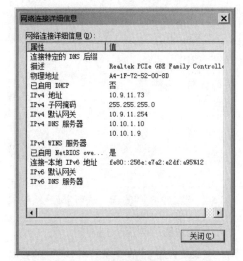

图 2-2-3　主机网络连接的详细信息

③ 在图 2-2-2 中，单击"属性"按钮，打开"本地连接属性"对话框，查看本地连接的各种属性，如图 2-2-4 所示。

④ 在图 2-2-4 中，单击"配置"按钮，查看网卡的硬件配置情况，共有 6 个选项卡，如图 2-2-5 所示，图中显示的是"常规"选项卡的内容。

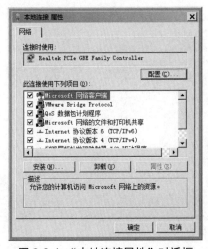

图 2-2-4　"本地连接属性"对话框

图 2-2-5　网卡的"常规"选项卡

单击"高级"选项卡，如图 2-2-6 所示。此处有 IPv4 和 IPv6 中各个协议的硬件校验和，"值"可以选择开启（Enabled）或关闭（disabled），比如将 IPv4 的 TCP 硬件校验和关闭，以降低 TCP 协议的资源消耗。

单击"驱动程序"选项卡，如图 2-2-7 所示，是网卡的设备驱动程序状况。

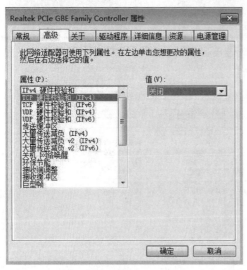

图 2-2-6 "高级"选项卡

图 2-2-7 "驱动程序"选项卡

◎在实验报告中回答下列问题：

1. 什么是设备驱动程序？（阅读参考资料后回答）

2. 可以对网卡进行"禁用"和"卸载"操作吗（试验一下）？为什么？

单击"详细信息"选项卡，如图 2-2-8 所示，是网卡的各种硬件属性参数，如选择"制造商"选项，会显示厂家名称。

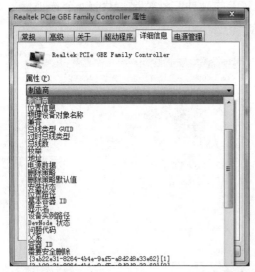

图 2-2-8 网卡的硬件属性

⑤ 禁用和启用网络适配器。在图 2-2-1 中右击"本地连接"→"禁用"选项，屏幕右下角的网络图标打上惊叹号 ，此时网络断开了，本地连接为禁用状态，如图 2-2-9 所示。

图 2-2-9　禁用本地连接

右击"本地连接"→"启用"选项，网络恢复连接状态，如图 2-2-10 所示。

图 2-2-10　启用本地连接

（2）查看网络协议

① 在图 2-2-4 中选中 IPv6，单击"属性"按钮，显示的是"自动获取 IPv6 地址"，如图 2-2-11 所示。

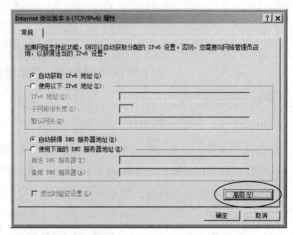

图 2-2-11　IPv6 地址属性

② 在图 2-2-4 中选中 IPv4,单击"属性"按钮,显示的是"使用下面的 IP 地址",如图 2-2-12 所示,这是在规划网络时得到的 IP 地址,若选择"自动获得 IP 地址"单击按钮,则由 DHCP 服务器分配 IP 地址。学校实验室中一般都是使用固定的 IP 地址。

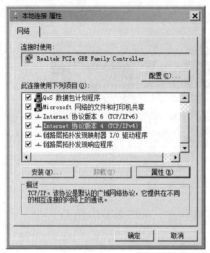 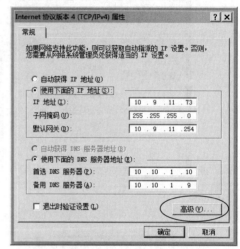

图 2-2-12 IPv4 地址属性

在图 2-2-12 中单击"高级"按钮,打开"高级 TCP/IP 设置"对话框,分别单击三个选项卡,显示 IP 设置、DNS 设置和 WINS 设置的情况,如图 2-2-13 所示。

  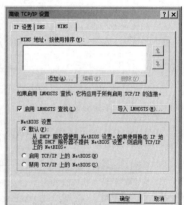

图 2-2-13 "高级 TCP/IP 设置"对话框

2. 常用网络命令介绍

(1) ping 命令——连通性测试工具

ping 命令主要用于网络连通性测试与分析,使用最频繁。能确定本地主机能否与其他主机交换(发送与接收)数据包,进一步推断 TCP/IP 参数设置和运行是否正常,以此确定网络底层、网卡、Modem、路由器、线路是否连通,缩小故障范围。

(2) nslookup 命令

nslookup 命令用于显示当前域名系统(DNS)服务器名称的信息,可以监测网络中 DNS 服务器是否能正确实现域名解析,也可从域名中解析出 IP 地址,还可以从 IP 地址中解析出域名。

（3）tracert——路由跟踪工具

tracert 用于确定 IP 数据包访问目标所经由的路径。它使用 IP 生存时间（TTL）字段和 ICMP 包返回的消息来确定从一个主机到网络上其他主机的路由。它主要用来显示数据包到达目标主机所经过的路径、经过的每个节点的时间、节点的 IP 地址等，若数据包未到达目的地，则显示到达的最后一个节点的情况。tracert 命令一般用来检测网络故障的位置，可以查找到网络在哪个节点上出了问题，但是并不能确定什么样的问题。

（4）ipconfig/winipcfg ——查看修改 TCP/IP 配置情况

查看并修改网络中 TCP/IP 协议的有关配置（网卡的物理 MAC 地址、IP 地址、网关、子网掩码、主机名 DNS）。在 Windows XP 下 winipcfg 以图形界面显示，ipconfig 用字符界面显示。

（5）netstat——显示协议的统计数据

显示与 IP、TCP、UDP、ICMP 协议相关的统计数据，测试本机各端口的连接与运行情况，对于网络整体运行情况详细了解。在 Windows 系统下都可以使用并以字符界面显示。

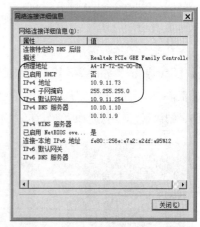

图 2-2-3　主机网络连接的详细信息

（6）netsh——将静态 IP 地址和 MAC 地址绑定

将静态 IP 地址和主机的 MAC 地址绑定可以防止别人盗用自己的 IP 地址干坏事。

3. 常用网络命令实验步骤

（1）进入命令窗口

① 在图 2-2-3 中，记住自己主机网络连接的详细信息，以备后用。

② 单击"开始"→"运行"→"运行"对话框，在对话框中输入命令 CMD，单击"确定"按钮，如图 2-2-14 ～ 图 2-2-16 所示。

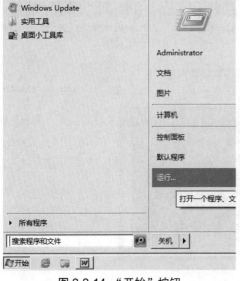

图 2-2-14　"开始"按钮

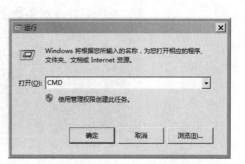

图 2-2-15　"运行"对话框

3709 实验室服务器的 TCP/IP 属性：
MAC 地址：00-A0-D1-E6-5F-3E
IP 地址： 10.9.25.201
子网掩码：255.255.255.0
网关： 10.9.25.254
DNS: 10.9.1.10: 10.9.1.9

3709 实验室教师机 TCP/IP 属性：
MAC 地址：A4-1F-72-53-09-8A
IP 地址： 10.9.25.73
子网掩码：255.255.255.0
网关： 10.9.25.254
DNS: 10.9.1.10: 10.9.1.9

图 2-2-16　Windows 7 下的命令窗口

（2）ping 命令的使用

① ping 自己机器的 IP 地址（假定机器的 IP 地址是：10.9.11.31）。

在命令提示符窗口中输入 ping 10.9.11.31，按【Enter】键，如图 2-2-17（a）所示 ping 127.0.0.1，按【Enter】键，如图 2-2-17（b），能正常返回 4 个 ICMP 数据包，表明当前网络配置和网卡工作都是正常的。ping 一个本局域网中不存在的 IP 地址，如在命令窗口中输入 ping 10.9.11.100，按【Enter】键，结果显示没有返回 ICMP 包，如图 2-2-18 所示，表明没有连通。

（a）ping 10.9.11.31　　　　　　　　　　　　　　　（b）ping 127.0.0.1

图 2-2-17　本主机当前网络软硬件配置正常

图 2-2-18　ping 一个不存在的 IP

- 在自己的实验报告中 ping 自己机器的 IP 地址和一个不存在的 IP，截图保存，并文字说明。
  - ➢ bytes <32，表示测试中发送的数据包大小是 32 个字节。
  - ➢ time <10 ms，表示与对方主机往返一次所用的时间小于 10 ms。
  - ➢ TTL = 64，表示当前测试使用的 TTL（Time to Live）值为 64（Windows 7 系统默认值）。

TTL 的值是 IP 数据包在网络传送过程中的生存时间（ms），就是说这个 ping 的数据包能在网络上存活多少时间。当对网络上的主机进行 ping 操作时，本地机器会发出一个数据包，数据包经过一定数量的路由器才能传送到目的主机。但是出于多种原因，一些数据包不能正常传送到目的主机，如果不给这些数据包一个生存时间的话，这些数据包会一直在网络上传送，导致网络开销无限增大。所以，当数据包经由一个路由器之后，TTL 值会自动减 1，如果减到 0 了还没有到达目的主机，该 IP 包就会自动丢失。

每种操作系统对 TTL 一般都有一个默认的固定值，Linux 系统的 TTL 值为 64 或 255，UNIX 主机的 TTL 值为 255，Windows 7 的 TTL 值为 64，所以通过 TTL 来判断目的主机的操作系统还是有一定的依据的。

② ping 其他机器的 IP。

- 两人一组，自由组合，互相说出自己的 IP 地址，然后相互 ping 对方，测试连通性。如 ping 10.9.11.5 时，图 2-2-19 表示连通，图 2-2-20 表示不连通。

图 2-2-19　已连通对方主机

图 2-2-20　未连通对方主机

- 在实验报告中截图记录自己的实验真实情况并加以分析说明。

③ ping 网关（图 2-2-3 中给出了本局域网网关的 IP 地址）。

在命令提示符窗口中输入：(比如 ping 某网关) ping 10.6.116.254，按【Enter】键，如图 2-2-21 所示。该命令发送 4 个 IP 包，经网卡和双绞线正确到达网关。表示局域网中网关（路由器）正在运行并能够作出正确应答。

④ ping "网易" 网站。

在命令提示符窗口中再输入：ping www.163.com，按【Enter】键。ping 命令将网易的域名自动转换成它的 IP 地址并试图连接网易，如图 2-2-22 表示网易具有连通性。若出现 Request timed out 表明 IP 地址错误或 DNS 域名服务器故障。

图 2-2-21　测试网关连通性

图 2-2-22　网易的连通性

- 将 ping 网易看到的结果（截图）记录在实验报告中。

⑤ ping 培正学院网站：ping www.peizheng.com.cn，按【Enter】键。

⑥ 网页无法打开时使用 ping 命令测试该网站，比如，打不开中国铁道出版社有限公司的网址（其域名为：www.tdpress.com），可以输入命令：ping www.tdpress.com，按【Enter】键，如果出现：Pinging tdpress.com with 32 bytes of data:…. 字样，说明对方主机已经打开，否则，网络出现了其他故障或对方主机未打开。

⑦ 请分别 ping：新浪、百度、微软等网站。

⑧ 修改 IP 地址：事先记下自己的 IP 地址，双击"网络"→"网络和共享中心"→"本地连接"→"属性"→ IPv4 →"属性"选项，将自己的 IP 地址最后字节加上 100 并修改，单击"确定"→"关闭"按钮。然后相互 ping 对方的 IP 地址，测试连通性。

- 学生 2 人一组，其中一人将自己的 IP 地址修改成另一人的 IP 地址，（此时，同一局域网中存在两个相同的 IP 地址），会出现什么现象？请截图记录在实验报告中。

注意：ping 命令除了"time out"错误外，还可能出现如下 3 种错误信息：

- unknown host：不知道的主机名。
- Network unreachable：网络不能到达。
- NO answer：系统无响应。

（3）nslookup 命令使用

① 用 nslookup 命令从域名中解析出 IP 地址和本地域名服务器名称机器 IP 地址。例如，解析

培正学院和百度的域名：nslookup www.peizheng.edu.cn 或 www.baidu.com，如图 2-2-23 所示。学生自己解析出域名：www.163.com 或 www.sina.com 相应的 IP 地址。

图 2-2-23　域名解析成 IP 地址

② 用 nslookup 命令从 IP 地址中解析出域名，例如，解析培正学院的 IP 地址：nslookup 10.10.9.26，如图 2-2-24 所示。

• 学生自己从网易、新浪、百度的 IP 地址解析其域名。

（4）tracert 命令的使用

① 进入命令窗口。

② 显示本地机到百度网站的路由。在命令提示符窗口中输入：tracert www.baidu.com，按【Enter】键，或输入：tracert 111.12.100.92，按【Enter】键，正常情况下可以显示从本地主机到达百度站点所经过的路由或网关的列表，但是也有可能在测试某些路由或网关的过程中出现超时现象，如图 2-2-25 所示。

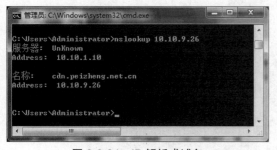

图 2-2-24　IP 解析成域名　　　　　　图 2-2-25　到百度的路由状况

• 在实验报告中写出到百度网站经过了多少个跃点？测试正常的有几个？超时的有几个？

③ 自己测试本地机到达其他网站的网关和路由。

• 显示本主机到网易网站的路由：tracert 163.com，按【Enter】键，经过了多少个网关及路由？

• 显示本地机到微软网站的路由：Tracert microsoft.com，按【Enter】键，经过了多少个网关及路由？

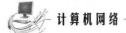

④ 多局域网互连时确定故障点位置。ping 命令只能在一个局域网内部确定故障点，当多个局域网互连时，可用 tracert 命令确定故障点，方法是：假定局域网 1 中有 IP 地址 IP1（或主机名 nts01）；局域网 2 中有 IP 地址 IP2（或主机名 nts02）；先在局域网 1 中输入命令：tracert IP1（或 nts01），若能返回正确结果，说明局域网 1 无故障。再输入命令：tracert IP2（或 nts02），若不能返回正确结果，说明问题出在局域网 2 中或者是两个局域网之间的连接设备有问题。

• 设法获知一个本校其他实验室的 IP 地址，用 tracert 测试两个实验室之间的连通性。

（5）ipconfig 命令的使用

① 进入命令窗口。

② 测试并显示 TCP/IP 相关的所有配置信息。在命令提示符窗口中输入：ipconfig /all，按【Enter】键，出现类似于图 2-2-26 所示的窗口，这里显示了本机的几乎所有 TCP/IP 相关信息。

• 在实验报告中截图记录下此命令结果并加以说明。

图 2-2-26 本主机的所有 TCP/IP 信息

③ 还可以将 IP 地址相关配置情况保存到文本文件中备用。在命令提示符窗口中输入：ipconfig/all/batch F:\wq.txt 按【Enter】键，于是相关的配置情况保存到了 F 盘的 wq.txt 文件中，可用写字板或记事本查看。

④ 在动态主机配置协议 DHCP 环境下，使用 ipconfig 了解本次分配的 IP 地址相关的所有配置情况。可惜的是学校机房都使用静态 IP 地址，无法实验，但是有条件的同学可在其他地方学习。如：

- 学生宿舍无线上网是 DHCP 动态分配 IP 环境。
- 家庭使用的 ADSL 拨号上网是 DHCP 动态分配 IP 环境。
- 培正学院办公网络用户的 IP 地址是 DHCP 动态分配 IP 环境。

在上述环境下，输入：ipconfig /all，按【Enter】键，了解当时的网络各项参数配置状况。

⑤ winipcfg 工具软件的使用

这是一个专用的查询网络配置工具软件，找到文件夹"汉化 winipconfig"文件夹，双击 winipcfg.exe 应用程序，出现图 2-2-27 所示的主界面。其中每个菜单都可以提供丰富的信息，请学生逐一展开菜单项查看并使用。

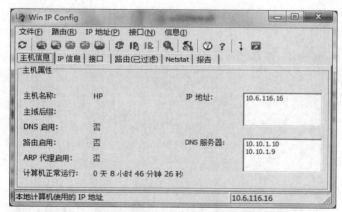

图 2-2-27　winipconfig 主界面

(6) netstat 命令的使用

这是一个用来查看网络状态的命令，操作简便，功能强大。

① 格式：

```
netstat [-a] [-b] [-e] [-n] [-o] [-p proto] [-r] [-s] [-v] [interval]
```

② 说明：

- -a：显示所有连接和监听端口。
- -b：显示包含于创建每个连接或监听端口的可执行组件。在某些情况下已知可执行组件拥有多个独立组件，并且在这些情况下包含于创建连接或监听端口的组件序列被显示。这种情况下，可执行组件名在底部的 [] 中，顶部是其调用的组件，等等，直到 TCP/IP 部分。此选项可能需要很长时间，如果没有足够权限可能会失败。
- -e：显示以太网统计信息。此选项可以与 -s 选项组合使用。
- -n：以数字形式显示 TCP 协议当前活动连接的 IP 地址及其对应的端口号。
- -o：显示与每个连接相关的所属进程 ID。

- -p：proto 显示 proto 指定协议的连接；proto 可以是 TCP、UDP、TCPv6 或 UDPv6 协议。如果与 -s 选项一起使用以显示按协议统计信息，proto 可以是 IP、IPv6、ICMP、ICMPv6、TCP、TCPv6、UDP 或 UDPv6 协议。
- -r：显示路由表。
- -s：显示按协议统计信息。默认地，显示 IP、IPv6、ICMP、ICMPv6、TCP、TCPv6、UDP 和 UDPv6 的统计信息；-p 选项用于指定默认情况的子集。
- -v：与 -b 选项一起使用时将显示包含于为所有可执行组件创建连接或监听端口的组件。
- interval 重新显示选定统计信息，每次显示之间暂停时间间隔（以秒计）。按【Ctrl+C】组合键停止重新显示统计信息。如果省略，netstat 显示当前默认值。

例如：执行本实验的第①步，进入命令提示符窗口。然后实验操作如下 4 个命令，如图 2-2-28 ～图 2-2-30 所示。在命令提示符窗口中输入：netstat-a，按【Enter】键，显示与本机连接的所有端口信息列表。在命令提示符窗口中输入：netstat-n，按【Enter】键，显示当前活动连接的 IP 地址及其对应的端口号。

图 2-2-28　netstat-a 端口信息

图 2-2-29　netstat-n 显示 TCP 协议连接的两个端口号及其 IP 地址

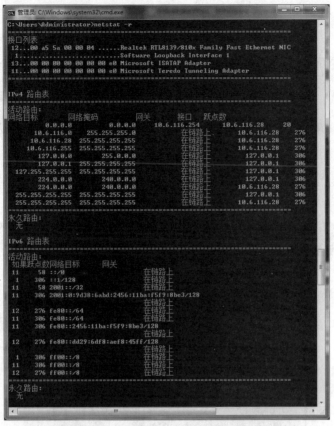

图 2-2-30　当前 IPv4 和 IPv6 路由表信息

在命令提示符窗口中输入：netstat-r，按【Enter】键，显示路由表信息。

（7）使用 netsh 命令将本地网关 IP 地址与它的 MAC 地址绑定

① 在命令窗口运行 ARP-A 命令查看本地网关 IP 地址及其 MAC 地址，类型为"动态"表示未绑定，如图 2-2-31 所示。

图 2-2-31　本地网关的 IP 和 MAC 未绑定

② 输入：netsh i i show in，得到本地连接的序列号，如图 2-2-32 所示。然后找到“本地连接”对应的“Idx”(此处是“12”，下面 neighbors 后面的数字与此处要一致。)

```
C:\Users\Administrator>netsh i i show in

Idx     Met         MTU          状态                名称
---  ----------  ----------  ------------  ---------------------------
  1          50  4294967295  connected     Loopback Pseudo-Interface 1
 12          20        1500  connected     本地连接
```

图 2-2-32　得到 IDX 序号

③ 输入：netsh -c i i add　neighbors Idx　网关 IP 地址　网关的 MAC 地址。进行绑定，这里 12 是 idx 号，如图 2-2-33 所示。

```
C:\Users\Administrator>netsh -c i i add neighbors 12 10.6.116.254 38-22-d6-b8-c0-d3
```

图 2-2-33　将网关的 IP 地址与物理地址绑定

再输入 arp -a 查看是否已经绑定好了，在图 2-2-34 中看到网关的 IP 地址后面的类型变成“静态”了，表示该 IP 已经与其 MAC 地址绑定了，切实防止了经由此网关下的所有 IP 地址被盗用。

```
C:\Users\Administrator>arp -a

接口: 10.6.116.28 --- 0xc
  Internet 地址         物理地址              类型
  10.6.116.1            70-71-bc-ea-2f-b8     动态
  10.6.116.2            f0-92-1c-eb-ec-68     动态
  10.6.116.3            f0-92-1c-eb-ec-d7     动态
  10.6.116.4            00-1d-60-fc-9f-3a     动态
  10.6.116.5            70-71-bc-ea-2f-75     动态
  10.6.116.9            00-26-18-77-27-10     动态
  10.6.116.13           70-71-bc-ea-30-cf     动态
  10.6.116.14           f0-92-1c-eb-e0-8b     动态
  10.6.116.16           f0-92-1c-ed-ce-b0     动态
  10.6.116.25           a4-1f-72-51-29-25     动态
  10.6.116.102          a4-1f-72-53-09-e4     动态
  10.6.116.123          00-15-58-bd-fd-8b     动态
  10.6.116.244          38-60-77-cc-e8-eb     动态
  10.6.116.245          f0-92-1c-ed-cc-2a     动态
  10.6.116.252          70-71-bc-ea-2f-81     动态
  10.6.116.253          10-60-4b-8b-7f-77     动态
  10.6.116.254          38-22-d6-b8-c0-d3     静态
```

图 2-2-34　检查绑定状况

④ 解除绑定：若要解除绑定，则可以输入：netsh -c“i i” delete neighbors IDX（IDX 改为相应的数字）。如图 2-2-35 所示，显示“确定”表示解除成功。

```
C:\Users\Administrator>netsh  -c i i delete neighbors 12 10.6.116.254 38-22-d6-b8-c0-d3
确定。
```

图 2-2-35　解除 IP 与 MAC 的绑定

实验三

网络状况、资源共享与子网划分（Windows 7 系统）

实验学时：3 学时。

实验目的与要求：

① 会检测当前网络状况并配置当前网络参数。

② 掌握共享逻辑盘、文件夹的方法，会映射网络驱动器。

③ 熟悉子网划分时 IP 地址和子网掩码的计算，会用子网计算软件和手工计算划分子网。

④ 掌握 TCP/IP 属性的配置方法。

实验环境：局域网及若干带有网卡的微机。

实验主要内容：

① 使用 Windows 7 任务管理器检测当前网络状况和配置部分参数。

② 使用 360 安全卫士检测当前网络状况。

③ 局域网中逻辑盘共享、文件夹共享、映射网络驱动器的方法。

④ 配置 TCP/IP 协议属性参数。

⑤ 使用工具软件计算划分 IP 地址和子网掩码。

⑥ 手工计算划分 IP 地址和子网掩码。

实验步骤：

1. 检测当前网络状况

（1）进入任务管理器管理程序、进程和服务

① 同时按【Ctrl+Alt+Del】组合键，单击【启动任务管理器】链接，打开"Windows 任务管理器"窗口，在"应用程序"选项卡中可以看到当前正在运行的程序，如图 2-3-1 所示。在"进程"选项卡中可以看到进程名称及其属主（用户名）、CPU 资源和内存资源占用情况，如图 2-3-2 所示。

② 今后若遇到执行某一程序死机（退不出来），可以进入任务管理器删除其对应的进程。此处以 Word 为例，在进程列表中选中"word.exe"选项并右击，选择"结束进程"命令，打开"Windows 任务管理器"对话框，如图 2-3-3 所示。如图 2-3-4 所示，word.exe 已经被删除了。

③ 可以查看当前操作系统的服务情况，可在服务管理器中启用或停用某些服务，如图 2-3-5 所示。

图 2-3-1　任务管理器中正在运行的程序

图 2-3-2　正在运行的进程

图 2-3-4　结束进程后看不到 word.exe 进程

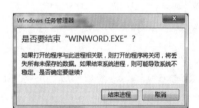

图 2-3-3　删除进程

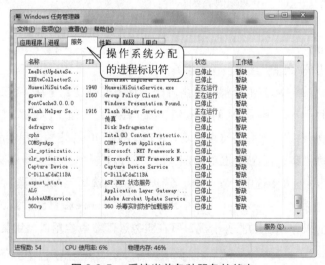

图 2-3-5　系统当前各种服务的状态

（2）"性能"选项卡

查看当前 Windows 7 系统资源使用状况，如图 2-3-6 所示，查看并分析当前整个 CPU 和内存占用状况。

① 单击图 2-3-6 所示底部的"资源监视器"按钮，进入"资源监视器"窗口，如图 2-3-7 所示。

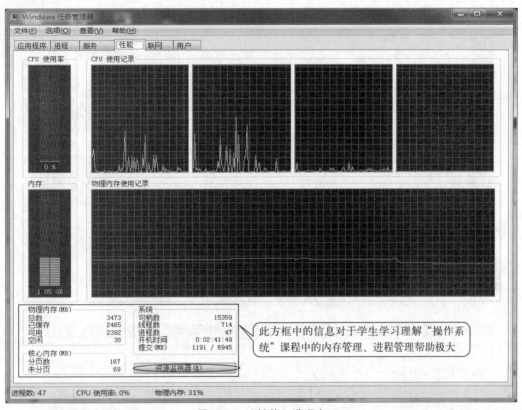

图 2-3-6 "性能"选项卡

图 2-3-7 "资源监视器"窗口

② 单击"CPU"选项卡查看 CPU 占用状况，如图 2-3-8 所示。

图 2-3-8　CPU 使用状况

③ 单击"内存"选项卡查看内存分配状况，如图 2-3-9 所示。

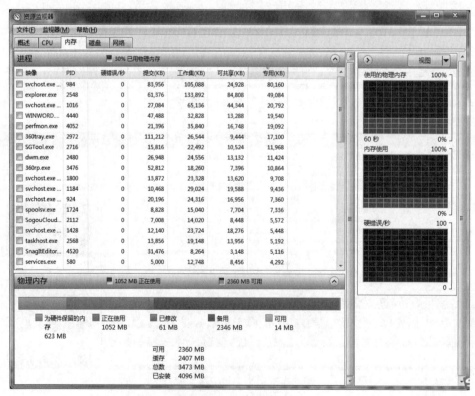

图 2-3-9　内存分配状况

④ 单击"磁盘"选项卡查看磁盘（硬盘）读写状况，如图 2-3-10 所示。

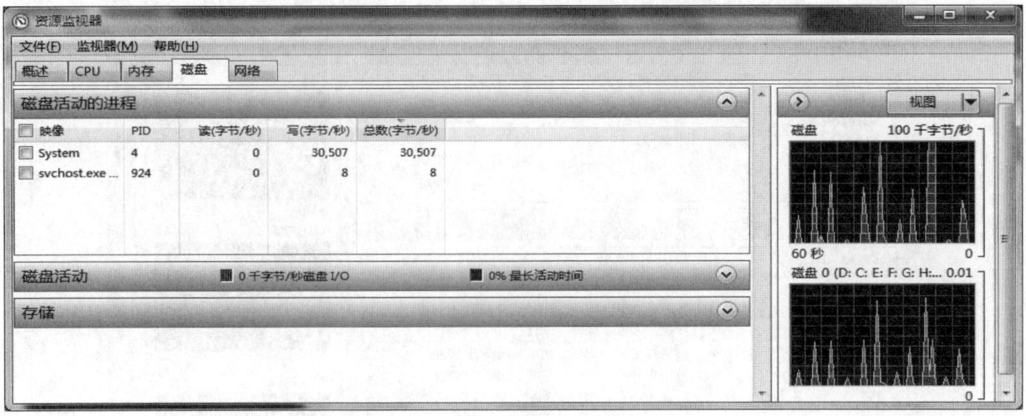

图 2-3-10　磁盘使用状况

（3）"网络"选项卡

查看网络状况，各个网络进程发送与接收字节数，如图 2-3-11 所示，可分别对三个列表框进行下拉。

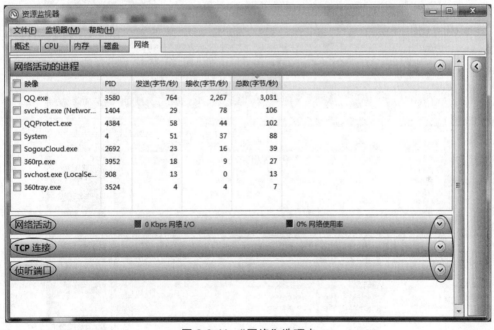

图 2-3-11　"网络"选项卡

① 单击"侦听端口"下拉按钮，可以查看各个网络进程 TCP 连接时占用的活动端口、通过系统防火墙的状况，如图 2-3-12 所示。

② 单击"TCP 连接"下拉按钮，可以看到各个网络进程 TCP 连接状况，包括进程句柄号、本地主机端口号及其 IP 地址、对方主机端口号及其 IP 地址（端口号 +IP 地址合称为"套接字"），如图 2-3-13 所示。

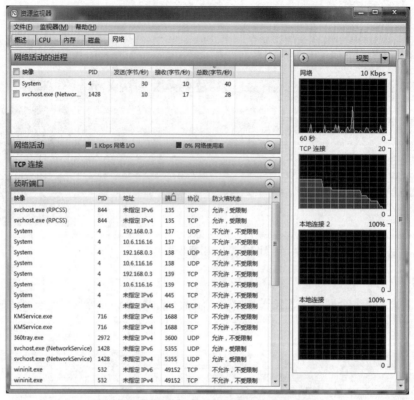

图 2-3-12　进程占用端口活动（侦听）状况

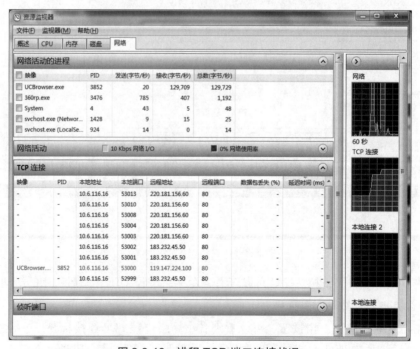

图 2-3-13　进程 TCP 端口连接状况

③ 单击"网络活动"下拉按钮，查看各个网络进程收发的字节数，如图 2-3-14 所示。

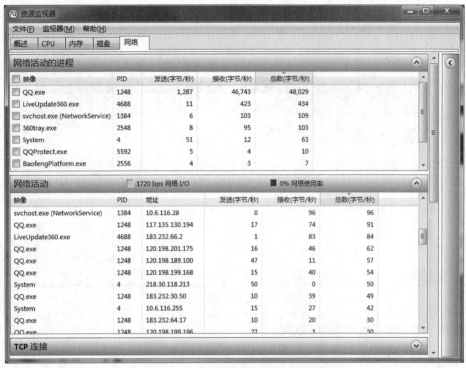

图 2-3-14　各个进程的网络活动状况

（4）"联网"选项卡

在图 2-3-4 的任务管理器中，单击"联网"选项卡，查看网络适配器的网速，如图 2-3-15 所示。

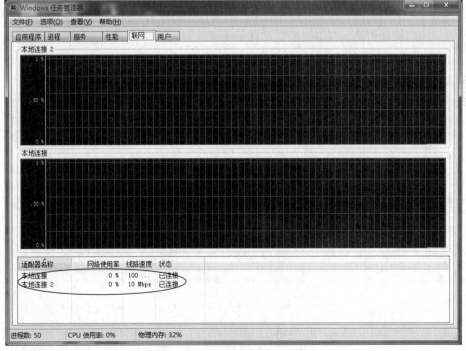

图 2-3-15　网络适配器的速度

（5）"用户"选项卡

在图 2-3-4 的任务管理器中，单击"用户"选项卡，查看当前使用本主机的用户，如图 2-3-16 所示。

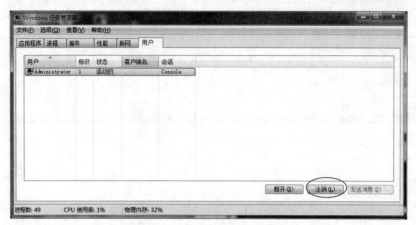

图 2-3-16　当前使用主机的用户

2. 使用 360 安全卫士检测网络状况

（1）安装 360 安全卫士

将服务器中的"360safe V11.4.exe"安装文件复制到 F 盘上，双击安装程序进行安装，360 安全卫士安装非常简单流畅。

（2）进入 360 安全卫士中的"流量防火墙"窗口

安装完毕后，单击屏幕右下角 图标进入主菜单，单击"功能大全"→"网络优化"→"流量防火墙"选项，进入"360 流量防火墙"窗口，如图 2-3-17 所示。分别单击"流量防火墙"窗口的七个选项卡"管理网速""网络体检""保护网速""局域网防护""防蹭网""网络连接""测网速"，检测当前的网络状况。

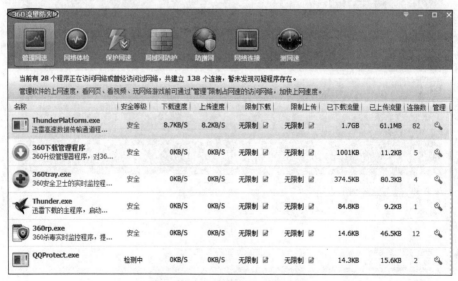

图 2-3-17　"流量防火墙"窗口

单击图 2-3-17 上的"网络连接"选项卡，可以查看已经连接到本机和正在连接本机的各个目标主机的 IP、端口号、归属地等状态，如图 2-3-18 所示。

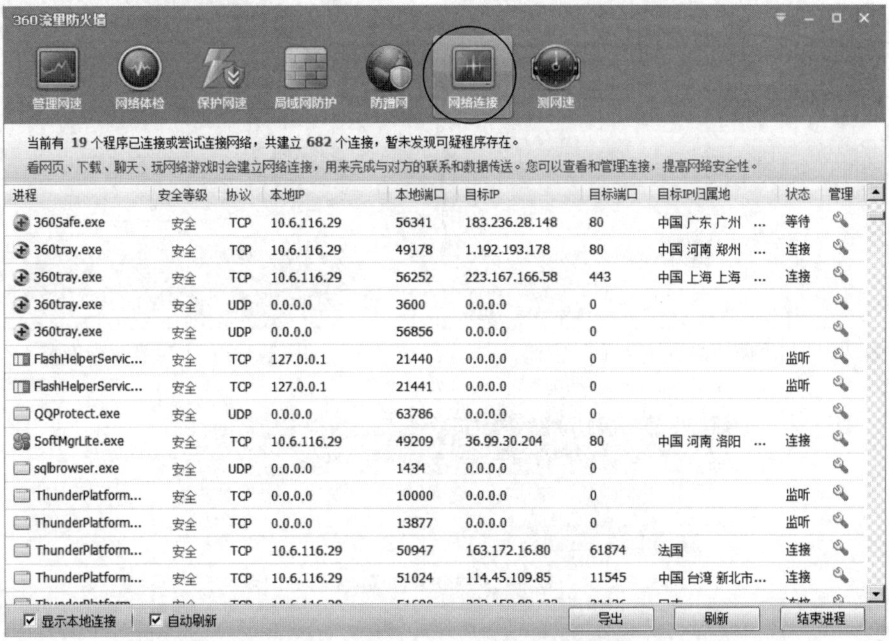

图 2-3-18　已连接到本机（或正在连接）的目标主机的状态

实验：

学生自己分别双击各个选项卡并进入各个子功能，体验（也可以设置）管理网络的各种子功能，若有必要也可以修改其参数。

3. 局域网资源共享

（1）构建对等网

其方法和步骤已经在实验一完成，读者可以参见实验一。

（2）设置逻辑盘和文件夹共享

其方法和步骤已经在实验一完成，读者可以参见实验一。

（3）网络与共享中心参数设置

单击 ⬛ 图标或右击屏幕右下角 🔲 网络图标，在弹出的快捷菜单中单击"打开网络和共享中心"命令，打开"网络和共享中心"窗口，如图 2-3-19 所示，注意到本网络属于"公用网络"。单击"更改高级共享设置"链接，打开"高级共享设置"窗口，如图 2-3-20 所示，单击"公用"下拉按钮并修改其中相关参数。

在图 2-3-20 中单击"公用"下拉按钮，如图 2-3-21 所示，按照图中示例进行选择后单击"保存修改"按钮。

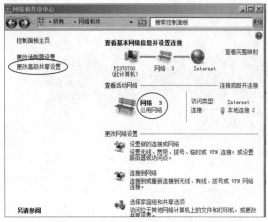

图 2-3-19 "网络与共享中心"窗口

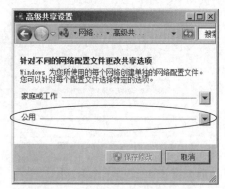

图 2-3-20 "高级共享设置"窗口

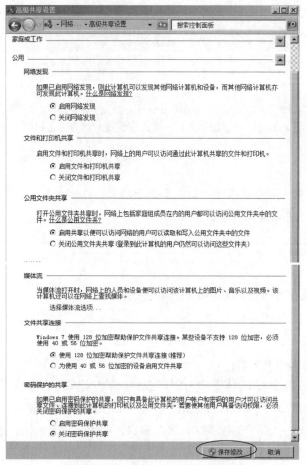

图 2-3-21 资源共享时的参数设置

（4）将共享的逻辑盘或文件夹映射成网络逻辑盘

每次通过双击"网络"图标而找到并访问其他计算机上的共享磁盘或文件夹，在操作上太烦琐。事实上，可以将其他计算机上共享的磁盘或文件夹映射成本地计算机的网络驱动器，就可以像操作本地磁盘一样来操作网络上其他计算机的共享逻辑盘或者文件夹。

在 F 盘上新建一个 "myfile" 的文件夹，并将 F 盘和 myfile 文件夹设置成共享。接下来学生每二人一组进行操作（以学号 Pz370907 和 Pz370908 的两位同学为例）：

① 双击 "网络" 图标找到同组另一学生的主机（比如:Pz370908），然后双击该主机名，如图 2-3-22 所示，被另一同学设置成共享的逻辑盘 F 和其中的文件夹 myfile。

② 右击 F 盘，在弹出的快捷菜单中选择 "映射网络驱动器" 命令，如图 2-3-23 所示，将对方的逻辑盘 F 映射成自己的网络盘 T（注：可在文本框中选择并命名盘符）。

③ 单击 "完成" 按钮退出。双击自己桌面上的 "计算机" 图标会看到除了本地的逻辑盘外，还有网络位置盘即网盘：f(\\Pz370908)(T:)。

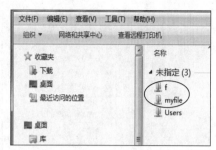

图 2-3-22　被共享的逻辑盘 F 和文件夹 myfile

此时，映射成功，今后只要对方开机，其逻辑盘就变成自己的了，如图 2-3-24 所示。双击该盘符 T 即可操作这个网络盘。

图 2-3-23　映射网络驱动器

图 2-3-24　网络驱动器映射成功

④ 同样的方法，可以将对方的 myfile 文件夹映射成自己的网络盘 Y，双击该盘符 Y 即可操作对方的 myfile 文件夹，如图 2-3-25 所示。

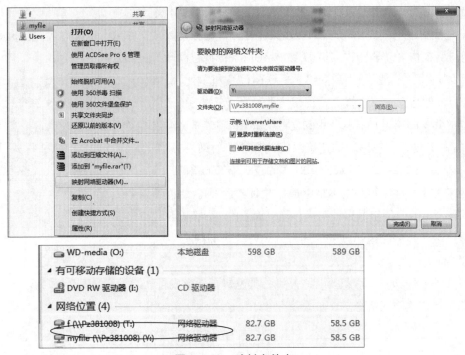

图 2-3-25　映射文件夹

（5）断开网络驱动器

在网络驱动器上右击，在弹出的快捷菜单中选择"断开"命令即可，如图 2-3-26 所示。

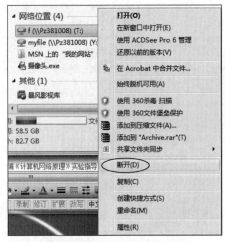

图 2-3-26　断开网络驱动器

4. 子网划分

（1）手工计算子网地址及其可能包含的主机个数

① 已知 IP 地址是 141.14.165.0，子网掩码是 255.255.192.0，试求该 IP 地址所在地址块内各子网地址及其子网包含的主机数目。

答：这是一个 B 类地址（思考为什么是 B 类？）。

IP 地址二进制表示为：141. 14.10100101.0

　　　　　　　子网掩码：255.255.11000000.0 ⎫ 按二进制位"与"运算
　　　　　　　────────────────── ⎬
　　　　　　　　141.14. 10000000.0 ⎭

掩码中扩展子网 2 位（红色），实用子网数为 22-2=2 个，子网地址为：

141.14.00000000.0=141.14.0.0（全 0 去掉）

141.14.01000000.0=141.14.64.0（这是第 1 个可用子网地址块）

141.14.10000000.0=141.14.128.0

141.14.11000000.0=141.14.192.0（全 1 去掉）

每个子网含有 $2^{(32-18)}$ -2=2^{14}-2 个主机，下面给出的是第 1 个可用子网包
含的所有主机：

141.14.01000000. 00000000=141.14.64.0

141.14.01000000. 00000001=141.14.64.1 ⎫

141.14.01000000. 00000010=141.14.64.2 ⎪

……………………………… ⎬ 去掉全 0、全 1 主机，实

141.14.01000000. 11111111 =141.14.64.255 ⎪ 际上还有 2^{14}-2 个主机

141.14.01000001.00000000=(141.14.65.0 ⎭

……..

141.14.01000001.11111111 =141.14.65.255

……..

141.14.01111111.11111111 =141.14.127.255

学生可以仿照上面方框写出第 2 个可用子网中包含的所有主机。

② 已知 IP 地址是 141.14.189.0，子网掩码是 255.255.224.0，试求该 IP 地址所在地址段内各子
网地址及其子网包含的主机数目？

答：这是一个 B 类地址。IP 地址二进制表示为：141.14.10111101.0

　　　　　　　　子网掩码：255.255.11100000.0 ⎫ 按二进制位"与"运算
　　　　　　　　────────────────── ⎬
　　　　　　　　141.14. 10100000.0 ⎭

掩码中扩展子网 3 位（红色），实用子网数为 2^3-2=6 个，子网地址为：

141.14.00000000.0 =141.14.0（全 0 子网，去掉）

141.14.00100000.0 =141.14.32.0

141.14.01000000.0 =141.14.64.0

141.14.01100000.0 =141.14.96.0

141.14.10000000.0 =141.14.128.0

141.14.10100000.0 =141.14.160.0

141.14.11000000.0 =141.14.192.0

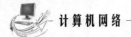

141.14.11100000.0 =141.14.224.0（全 1 子网，去掉）

每个子网含有 $2^{(32-19)}-2=2^{13}-2$ 个主机。

学生可以仿照①小题方框及其样式写出第②题第 1 个可用子网所有主机。

③ 已知目标 IP 地址是 CIDR 地址块 192.168.68.0/26，不计全 0 和全 1 的网络号，也不计全 0 和全 1 的主机号，这个地址段可划分多少个子网？各子网的 IP 地址？每个子网含多少个主机？

答：这是一个 C 类（内部）地址。

其 IP 地址二进制表示为：192.168.68. 00000000
子网掩码：255.255.255.11000000 ⎫ 按二进制位"与"运算
192.168. 68.00000000 ⎭

掩码中扩充子网 2 位，实用子网数为 $2^2-2=2$ 个，
各子网地址为：192.168.68.00000000=192.168.68. 0（全 0 去掉）
192.168.68.01000000=192.168.68.64
192.168.68.10000000=192.168.68.128
192.168.68.11000000=192.168.68.192（全 1 去掉）

每个子网含有 $2^{(32-26)}-2=2^6-2=62$ 个主机，下面给出的是第 1 个可用子网包含的所有主机：
192.168.68.01000000=192.168.68.64
192.168.68.01000001=192.168.68.65
192.168.68.01000010=192.168.68.66
……
去掉全 0、全 1 主机，实际上还有 $2^6-2=62$ 个主机
192.168.68.01000000=192.168.68.126
192.168.68.01000000=192.168.68.127

学生可以仿照上面方框写出第 2 个可用子网中包含的所有主机。

④ 已知目标 IP 地址是 CIDR 地址块 202.168.68.0/27，不计全 0 和全 1 的网络号，也不计全 0 和全 1 的主机号，这个地址段可划分多少个子网？各子网的 IP 地址？每个子网含多少个主机？

答：这是一个 C 类（内部）地址。

其二进制表示为：202.168.68. 00000000
子网掩码：255.255.255.11100000 ⎫ 按二进制位"与"运算
192.168. 68.0 ⎭

各子网地址为：

202.168.68.00000000=202.168.68. 0（去掉）

202.168.68.00100000=202.168.68. 32

202.168.68.01000000=202.168.68. 64

202.168.68.01100000=202.168.68. 96

202.168.68.10000000=202.168.68. 128

202.168.68.10100000=202.168.68. 160

202.168.68.11000000=202.168.68. 192

202.168.68.11100000=202.168.68. 224（去掉）

掩码中扩充子网 3 位，实用子网数为 $2^3-2=6$ 个，下面给出的是第 1 个可用子网包含的所有主机：

202.168.68.00100000=202.168.68.32

202.168.68.00100001=202.168.68.33

202.168.68.00100010=202.168.68.34

……

202.168.68.00111111=202.168.68.62

202.168.68.00111111=202.168.68.63

去掉全 0、全 1 后共有 $2^{(32-27)}-2=25-2=30$ 个主机

（2）对比

使用软件"一把刀子网掩码计算器"计算上述第③、④题的 IP 地址和子网掩码，对比与手工计算结果是否一致。

① 已知目标 IP 地址是 CIDR 地址块 192.168.68.0/26，不计全 0 和全 1 的网络号，也不计全 0 和全 1 的主机号，这个地址段可划分多少个子网？求各子网的 IP 地址，每个子网含多少个主机？

运行子网掩码计算器 v2.4.exe，出现如图 2-3-27 所示的子网掩码计算器的主界面，在 IP 地址中分别输入 192.168.68.0 和 26 位掩码 255.255.255.192，单击"计算"按钮，左边方框中就会得到计算结果。

再单击"注！"按钮，学习全 0 及全 1 子网的说明（见图 2-3-28）。

② 已知目标 IP 地址是 CIDR 地址块 202.168.68.0/27，不计全 0 和全 1 的网络号，也不计全 0 和全 1 的主机号，这个地址段可划分多少个子网？求各子网的 IP 地址，每个子网含多少个主机？

学生可以仿照上面第③题，使用子网掩码计算器对题进行计算，并将其结果截图复制在实验报告中。

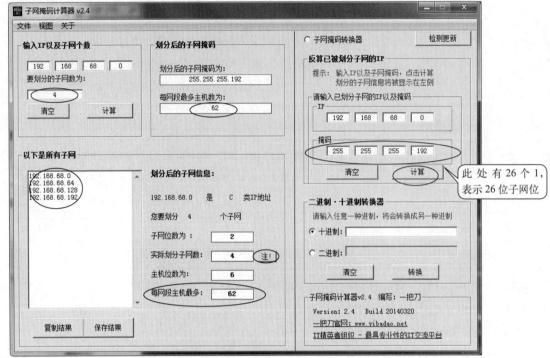

图 2-3-27　子网掩码计算器主界面

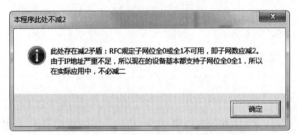

图 2-3-28　全 0 及全 1 子网的说明

实验四

TCP-IP 协议分析
（Windows 7 系统）

实验学时：3 学时。

实验目的与要求：

① 熟悉 SmartSniff2.0 汉化版的安装及使用步骤。

② 熟悉 IPTools1.4 中文版的安装及使用步骤。

③ 掌握 SmartSniff 和 IPTools 抓取各种协议数据包的方法。

④ 会对 MAC 帧、IP 包、TCP 包及其他数据包的数据结构进行分析。

⑤ 了解 TCP 建立连接时"三次握手"的过程。

实验环境：局域网及若干带有网卡的计算机。

实验主要内容：

① 配置 SmartSniff2.0 汉化版（含 Winpcap 工具）实验环境。

② 配置 IPTools1.4 中文版实验环境。

③ 使用 SmartSniffer 抓 TCP、ICMP 包，透析信息系统登录时的敏感数据。

④ 使用 IPTools 抓 TCP、UDP、IP 包、MAC 帧，分析首部数据结构、解析其中各个数据项。

⑤ 使用 IPTools 抓 TCP 包，分析 TCP 建立连接时"三次握手"的过程。

实验理论基础：

1. TCP/IP 体系各报文封装及其首部数据结构

TCP/IP 体系各层报文封装示意图如图 2-4-1 所示。

2. IPv4 数据包首部结构

IPv4 数据包首部结构示意图如图 2-4-2 所示。

① 版本，占 4 位，指 IP 协议的版本。通信双方使用的 IP 协议版本必须一致。目前广泛使用的 IP 协议版本号为 4（即 IPv4）。在 Windows 7 中使用 IPv6。

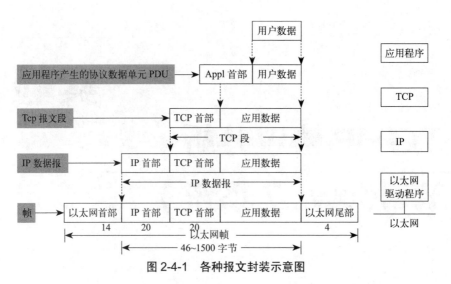

图 2-4-1　各种报文封装示意图

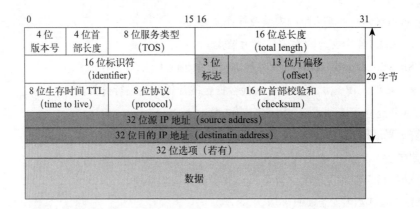

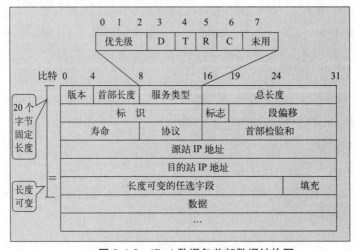

图 2-4-2　IPv4 数据包首部数据结构图

② 首部长度,占 4 位,可表示的最大十进制数值是 15。请注意,这个字段所表示数的单位是 32 位字长(1 个 32 位字长是 4 字节),因此,当 IP 的首部长度为 1111 时(即十进制的 15),

首部长度就达到 60 字节。当 IP 分组的首部长度不是 4 字节的整数倍时，必须利用最后的填充字段加以填充。因此数据部分永远是从 4 字节的整数倍开始，这样在实现 IP 协议时较为方便。首部长度限制为 60 字节的缺点是有时可能不够用，这样做是希望用户尽量减少开销。最常用的首部长度就是 20 字节（这是首部必须的固定部分，即首部长度为 0101），这时首部没有可变部分。

③ 服务类型，占 8 位，这个字段在旧标准中称为服务类型，但实际上一直没有使用过。1998 年 IETF 把这个字段改名为区分服务（Differentiated Services，DS）。只有在使用区分服务时，这个字段才起作用。

④ 总长度，总长度指首部和数据之和的长度，单位为字节。总长度字段为 16 位，因此数据报的最大长度为 $2^{16}-1=65\ 535$ 字节。

IP 层下面的每一种数据链路层都有自己的帧格式，其中包括帧格式中的数据字段的最大长度——最大传送单元。当一个数据报封装成链路层的帧时，此数据报的总长度（即首部加上数据部分）一定不能超过下面的数据链路层的 MTU 值（以太帧为 1 500 字节）。

⑤ 标识（Identification），占 16 位。IP 协议在存储器中维持一个计数器，每产生一个数据报，计数器就加 1，并将此值赋给标识字段。但这个"标识"并不是 IP 报的序号，因为 IP 是无连接服务，数据报不存在按序接收的问题，而是当数据报由于长度超过网络的 MTU 而必须分片时，这个标识字段的值就被复制到同一数据报的所有分片的标识字段中，使得具相同标识字段值的数据报分片在接收端能正确地拼装成为原来的数据报。

⑥ 标志（Flag），占 3 位，但目前只有 2 位有意义。

• 标志字段中的最低位记为 MF（More Fragment）。MF=1 即表示后面"还有分片"的数据报；MF=0 表示这已是若干数据报片中的最后一个。

• 标志字段中间的一位记为 DF（Don't Fragment），意思是"不能分片"。只有当 DF=0 时才允许分片。

⑦ 片偏移，占 13 位。片偏移指出：较长的分组在分片后，某片在原分组中的相对位置。也就是说，相对分组中数据部分的起点，该片从何处开始。片偏移以 8 个字节为偏移单位，这就是说，每个分片的长度一定是 8 字节（64 位）的整数倍。

⑧ 生存时间，占 8 位，生存时间字段常用的英文缩写是 TTL，表明是数据报在网络中的寿命。由发出数据报的源点设置这个字段，其目的是防止无法交付的数据报无限制地在因特网中兜圈子，因而白白消耗网络资源。最初的设计是以秒作为 TTL 的单位，每经过一个路由器时，就把 TTL 减去数据报在路由器消耗掉的一段时间。若数据报在路由器消耗的时间小于 1 s，就把 TTL 值减 1。当 TTL 值为 0 时，就丢弃这个数据报。然而，现代路由器的处理速度远远小于 1 s，所以，TTL 的值实际上是数据报经过的跳数限制，即该数据报在传输时最多允许经过多少个路由。每经过一个路由，TTL 减 1，直到 TTL=0 就丢弃。

⑨ 协议，占 8 位，协议字段指出此数据报携带的数据是使用何种协议，以便使目的主机的 IP 层知道应将数据部分向上交给哪个协议来处理，如 ICMP、IGMP、TCP、UDP 等。

⑩ 首部检验和，占 16 位。这个字段只检验数据报的首部的正确性，不包括数据部分。这是因为数据报每经过一个路由器，路由器都要重新计算一下首部检验和（一些字段，如生存时间、标志、

片偏移等都可能发生变化）。不检验数据部分可减少计算的工作量。

⑪ 源 IP 地址，占 32 位。

⑫ 目的 IP 地址，占 32 位。

3. TCP 报文段首部数据结构

TCP 报头格式如图 2-4-3 所示，TCP 头部控制标志位如图 2-4-4 所示。

0							31
源端口（source port）号							目的端口（destination port）号
顺序号（sequence number）							
确认号（acknowledgement number）							
TCP 报头长度	保留	URG	ACK	PSH	RST	SYN FIN	窗口大小（window size）
校验和（checksum）							紧急指针（urgent pointer）
选项 + 填充（0 或多个 32 位字）							
数据（0 或多个字节）							

图 2-4-3 TCP 报头格式

① 源端口号（16 位）：它（连同源主机 IP 地址）标识源主机的一个应用进程。

② 目的端口号（16 位）：它（连同目的主机 IP 地址）标识目的主机的一个应用进程。这两个值加上 IP 报头中的源主机 IP 地址和目的主机 IP 地址唯一确定一个 TCP 连接。

URG	紧急指针有效
URG	确认序列号有效
URG	接收方应当尽快将这个报文交给应用层
URG	连接复位
URG	同步序列号用来发起一个连接
URG	发送端完成发送任务

图 2-4-4 TCP 头部控制标志位

③ 顺序号（32 位）：用来标识从 TCP 源端向 TCP 目的端发送的数据字节流，它表示在这个报文段中的第一个数据字节的顺序号。如果将字节流看作在两个应用程序间的单向流动，则 TCP 用顺序号对每个字节进行计数。序号是 32 bit 的无符号数，序号到达 $2^{32}-1$ 后又从 0 开始。当建立一个新的连接时，SYN 标志变为 1，顺序号字段包含由这个主机选择的该连接的初始顺序号（Initial Sequence Number，ISN）。

④ 确认号（32 位）：包含发送确认的一端所期望收到的下一个顺序号。因此，确认号应当是上次已成功收到数据字节顺序号加 1。只有 ACK 标志为 1 时，确认号字段才有效。TCP 为应用层提供全双工服务，这意味数据能在两个方向上独立地进行传输。因此，连接的每一端必须保持每个方向上的传输数据顺序号。

⑤ TCP 报头长度（4 位）：给出报头中 32 bit 字的数目，它实际上指明数据从哪里开始。需要这个值是因为任选字段的长度是可变的。这个字段占 4 bit，因此 TCP 最多有 60 字节的首部。然而，没有任选字段，正常的长度是 20 字节。

⑥ 保留位（6 位）：保留给将来使用，目前必须置为 0。

⑦ 控制标志位（Control Flags）：6 位，在 TCP 报头中有 6 个标志比特，它们中的多个可同时被设置为 1。如图 2-4-3 所示，依次解释如下：

• URG：为 1 表示紧急指针有效，为 0 则忽略紧急指针值。

- ACK：为 1 表示确认号有效，为 0 表示报文中不包含确认信息，忽略确认号字段。
- PSH：为 1 表示是带有 PUSH 标志的数据，指示接收方应该尽快将这个报文段交给应用层而不用等待缓冲区装满。
- RST：用于复位由于主机崩溃或其他原因而出现错误的连接。它还可以用于拒绝非法的报文段和拒绝连接请求。一般情况下，如果收到一个 RST 为 1 的报文，那么一定发生了某些问题。
- SYN：同步序号，为 1 表示连接请求，用于建立连接和使顺序号同步（Synchronize）。
- FIN：用于释放连接，为 1 表示发送方已经没有数据发送了，即关闭本方数据流。

⑧ 窗口大小（16 位）：数据字节数，表示从确认号开始，本报文的源方可以接收的字节数，即源方接收窗口大小。窗口大小是一个 16 bit 字段，因而窗口大小最大为 65 535 字节。

⑨ 校验和（16 位）：此校验和是对整个的 TCP 报文段，包括 TCP 头部和 TCP 数据，以 16 位字进行计算所得。这是一个强制性的字段，一定是由发送端计算和存储，并由接收端进行验证。

⑩ 紧急指针（16 位）：只有当 URG 标志置 1 时紧急指针才有效。紧急指针是一个正的偏移量，和顺序号字段中的值相加表示紧急数据最后一个字节的序号。TCP 的紧急方式是发送端向另一端发送紧急数据的一种方式。

⑪ 选项：最常见的可选字段是最长报文大小，又称为 MSS（Maximum Segment Size）。每个连接方通常都在通信的第一个报文段（为建立连接而设置 SYN 标志的那个段）中指明这个选项，它指明本端所能接收的最大长度的报文段。选项长度不一定是 32 位字的整数倍，所以要加填充位，使得报头长度成为整字数。

⑫ 数据：TCP 报文段中的数据部分是可选的。在一个连接建立和一个连接终止时，双方交换的报文段仅有 TCP 首部。如果一方没有数据要发送，也使用没有任何数据的首部来确认收到的数据。在处理超时的许多情况中，也会发送不带任何数据的报文段。

实验项目 1　SmartSniff V2.0 抓包实验

1. SmartSniff 介绍

SmartSniff 可以通过网络适配器抓取 TCP/IP 数据包，并且可以以客户端和服务器之间的会话序列的形式查看所捕获取的数据。可以使用两种格式查看 TCP/IP 会话：ASCII 模式（针对以文本为基础的协议，例如 HTTP、SMTP，POP3 和 FTP）和十六进制格式（针对以非文本形式为基础的协议，例如 DNS）。SmartSniff 提供如下 2 种方法进行捕获 TCP/IP 数据包。

① 原始套接字：不用安装任何捕获驱动就可以捕获网络上的 TCP/IP 数据包，这种方法有一定的局限性和问题。

② WinPcap 捕获驱动程序：可以捕获所有 Windows 操作系统上的 TCP/IP 数据包。如果要使用这种方法，需先从官方网站下载并安装 WinPcap 捕获驱动程序（随本书教学资源提供使用）。提倡使用这种方法进行捕获 TCP/IP 数据包，会比原始套接字更好。

2. SmartSniff 抓包参数配置

（1）安装 WinPcap 捕获驱动程序

双击 WinPcap_4_1_2.exe，单击 NEXT 按钮安装即可。

（2）双击 SmartSniff V2.0 进入其主界面

主界面很宽，横向包含 20 项信息栏，如图 2-4-5 所示。

注意：下面进行的所有抓包实验，除了本实验需要的网络连接外，不要进行其他任何网络连接（任务栏中不要保留其他连接），这是为了抓包时少些干扰，提高抓包效率。

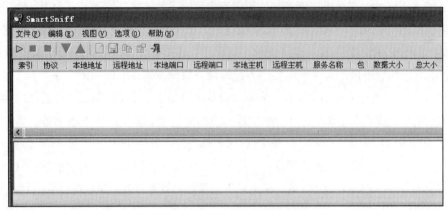

图 2-4-5　SmartSniff V2.0 主界面

（3）配置抓包参数并抓取 TCP 包

在主界面中，单击"选项"→"显示协议"→ TCP 命令。因为不仅抓取请求数据，还要看到 Web 服务器返回的数据，因此，选中"显示发送 / 接收数据"命令，如图 2-4-6 所示。

在图 2-4-6 中选中"捕获过滤器"命令。将 include:remote:tcp:80 复制粘贴到文本框中，单击"确定"按钮，退出，这样非 80 端口的数据都会被过滤掉。

单击"显示过滤器"命令，一定要看到窗口中有：include:remote:tcp:80，如图 2-4-7 所示。

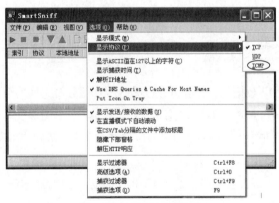

图 2-4-6　配置抓包参数

图 2-4-7　过滤掉非 80 端口的数据包

在图 2-4-6 中，单击"捕获选项"命令，打开"捕获选项"对话框，在"捕获方法"组中单击"WinPcap 捕获驱动程序"单选按钮，如图 2-4-8 所示，完成本次配置。

3. 实验过程

（1）抓包获得系统登录时的敏感信息

① 在完成上述配置前提下，抓取"大学生论文管理系统"登录时的用户名、密码等敏感信息

首先断开不相关的其他网络连接，打开 http://check7.cnki.net/user/ 或 http://peizheng.check.cnki.

net/user/，用户名为自己的学号，初始密码为自己身份证尾 8 位数字，其他按图 2-4-9 所示输入，注意：此时不要单击"登录"按钮。

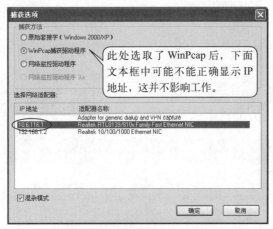

图 2-4-8 "捕获选项"对话框

图 2-4-9 毕业设计论文检测系统对话框

② 回到 SmartSniff V2.0 其主界面中，按【F5】键或单击左上角的绿色三角按钮，开始捕获数据包，此时旁边的红色方块亮。

③ 快速进到刚才的"登录"界面，单击"登录"按钮。

④ 当看到窗口中已经有几行（3 ~ 5）TCP 协议数据时，按下"F6"键或红色方块停止按钮，此时绿色三角亮，如图 2-4-10 所示。

⑤ 逐行选中（变成蓝色）窗口中抓到的 TCP 包，单击"编辑"→ [Find] 命令，在"查找"窗口对话框中输入：02164612，单击"查找下一个"按钮，如图 2-4-11 所示。

⑥ 可以看到捕获的数据包中的有刚才输入的数据，如图 2-4-12 所示，在抓到的数据包中可以看到，登录"论文检测系统"时使用的"学号"和"密码"。由此可见，该系统的安全性较差。

图 2-4-10　抓 TCP 包

图 2-4-11　在抓到的包中查找数据

图 2-4-12　登录论文检测系统时的密码数据

实验报告内容之一：

仿照上述实验步骤，以自己的身份、学号、密码（统一为：abcdefgh）、验证码，登录论文检测系统。将类似于图 2-4-12 所示的画面截取放在实验报告中。

⑦ 登录广东培正学院教务处的"强智教务系统"，查看能否抓到登录时的用户名、密码等敏感信息。

在上述同样的配置下，断开不相关的其他网络连接，准备登录"强智教务系统"，如图 2-4-13 所示。注意：此时不要单击"登录"按钮。

图 2-4-13　输入敏感信息准备登录

⑧ 下面仿照上面在"大学生论文管理系统"中抓包步骤，抓包并查找"学号"，得到如图 2-4-14 所示的信息，看到 UserPassword 字段是密文，说明本系统安全性较好。

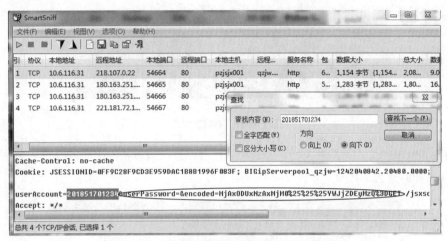

图 2-4-14　强智教务系统的密码被加密成密文

（2）抓取 ICMP 包并解析其内容

参照图 2-4-6 ~ 图 2-4-8 的操作方法，修改 SmartSniff 配置参数如下：

① 修改捕获的协议，如图 2-4-15 所示。

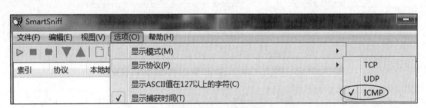

图 2-4-15　显示的协议修改为 ICMP

② 修改过滤器。单击"选项"→"捕获过滤器"命令，打开"捕获过滤器"对话框，如图 2-4-16 所示，单击"清空"→"确定"按钮，对过滤器进行清空，再单击"显示过滤器"按钮，查看是否清空（注：一定要清空而不设置过滤条件）。

图 2-4-16　清空捕获过滤器中的过滤条件

③ 单击"开始"→"运行"命令，打开"运行"对话框，输入：CMD，单击"确定"按钮，进入命令窗口，如图 2-4-17 所示。

再输入：ping www.peizheng.edu.cn。注意：此时不要按【Enter】键。

图 2-4-17　CMD 窗口

④ 回到 SmartSniff V2.0，进入其主界面中，按【F5】键或单击左上角的绿色三角按钮，开始捕获数据包，此时红色方块亮，如图 2-4-18 所示。

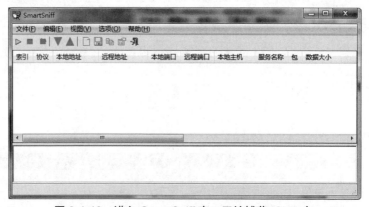

图 2-4-18　进入 SmartSniff 窗口开始捕获 ICMP 包

⑤ 快速进入 CMD 命令窗口，按【Enter】键执行 ping 命令，如图 2-4-19 所示。

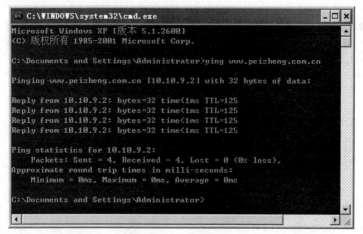

图 2-4-19　CMD 窗口

⑥ 当看到 SmartSniff 窗口中捕获到 ICMP 数据包时，及时按【F6】键或红色方块停止按钮，此时绿色三角亮，如图 2-4-20 所示。

图 2-4-20　进入 SmartSniff 窗口，停止捕获

⑦ 选中捕获的数据包，如图 2-4-21 所示。

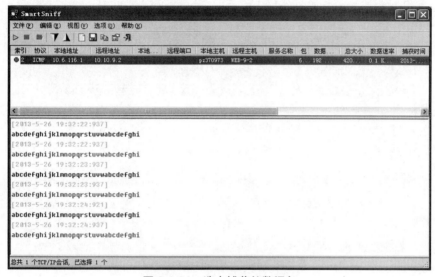

图 2-4-21　选中捕获的数据包

⑧ 右击在快捷菜单中选中"网页报告"选项，或者双击图 2-4-21 中选中的 ICMP 数据包（蓝色代码），准备分析数据包，如图 2-4-22 所示。

⑨ 在如图 2-4-23 的数据流报告中，看到的 ICMP 协议包中分析（标注出）协议名称、本地和远程 IP 地址、本地和远程 MAC 地址等。

图 2-4-22　准备分析数据包

图 2-4-23　分析 ICMP 数据包

实验报告内容之二：

仿照上述实验步骤，将类似于图 2-4-22 和图 2-4-23 的画面截取放在实验报告中并对红色圈中数据作出解释。

实验项目 2 网路岗 IPTools1.4 抓包实验

1. IPTools1.4 参数设置（认真阅读）

开始捕包前，用户需先进行过滤参数设置，其选项内容包括：捕包网卡、协议过滤、设置捕包缓冲、IP 过滤条件、端口过滤条件、数据区大小、数据块匹配条件、结束条件等。

首先进入 IPTools 主界面，如图 2-4-24 所示。

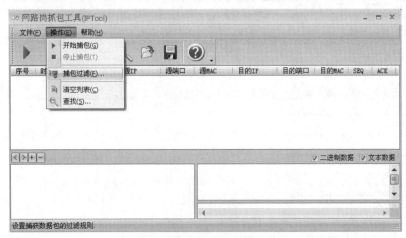

图 2-4-24 IPTools 主界面

单击"操作"→"捕包过滤"命令，进入捕包分析过滤对话框，如图 2-4-25 所示。

图 2-4-25 "捕包分析过滤"对话框

（1）选择捕包网卡

如果有多块网卡，需要在捕包网卡文本框中选中能捕包到预想中的数据的网卡。

（2）协议过滤

所谓"协议过滤"就是选中自己感兴趣的数据包,过滤掉其他类型的数据包,在抓包时少些干扰。

常见的 IP 包类型为：TCP/UDP/ICMP。绝大部分是 TCP 可靠连接的，比如：HTTP(s)/SMTP/POP3/FTP/TELNET；对于实时性强，但数据完整性要求不强的就使用 UDP 包，如：音频、视频数据。协议过滤设置界面如图 2-4-26 所示，可以选择链路层的协议和网络层的协议，这些协议可以用包含或排除的方法选择。

图 2-4-26 协议过滤设置

（3）IP 过滤

"IP 过滤"在捕包过滤使用中最为常见，IP 匹配主要分两类：一是不带传输方向，单纯是 IP 地址范围的匹配，如图 2-4-27 中的"From:to"，表示从 192.168.0.1 到 192.168.0.22 这一范围都监听；另外一类是带传输方向的一对一匹配，如图 2-4-27 中的"< -- >"，只监听 192.168.0.111 与 202.96.134.133 这两台机器之间的数据包。图中参数仅为举例，实际操作时应该根据自己的需要填写 IP 地址。

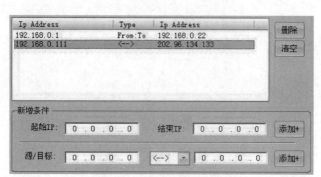

图 2-4-27 IP 过滤设置界面

（4）端口过滤

"端口过滤"只针对两种类型的 DoD-IP 包：TCP/UDP，通过输入端口号并添加，或输入端口范围（开始—结束），或从端口描述中选择等方法进行包含或除外操作实现包含和排除这些端口。如图 2-4-28 所示，图中参数仅为举例，实际操作时谨慎选择，无把握时可以不选择。

图 2-4-28　端口过滤设置界面

（5）数据区大小

"数据区大小"的匹配针对所有 DoD-IP 类型包，不过需要说明的是，TCP/UDP 的 IP 数据区是以实际数据区位置开始计算的，而其他类型的则把紧随 IP 包头后面的部分当作数据区。一般事先并不了解被抓包的大小故可以不用设置，如图 2-4-29 所示。

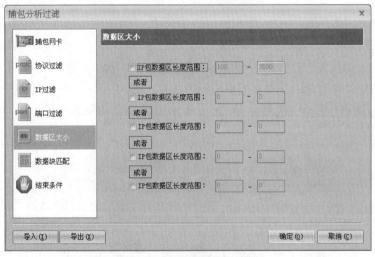

图 2-4-29　数据区大小设置

（6）数据块匹配

"数据块匹配"较为复杂，但却非常有用，事先在黑色窗口中指定的位置上（当鼠标在黑框中单击会出现白方块光标闪烁，每行有两个起始位置），在起始位置处输入需要匹配到的"二进制模板"或"文本模板"，则在抓到包后会自动显示与模板相同的包数据。可以选择特定位置的匹配，也可以选择任意位置的匹配，总之，该设置非常灵活好用。如图 2-4-30 所示，图中数据仅为举例，无把握时就不要设置，否则什么都匹配不到。下面两个框中的内容与第一个框内容是"或""且"的关系。

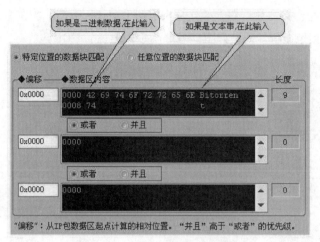

图 2-4-30 数据块匹配条件设置

（7）结束条件

如图 2-4-31 所示，默认条件下，当捕获的包占用空间多于 10 M 时，自动停止。也可以设置其他停止条件，如结束于某个时间点，即是捕包的截止时间，如图 2-4-31 所示。

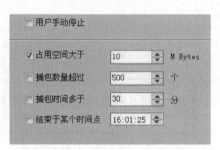

图 2-4-31 设置停止捕包的条件

2. 捕捉数据包并分析的方法步骤（认真阅读）

（1）清除缓存

首先关闭所有的应用程序，打开使用的浏览器，单击菜单栏上的"工具"选项，单击"Internet选项"选项，清除缓存的临时文件，那么捕获的数据包更加单纯，利于分析。

（2）开始捕包

用户单击"开始"按钮启动捕包功能后，列表框中会自动显示出符合条件的数据包，并附带简单的解析。选中"分析"选项，左边和右下部分是分析结果，右上部是原始二进制代码，选中左边某一条目时，在右边二进制区域的色块和其一一对应。

（3）IP 包回放

有助于了解原始包通信的地理分布情况。通过将 IP 包回放到网卡上，模拟原始 IP 包在网络上传输情况，也可供同类捕包软件捕获分析。

（4）具体步骤

单击"开始"按钮启动捕包功能后，上部列表框中会自动显示出符合条件的数据包，并附带简单的解析。单击选中某一行协议结构项，则在右下部窗口中显示该数据包的内容，并且有具体的分析, 如: 包的结构、文本数, 右上部就是相应的十六进制数据。当在窗口中右击时, 会弹出功能菜单以便对该数据包进行处理, 如图 2-4-32 所示, 是一个 UDP 包。

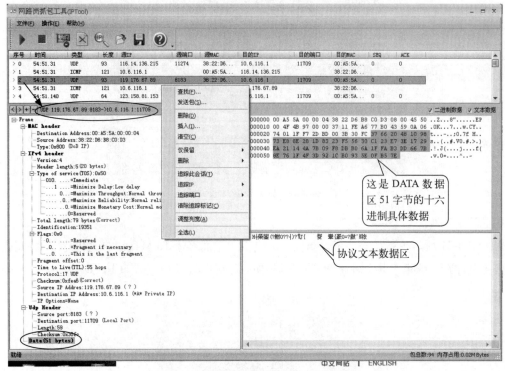

图 2-4-32　完成抓包后进行数据分析的窗口

图 2-4-33 是一个 TCP 包, 单击左边窗口的每一行结构项, 右上边窗口的色块同时移动到对应的数据上, 我们可以观察并分析数据包的"结构项的具体数据", 右下面是协议文本, 供实例学习理解数据包的结构。

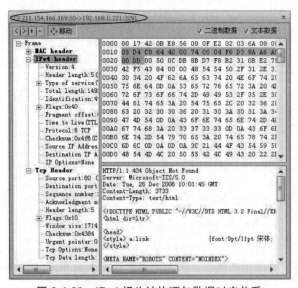

图 2-4-33　IPv4 报头结构项与数据对应关系

在使用 IPTools 工具时，一般需要用户的机器开启如下端口，如图 2-4-34 所示。

MT/PCMT			
协议	用途	推荐默认端口	对应相应配置记录字段
T C P	FTP	20，21	系统默认，没法修改
	Telnet	23	系统默认，没法修改
	与终端控制台连接端口	60000	系统默认，没法修改
	Q931	1720	一般不做修改，如要修改，在 MT 的 Debug 配置文件中进行修改
	RAS	1719	一般不做修改，如要修改，在 MT 的 Debug 配置文件中进行修改
	H.225	1720	一般不做修改，如要修改，在 MT 的 Debug 配置文件中进行修改
	H.245	60001---60020	一般不做修改，如要修改，在 MT 的 Debug 配置文件中进行修改（即起始端口开始的 32 个端口）
	数据会议（P C M T）	1506	一般不做修改，如要修改可在配置界面中指定
U D P	RAS	1719	一般不做修改，如要修改，在 MT 的 Debug 配置文件中进行修改
	内置 MC	60056---60175	一般不作修改，终端界面可配
	与 MCU 的码流交换	60040---60055	一般不作修改，终端界面可配（即起始端口开始的 32 个端口）
	组播端口	7200	一般不作修改，终端界面可配
	流交换		起始端口开始的 32 个端口）
	组播端口	7200	一般不作修改，终端界面可配

图 2-4-34 用户机器需要开启的端口

3. 抓包分析举例

（1）设置过滤条件

打开网路岗抓包工具——IPTool 软件，单击"包过滤"按钮，设置协议过滤仅包含"TCP"，单击"确定"按钮，单击"开始捕包"按钮。

（2）捕包获得数据

选中其中序号 12 的包（从 192.168.1.101 发送到 220.181.111.50），如图 2-4-35 所示。

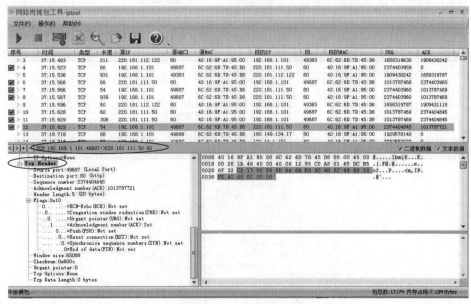

图 2-4-35 抓 TCP 包并分析

（3）分析

图 2-4-35 中序号 4、6、7、8、10、11、12 为 TCP 发收双方进行可靠传输时，其字节流中发送端发送的顺序号（SEQ）、接收端收到的确认号（ACK=SEQ+1= 下一次希望发送的顺序号）。

- 序号 4：SEQ:2374403959 ACK:0
- 序号 6：SEQ:1013787468 ACK:2374403960
- 序号 7：SEQ:2374403960 ACK:1013787469
- 序号 8：SEQ:2374403960 ACK:1013787469
- 序号 10：SEQ:1013787469 ACK:2374404845
- 序号 11：SEQ:1013787469 ACK:2374404845
- 序号 12：SEQ:2374404845 ACK:1013787469

图 2-4-36 为 TCP 报头 20 字节（下画线）对应的原始二进制代码。

```
0000 40 16 9F A1 95 00 6C 62 6D 7D 45 D8 08 00 45 00   @.....lbm}E...E.
0010 00 28 1A 46 40 00 40 06 12 95 C0 A8 01 65 DC B5   .(.F@.@......e.
0020 6F 32 C2 17 00 50 8D 86 8A ED 3C 6D 2C 49 50 10   o2...P....<m,IP.
0030 FE 40 60 0C 00 00                                  .@`...
```

图 2-4-36　TCP 包头对应的十六进制代码

图 2-4-37 是 MAC 帧头部 14 字节数据分析：MAC header 为：40 16 9F A1 95 00 6C 62 6D 7D 45 D8 08 00（它位于图 5-12 左边窗口的上部，用滚动条上移可以看到）。

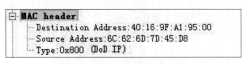

图 2-4-37　MAC 帧头分析

图 2-4-38 是 IPv4 数据包头部 20 字节数据分析：IPv4 header 为：45 00 00 28 1A 46 40 00 40 06 12 95 C0 A8 01 65 DC B5 6F 32。

```
├ IPv4 header
  ├ Version:4
  ├ Header length:5(20 bytes)
  ├ Type of service(TOS):0x0
  │  ├ 000. ....=Routine
  │  ├ ...0 ....=Minimize Delay:Normal delay
  │  ├ .... 0...=Maximize Throughput:Normal throughput
  │  ├ .... .0..=Maximize Reliability:Normal reliability
  │  ├ .... ..0.=Minimize Monetary Cost:Normal monetary cost
  │  └ .... ...0=Reserved
  ├ Total length:40 bytes(Correct)
  ├ Identification:6726
  ├ Flags:0x40
  │  ├ 0... ....=Reserved
  │  ├ .1.. ....=Do not fragment
  │  └ ..0. ....=This is the last fragment
  ├ Fragment offset:0
  ├ Time to Live(TTL):64 hops
  ├ Protocol:6 TCP
  ├ Checksum:0x1295(Correct)
  ├ Source IP Addres:192.168.1.101 (*C* Private IP)
  ├ Destination IP Address:220.181.111.50 (?)
  └ IP Options=None
```

图 2-4-38　IPv4 数据包头部分析

图 2-4-39 是 TCP 报文段头部 20 字节数据分析：

TCP header 为：C2 17 00 50 8D 86 8A ED 3C 6D 2C 49 50 10 FE 40 60 0C 00 00。

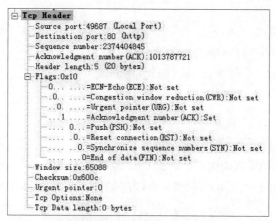

图 2-4-39　TCP 报文段头部分析

（4）数据包头部数据项的中英文对照（方便学习）

① Destination Address：目的 MAC 地址。

② Source Address：源 MAC 地址。

③ Version：4 表示 IP 协议的版本号为 4，即 IPv4，占 4 位。

④ Header Length：5（20 Bytes）表示 IP 包头的总长度为 20 字节，该部分占 4 位，所以第一行合起来就是一个字节。

⑤ Type of Service（TOS）：0x0，表示服务类型为 0。用来描述数据报所要求的服务质量。接下来的六行，000 前三位不用；0 表示最小时延；0 表示吞吐量；0 表示可靠性；0 表示最小代价；0 不用。第二到第八行合占 1 字节。

⑥ Total Length：52 bytes，表示该 IP 包的总长度为 40 字节，该部分占 2 字节。

⑦ Identification：6722，表示 IP 包识别号为 6722，该部分占 2 字节。

Flags：表示片标志，占 3 位。各位含义分别为：第一个 "0" 不用，第二位为不可分片位标志位，此处值为 "1" 表示该数据表禁止分片。第三位为是否最后一段标志位，此处 "0" 表示最后一段。

⑧ Fragment Offset：0，表示片偏移为 0 字节。该部分占 13 位。

⑨ Time to Live(TTL)：64hops，表示生存时间 TTL 值为 64，占 1 字节。

Proctol = 6 TCP，表示协议类型为 TCP，协议代码是 6，占 1 字节。

Checksun=0x128d（Correct），表示 IP 包头校验和为 0X128d，括号内的 Correct 表示此 IP 数据包是正确的，没有被非法修改过。该部分占两字节。

Source Address：192.168.1.101，表示 IP 数据包源地址为 192.168.1.101，占 4 字节。

Destination Address：220.181.111.50，表示 IP 数据包目的地址为 220.181.111.50，占 4 字节。

No Options=None，表示 IP 数据包中未使用选项部分。当需要记录路由时才使用该选项。

Source port：49687（Local Port），2 字节，源端口号，即发送这个 TCP 包的计算机所使用的端口号。

Destination port：80（http），2 字节，目标端口号，即接收这个 TCP 包计算机所使用的端口号。

Sequence number：2374403959，4 字节，表示发送数据包的排序序列，用以接收的时候按顺序组合和排序。

Acknowledgment number（ACK）：0，大小不定，用以表示当前接收到数据包的序号。

Header Length：8（32bytes），首部长字段，8 字节，32 位。

Flags：0x2，标志。

Window size：8192，窗口大小。

Checksum：0x69bb，校验和。

4. IPTools 抓包具体操作的实验项目

（1）以太网链路层 MAC 帧头格式分析和 UDP 数据报头分析

① 设置抓包过滤条件如图 2-4-40 和图 2-4-41 所示。

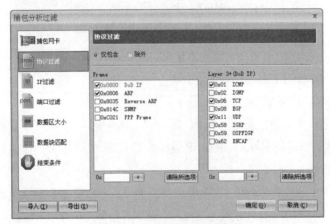

图 2-4-40　设置协议过滤条件

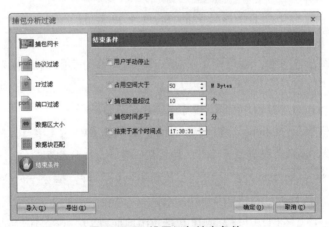

图 2-4-41　设置抓包结束条件

② 单击"开始"→"程序"→ CMD → ipconfig/all 选项，本机的主机名、IP 地址、网卡的 MAC 地址等信息如图 2-4-42 所示，其中某些参数在实验中会使用的。

```
C:\Users\Administrator>ipconfig /all

Windows IP 配置

   主机名  . . . . . . . . . . . . . : pz.jsjx001
   主 DNS 后缀  . . . . . . . . . . . :
   节点类型  . . . . . . . . . . . . : 混合
   IP 路由已启用  . . . . . . . . . . : 否
   WINS 代理已启用  . . . . . . . . . : 否

以太网适配器 本地连接 2:

   连接特定的 DNS 后缀  . . . . . . . :
   描述. . . . . . . . . . . . . . . : Realtek PCIe GBE Family Controller
   物理地址. . . . . . . . . . . . . : F0-92-1C-EB-E0-8B
   DHCP 已启用  . . . . . . . . . . . : 是
   自动配置已启用. . . . . . . . . . : 是
   本地链接 IPv6 地址. . . . . . . . : fe80::4437:5202:6843:3973%13(首选)
   IPv4 地址 . . . . . . . . . . . . : 10.6.116.2(首选)
   子网掩码  . . . . . . . . . . . . : 255.255.255.0
   获得租约的时间  . . . . . . . . . : 2018年6月3日 星期日 上午 10:47:30
   租约过期的时间  . . . . . . . . . : 2018年6月11日 星期一 上午 10:47:29
   默认网关. . . . . . . . . . . . . : 10.6.116.254
   DHCP 服务器  . . . . . . . . . . . : 10.10.1.10
   DHCPv6 IAID . . . . . . . . . . . : 317755932
   DHCPv6 客户端 DUID  . . . . . . . : 00-01-00-01-1F-B9-92-4F-00-E0-4C-10-89-A0

   DNS 服务器  . . . . . . . . . . . : 10.10.1.10
                                       10.10.1.9
   主 WINS 服务器 . . . . . . . . . . : 10.10.1.10
   辅助 WINS 服务器. . . . . . . . . : 10.10.1.9
   TCPIP 上的 NetBIOS  . . . . . . . : 已启用
```

图 2-4-42　执行 ipconfig/all 命令查看本机网络配置

③ 进入 CMD 命令窗口，输入：ping www.163.com.cn ✓。如图 2-4-43 所示，记下网易的 IP 地址（圈中）。

注意：这个网易的 IP 地址不一定永久不变，以当时自己得到的为准。

```
C:\Users\Administrator>ping www.163.com

正在 Ping 163.xdwscache.ourglb0.com [120.241.97.238] 具有 32 字节的数据:
来自 120.241.97.238 的回复: 字节=32 时间=9ms TTL=53
来自 120.241.97.238 的回复: 字节=32 时间=9ms TTL=53
来自 120.241.97.238 的回复: 字节=32 时间=9ms TTL=53
来自 120.241.97.238 的回复: 字节=32 时间=9ms TTL=53

120.241.97.238 的 Ping 统计信息:
    数据包: 已发送 = 4, 已接收 = 4, 丢失 = 0 (0% 丢失),
往返行程的估计时间(以毫秒为单位):
    最短 = 9ms, 最长 = 9ms, 平均 = 9ms
```

图 2-4-43　ping www.163.com 得到其官网 IP 地址

④ 将 IP 过滤条件设置为仅捕获自己的机器（10.6.116.2）和网易网站（120.241.97.238）之间的数据包，如图 2-4-44 所示。

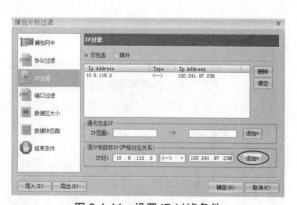

图 2-4-44　设置 IP 过滤条件

⑤ 回到 IPTools 主界面中，单击"操作"→"清空列表"命令，清除缓存中原来残存无用的数据包。

⑥ 进入 CMD 命令窗口，输入 ping www.163.com。

计算机网络

⑦ 回到 IPTools 主界面中，按红色三角按钮，准备捕获数据包。

⑧ 再次进入 CMD 命令窗口，按【Enter】键开始捕包，得到如图 2-4-45 所示信息，图中可见 ping 使用的是 ICMP 协议，发出 4 个包收到 4 个包，网络通畅。

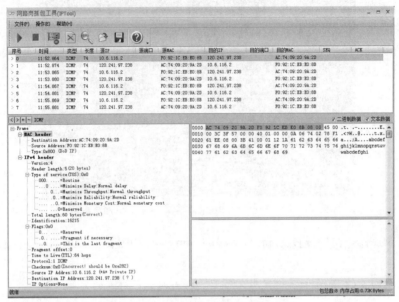

图 2-4-45　ICMP 协议包和 MAC 帧头

⑨ 单击 MAC Header 命令行，逐行单击 MAC Header 下面的三行，结合图中右边数据框内数据对 MAC 帧结构解析，如下：

Destination	6 个字节	38 22 D6 B8 C0 D3	这是目标 MAC 地址
Source	6 个字节	00 A5 5A 00 00 04	这是源 MAC 地址
type	2 个字节	08 00	0800 表示是 IP 包所封成的帧

实验报告内容之三：

仿照上述操作，将类似于图 2-4-45 的截图放在自己的实验报告中，并仿照步骤⑨对自己得到的帧结构进行解析。

⑩ 变更捕包条件：清空 IP 过滤，如图 2-4-46 所示。

图 2-4-46　清空 IP 过滤条件

在协议过滤条件中仅保留 UDP 协议，如图 2-4-47 所示。

图 2-4-47　协议过滤条件中仅保留 UDP 协议

⑪ 回到 IPTools 主界面中，单击"操作"→"清空列表"选项。清除缓存中原来残存无用的数据包。

⑫ 进入 CMD 命令窗口，输入 ping www.163.com。

C:\Users\Administrator>ping www.163.com

⑬ 回到 IPTools 主界面中，按红色三角按钮，准备捕获数据包。

⑭ 再进入 CMD 命令窗口，按【Enter】键开始捕包后，在 IPTools 中得到如图 2-4-48 所示信息，得到的都是 UDP 包。

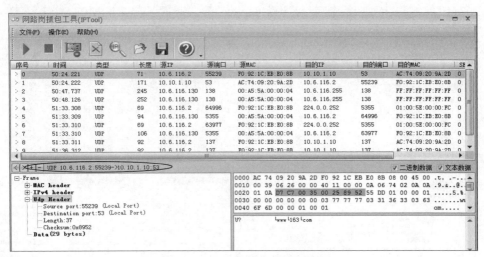

图 2-4-48　UDP 用户数据报头部

⑮ 分析 UDP 数据报结构，数据采集如图 2-4-49 所示，分析如下：

源端口：	51239（D7C7H）	0000 AC 74 09 20 9A 2D F0 92 1C EB E0 8B 08 00 45 00 .t. .-.......E.
目标端口：	53（0035H）	0010 00 39 06 26 00 00 40 11 00 00 0A 06 74 02 0A 0A .9.&..@.....t...
帧长度：	37（0025H）	0020 01 0A D7 C7 00 35 00 25 89 52 55 DD 01 00 00 01 .....5.%.RU....
校验和：	0X8952（8952H）	0030 00 00 00 00 00 00 03 77 77 77 03 31 36 33 03 63 ....www.163.c
帧数据：	29 个字节，如右图所示	0040 6F 6D 00 00 01 00 01 om.....

图 2-4-49　UDP 用户数据报头部数据分析

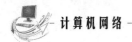

（2）IP 报文分析

① 在 IPTools 主界面中，单击"操作"→"清空列表"选项，清除原来残存的数据包。

② 修改捕包条件中的协议过滤，如图 2-4-50 所示。

图 2-4-50　修改捕包条件，仅捕获 TCP 包

③ 在 IPTools 主界面中，按红色三角按钮，准备捕获数据包，再启动浏览器，地址栏输入 www.hao360.cn，按【Enter】键开始抓包。

④ 停止抓包，在得到的数据包中选中长度为 500 左右的 TCP 报文段，如图 2-4-51 所示。

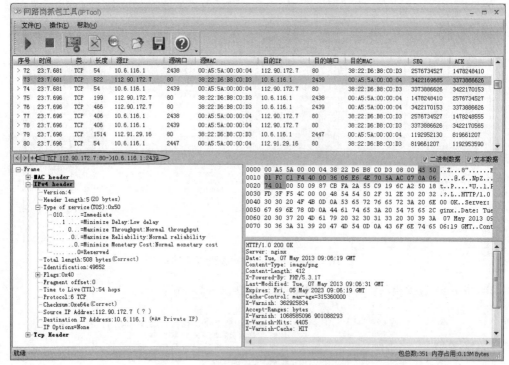

图 2-4-51　IPv4 数据包头部数据 20 字节

⑤ 分析 IPv4 头部结构如下：

```
00 A5 5A 00 00 04 38 22 D6 B8 C0 D3 08 00 45 50
01 FC C1 F4 40 00 36 06 E6 4E 70 5A AC 07 0A 06
74 01 00 50 09 87 CB FA 2A 55 C9 19 6C A2 50 18
```

其中：

45：版本 4，首部长度为 5，共 20 字节。

50：服务类型为 50（01010000B）。

01 FC：IP 数据包总长度为 508（首部和数据部分之和）。

C1 F4：标识 -49652，本数据包的序号。

40 00：01000000 00000000，010 中的'1'表示不允许分片。左边'0'表示后面无分片
蓝色的 13 位为该片在原分组中的偏移单位位置（8 字节为一个偏移单位）。

36：生存时间最大值 54hops，一般为通过路由的个数。

06：协议为 6，由 TCP 报文段产生的 IP 包，接收方应将此数据包解包后上交给 TCP 进程。

E6 4E：头部检验和为 0X E64E（反吗后求 16 位校验和）。

70 5A AC 07：源 IP 112.90.172.7。

0A 06 74 01：目的 IP 10.6.116.1。

实验报告内容之四：

仿照上述操作结果，将类似于图 2-4-51 的截图放在自己的实验报告中，并仿照步骤⑤、分析 IPv4 头部结构对自己得到的 IPv4 header 结构进行解析。

（3）ARP 地址解析协议分析

① 进入 CMD 命令窗口，用命令 arp -a 查看 ARP 缓存表中的 ARP 记录，如图 2-4-52 所示。

② 用 arp -d 命令删除 ARP 缓存中的记录，如图 2-4-53 所示。

图 2-4-52　查看 ARP 缓冲区

图 2-4-53　清除 ARP 缓冲区

③ 设置 IPTools 捕包参数中的"协议过滤"为仅包含 ARP 协议，按"确定"按钮，如图 2-4-54 所示。

④ 设置抓包满 10 个即自动停止，按"确定"按钮，如图 2-4-55 所示。

⑤ 回到 IPTools 窗口，单击"操作"→"清空列表"选项，清除残存数据包，按红三角按钮，开始抓包。

⑥ 启动浏览器上网,同时观察 IPTools 窗口中是否已经抓到了 ARP 类型的数据包(ARP-Request 请求包和 Reply 应答包都要),若未抓到则继续浏览各个网站（可浏览：www.peizheng.edu.cn），直到抓到上述二种 ARP 包。

图 2-4-54　设置协议过滤

图 2-4-55　设置结束为满 10 个包

⑦ 在 IPTools 窗口单击 ARP-Request 所在行，观察左下窗口中的解析与右下窗口中对应数据的互动变化。如图 2-4-56 中 ARP 地址解析协议请求包所属 MAC 帧的类型是 0806，图 2-4-57 是 ARP 请求包的数据结构。

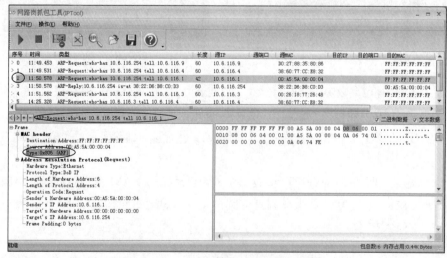

图 2-4-56　ARP 请求包之 MAC 帧类型

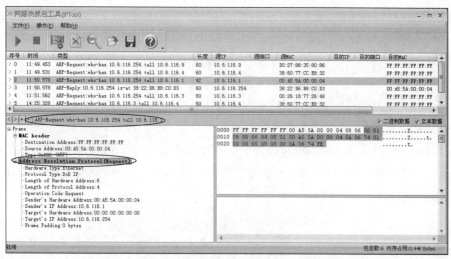

图 2-4-57　ARP 请求包之数据结构

找出 ARP 请求包并分析各个字段，分析其数据结构。

```
0000 FF FF FF FF FF FF 00 A5 5A 00 00 04 08 06 00 01
0010 08 00 06 04 00 01 00 A5 5A 00 00 04 0A 06 74 01
0020 00 00 00 00 00 00 0A 06 74 FE 00 00 00 00 00 00
0030 00 00 00 00 00 00 00 00 00 00 00 00
```

◎ MAC 部分：

Destination，6 字节，可以看出 ARP 包是采取广播方式，目标地址从下面的解码可以看出是 FFFFFFFFFFFF，即全 1，全 1 为一个广播地址，这里代表链路层的目标 MAC 地址为广播地址。

Source，6 字节，值为 00：5A：A5：00：00：04，这个 MAC 地址为发起该 ARP 请求的主机接口的 MAC 地址，即源 MAC 地址。

type，2 字节，是协议类型，0806 代表 ARP 类型，表示该帧是 ARP 帧。

◎ ARP 部分（08 06 后面开始）：

Hardware type，2 字节，是硬件类型。我们用的是标准以太网，值为 0x0001，表示是 10M 以太网。

Protocol type，2 字节，是协议类型，我们用的是 IP 协议，IP 对应的值为 0X800，所以值为 0800。

Length of Hardware Address，6 字节，记录硬件地址长度，这个值告诉处理该帧的协议，读取硬件地址时读到哪里结束。此处使用网卡的 MAC 地址，其长度为 6 字节，所以这里显示长度为 6。

Length of Protocol Address，4 字节，为协议长度，这个值告诉处理该帧的协议，读取协议地址时读到哪里结束。此帧使用 IPv4 协议，而 IPv4 地址为 4 字节，所以该字段的值是 4。

Operation Code，2 字节，为操作类型，ARP 请求为 1，ARP 响应为 2，图中是 0001 这是一个 ARP 请求。

Sender's Hardware Address，6 字节，用来定义发送方的物理地址长度，这里为发送方 MAC 地址，该地址用来告诉对方，是 00 A5 5A 00 00 04 地址有请求。

Sender's IP Addrss，4 字节，用来定义发送方的逻辑地址长度，这里为发送方 IP 地址，该地址用来告诉对方，是 10:6:116:1（十六进制为：0A 06 74 01）地址有请求。

Target's Hardware Address，6 字节，用来定义目标的物理地址长度，这里为接收者 MAC 地址，表示 00 00 00 00 00 00 地址（广播帧，全部 MAC 地址）应该接收并处理该帧。

Target's IP Address，4 字节，用来定义目标的逻辑地址，这里为接收方 IP 地址，表示 10:6:116:254（十六进制为：0A 06 74 FE）地址应该接收并处理该帧。

Frame Padding，只起到填充作用。这是由于 IP 报文规定最小不能少于 60 字节，而 ARP 只用了 42 字节，所以它需要用一些无用数据来填充剩下的 18 字节。

⑧ 在 IPTools 窗口单击 ARP-Reply 所在行，观察左下窗口中的解析与右下窗口中对应数据的互动变化。如图 2-4-58 中 ARP 地址解析协议应答包所属 MAC 帧的类型是 0806，图 2-4-59 是 ARP 应答包的数据结构。

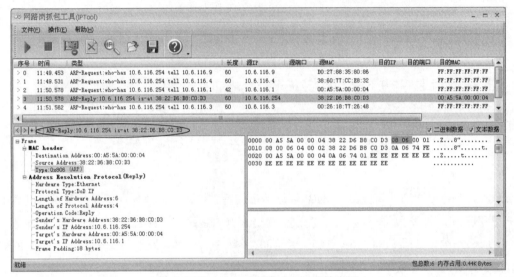

图 2-4-58　ARP 应答包之 MAC 帧类型

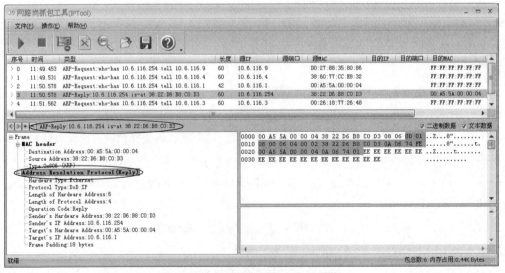

图 2-4-59　ARP 应答包之数据结构

找出 ARP 请求包并分析各个字段，分析其数据结构。

```
0000  00 A5 5A 00 00 04 38 22 D6 B8 C0 D3 08 06 00 01
0010  08 00 06 04 00 02 38 22 D6 B8 C0 D3 0A 06 74 FE
0020  00 A5 5A 00 00 04 0A 06 74 01 EE EE EE EE EE EE
0030  EE EE EE EE EE EE EE EE EE EE EE EE
```

◎ MAC 部分：

Destination，6 字节，目标 MAC 地址是 00 A5 5A 00 00 04，由这个网卡来接收数据帧。

Source，6 字节，值为 38 22 D6 B8 C0 D3，应答从这个 MAC 地址发出，即源 MAC 地址。

type，2 字节，是协议类型，0806 代表 ARP 类型，表示该帧是 ARP 帧。

◎ ARP 部分（底纹）：

Hardware type，2 字节，是硬件类型。我们用的是标准以太网，值为 0x0001，表示是 10M 以太网。

Protocol type，2 字节，是协议类型，我们用的是 IP 协议，IP 对应的值为 0X800，所以值为 0800。

Length of Hardware Address，6 字节，记录硬件地址长度，这个值告诉处理该帧的协议，读取硬件地址时读到哪里结束。此处使用网卡的 MAC 地址，其长度为 6 字节，所以这里显示长度为 6。

Length of Protocol Address，4 字节，为协议长度，这个值告诉处理该帧的协议，读取协议地址时读到哪里结束。此帧使用 IPv4 协议，而 IPv4 地址为 4 字节，所以该字段的值是 4

Operation Code，2 字节，为操作类型，ARP 请求为 1，ARP 应答为 2，图中是 0002 这是一个 ARP 应答。

Sender's Hardware Address，6 字节，用来定义发送方的 MAC 地址，该地址用来告诉对方，是 38 22 D6 B8 C0 D3 地址发送的。

Sender's IP Addrss，4 字节，用来定义发送方的逻辑地址长度，这里为发送方 IP 地址，该地址用来告诉对方，是 10:6:116:254（十六进制为：0A 06 74 FE）地址发来的请求。

Target's Hardware Address，6 字节，用来定义目标的物理地址长度，这里为接收者 MAC 地址，表示 00 A5 5A 00 00 04 地址应该接收并处理该帧。

Target's IP Address，4 字节，用来定义目标的逻辑地址，这里为接收方 IP 地址，表示 10:6:116:1（十六进制为：0A 06 74 01）地址应该接收并处理该帧。

Frame Padding，只起到填充作用。这是由于 IP 报文规定最小不能少于 60 字节，而 ARP 只用了 42 个字节，所以它需要用一些无用数据来填充剩下的 18 字节。

实验报告内容之五：

仿照上述操作得到的结果，将类似于图 2-4-56 ~ 图 2-4-59 的截图及其请求包、应答包的数据解析结果放在自己的实验报告中。

（4）TCP 传输控制协议分析并查看分析 TCP 建立连接的三次握手过程

① 设定 IPTools 抓包参数。

a. 捕包过滤仅包含 "TCP" 协议，如图 2-4-60 所示，按 "确定" 按钮退出。

b. 由 "ping www.peizheng.edu.cn" 可知，培正学院官网 IP 地址为 10.10.9.2，本机 IP 是 10.6.116.1（注：这些地址以自己 ping 得到的结果为准），设定 IP 过滤条件是仅包含本机和培正官网之间的数据包，如图 2-4-61 所示。

图 2-4-60　捕包过滤仅包含"TCP"协议

图 2-4-61　IP 过滤条件仅含通信双方

c."三次握手"是开始通信建立 TCP 连接时发生的，故抓到前面 50 个包即可停止，按"确定"按钮退出，如图 2-4-62 所示。

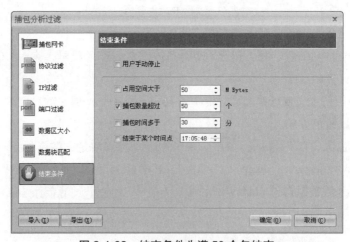

图 2-4-62　结束条件为满 50 个包结束

② 抓取 TCP 数据包分析三次握手过程。

a. ping www.peizheng.edu.cn，记住其 IP 地址，比如：10:10:9:2。

b. IPTools 主界面中，单击"操作"→"清空列表"选项，清除原来残存的数据包，按红三角开始抓包。

c. 运行浏览器并进入培正学院主页。满 50 个 TCP 包自动停止抓包。

第 1 次握手：客户端向服务器发送连接同步请求 SYN=1，标志 Flags 字段字节 =02H，如图 2-4-63 所示。

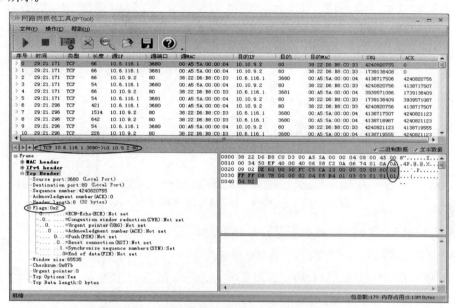

图 2-4-63　同步 SYN=1 标志 Flags 字段字节 =02H

第 2 次握手：服务器应答包同意建立连接：ACK=1；SYN=1，标志 Flags 字段字节 =12H，如图 2-4-64 所示。

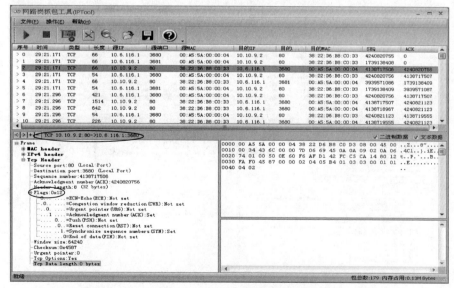

图 2-4-64　ACK=1、SYN=1；标志 Flags 字段字节 =12H

第 3 次握手：客户端再次发送确认包：ACK=1，标志 Flags 字段字节 =10H，如图 2-4-65 所示。

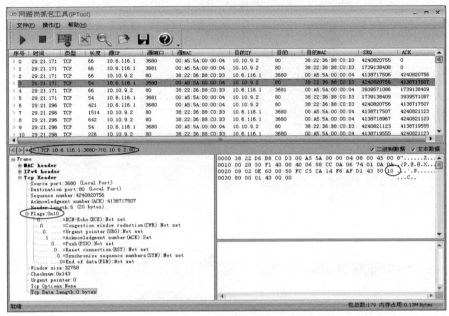

图 2-4-65　ACK=1；标志 Flags 字段字节 =10H

③ 查看并分析 TCP 释放连接数据包的各字段参数。

a. 将上述抓包"结束条件"改为：满 200 个包。

b. 按红色三角开始抓包，运行浏览器浏览培正主页，迅速退出浏览器，下拉滚动条找到倒数第二个 TCP 包，如图 2-4-66 所示。

客户端要求释放 TCP 连接，其数据包中 FIN 标志 =1，应答标志 =1，标志 Flags 字段字节 =11H。

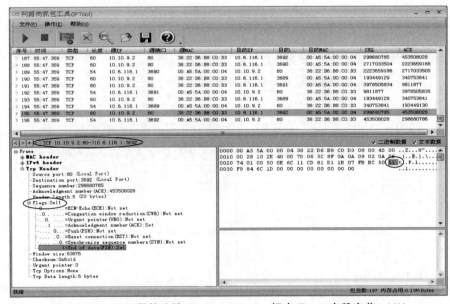

图 2-4-66　TCP 释放连接 Fin=1，Ack=1；标志 Flags 字段字节 =11H

（选作）**实验报告内容之六：**

仿照本项目例，将三次握手过程的三张截图放在实验报告中，并标注出请求和应答方向，做出文字解释。

④ 抓取 ICMP 数据包并作出分析。

a. 配置抓包参数。

• 协议过滤条件为仅抓取 ICMP 包，如图 2-4-67 所示。

图 2-4-67 协议过滤设为仅 ICMP

• 结束条件为满 10 个包，如图 2-4-68 所示。

图 2-4-68 结束条件设为满 10 个包

b. IPTools 主界面中，单击"操作"→"清空列表"选项，清除原来残存的数据包。

c. 按红三角开始捕包。

d. 进入 CMD 命令窗口，运行：ping mail.sina.com.cn 命令。

e. 抓到 10 个 ICMP 包自动停下，得到如图 2-4-69 所示信息。

f. 分析 ICMP 报如下：

45：版本 4，首部长度 5，共 20 字节。

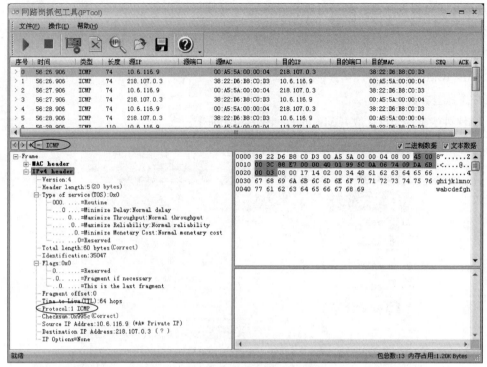

图 2-4-69　ICMP 数据包结构

00：服务类型为 00（00000000B）。

00 3C：IP 数据包总长度为 60 字节（首部和数据部分之和）。

88 E7：标识 35047，本数据包的序号。

00 00：00000000 00000000，000 中间的 '0' 表示允许分片。左边 '0' 表示后面无分片
蓝色的 13 个 '0' 为该片在原分组中的偏移单位位置（8 字节为一个偏移单位）。

40：生存时间最大值 64hops，一般为通过路由的跳数。

01：协议为 1，表示这是一个 ICMP 报文。

99 5C：头部检验和为 0X 995C（反码后求 16 位校验和）。

0A 06 74 09：源 IP 10.6.116.9。

DA 6B 00 03：目的 IP 218.107.0.3 (?)，？号表示该路由没有响应。

08 ～ 69：40 字节为报告错误的信息。无法解析。

⑤ 一般 TCP 数据包分析（TCP 数据报头部结构图）。

在第③步抓到的 TCP 包中，单击一个数据长度大的，比如超过 1 500 字节的数据包，并且在
左下窗口中只展开 TCP Header 项，如图 2-4-70 所示。

对 TCP 包 TCP Header（TCP 数据包头部）项进行数据结构分析：

Source port：2 字节，80(0050H)，源端口号，即发送这个 TCP 包的计算机所使用的端口号。

Destination port：2 字节，3680(0E60H)，目标端口号，即接收这个 TCP 包计算机所使用的端口号。

Sequence number：4 字节，4138717507（F6AFD143H）表示发送数据包的排序序号，用以接
收的时候按顺序组合和排序。

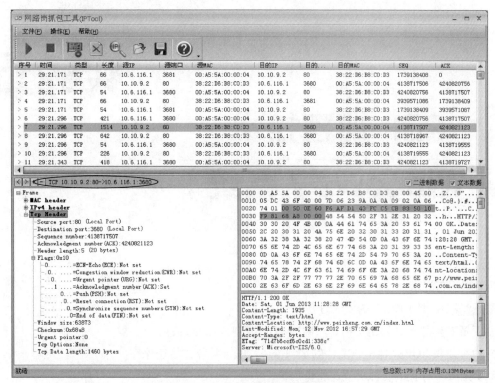

图 2-4-70 TCP 数据报文段结构

Acknowledgement number：4 字节，4240821123(FCC5CB83H) 用以表示当前接收到的数据包的序号。

Header Length：4 位，5，用来说明数据包的大小（4 字节为单位的首部长度值 =20 字节）。

（此处有 6 Bit 的保留空间）

Flags：6 Bit，标志位。其中：URG，紧急指针 =0；ACK，确认指针 =1；PUSH，推送指针 =0；RST，复位指针 =0；SYN，同步信号 =0；FIN，终止指针 =0。此数据包中的数据表明，此数据包是要求进行发送的有效报文。

Window size：2 字节，63873(F981H) 用来指定接收缓冲区大小（字节为单位），以进行流量控制。

Checksum：2 字节，0x68a8(68A8H)，对包括 TCP 报头在内的所有数据进行校验的校验和。

Urgent pointer：2 字节，0，紧急指针，告知紧急数据在数据包中的起始位置，此处值为 0，表示无紧急数据。

TCP Options：TCP 头部选项，此处 None 表示本 TCP 包头部没有使用选项部分。

TCP data length：表示整个数据报长度，此数据包长度为 1 460 字节。单击此项可在右下窗口看到具体数据。

（选作）**实验报告内容之七：**

仿照本项目（5）一般 TCP 数据包分析（TCP 数据报头部结构图），自己抓一个 TCP 数据包并进行分析。

实验五

PGP 加密技术
（Windows 7 系统）

实验学时：3 学时。

实验目的与要求：

① 熟悉汉化 PGP10、3 的安装过程。

② 了解对称加密（私钥）和非对称加密（公钥）概念与意义。

③ 熟练使用 PGP 软件进行文件的加密传送、验证接收、解密保存。

④ 会对一个存在的文件夹或逻辑盘加密。

⑤ 会安全保存密钥。

实验环境：局域网及若干带有网卡的微机。

实验主要内容：

① 创建"密钥对"，导出自己的公钥并公开发送，导入对方的公钥。

② 用 PGP 对文件进行加密、签名并在网上传送。

③ 用 PGP 对网上接收的文件进行解密、验证签名并保存。

④ 在逻辑盘 F 上创建一个虚拟 PGPdisk 并使用。

⑤ 对逻辑盘 D 加密。

实验步骤：

1. 生成自己的密钥对，并将自己的公钥发送给其他人

（1）创建和设置初始用户——生成密钥

① 单击"开始"→"所有程序"→ PGP → PGP Desktop 选项，或者单击屏幕右下角"小锁"图标，进入 PGP 菜单，如图 2-5-1 所示，单击"打开 PGP Desktop"命令，打开"PGP Desktop- 全部密钥"窗口，如图 2-5-2 所示。

② 单击"文件"→"新建 PGP 密钥"命令，进入"PGP 密钥生成助手"向导对话框，如图 2-5-3 和图 2-5-4 所示。

③ 单击"下一步"按钮，如图 2-5-5 所示，填写自己的名称和邮箱（可以用自己真实姓名和邮箱），单击"高级"按钮可设置自己的密钥参数，此处建议不要修改任何参数。

图 2-5-1　PGP 菜单

图 2-5-2　"PGP Desktop- 全部密钥"窗口

图 2-5-3　"新建 PGP 密钥"命令

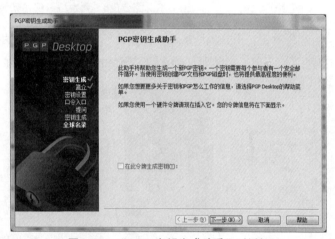

图 2-5-4　"PGP 密钥生成助手"对话框

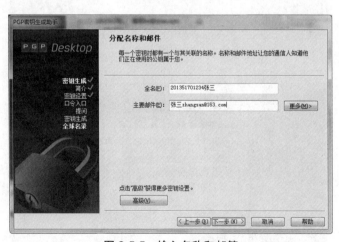

图 2-5-5　输入名称和邮箱

④ 单击"下一步"按钮，如图 2-5-6 所示，可以输入保护自己私钥的密码口令，因为私钥存放在磁盘上，别人可以使用，所以要用密码来保护它，就是说使用这个私钥需要密码，而密码只有自己知道。

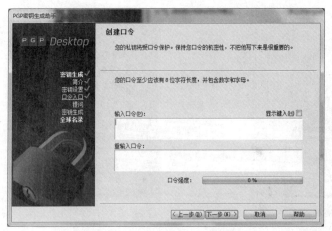

图 2-5-6 两次输入保护私钥的密码

⑤ 单击"下一步"按钮,如图 2-5-7 所示,表示密钥生成成功,它保存在"我的文档"下的 PGP 文件夹中,可以进入 PGP 文件夹查看,如图 2-5-8 所示。

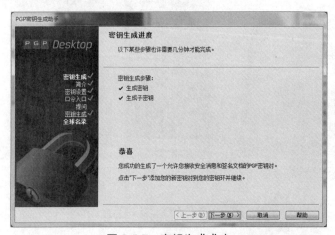

图 2-5-7 密钥生成成功

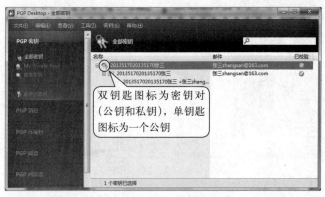

图 2-5-8 查看 PGP 文件夹

⑥ 在图 2-5-8 中选中密钥,右击可以查看密钥属性,如图 2-5-9 所示,并在老师的示范下浏览了解更多密钥的相关技术。查看完密钥属性(见图 2-5-10)后退回到"PGP 密钥生成助手"界

面（见图 2-5-11），单击"跳过"按钮，退出"PGP 密钥生成助手"界面。刚才生成的密钥文件存放在我的"文档中的 PGP"文件夹中，如图 2-5-12 所示。

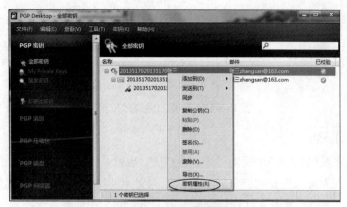

图 2-5-9　查看密钥属性

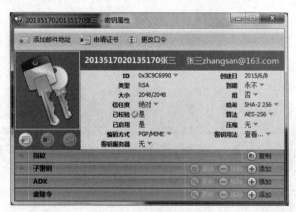

图 2-5-10　密钥属性

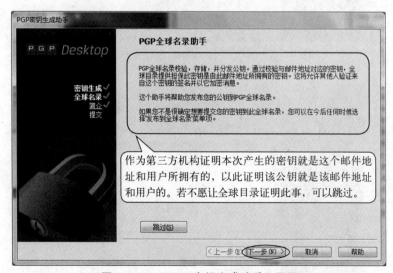

图 2-5-11　"PGP 密钥生成助手"界面

图 2-5-12　密钥文件存放位置

（2）导出自己的公钥

这里的用户其实是以一个"密钥对"形式存在的，也就是说其中包含了一个公钥（公用密钥，可分发给任何人，别人可以用此密钥来对要发给你的文件进行加密）和一个私钥（私人密钥，只有你一人私有，千万不可公开，此私钥用来解密别人用你的公钥加密的文件）。现在我们要做的就是要从这个"密钥对"内导出其中的公钥，再分发给别人。单击显示刚才创建的用户，右击，选择"导出"→"密钥"命令，如图 2-5-13 ～图 2-5-15 所示。（也可以单击紫色的磁盘图标实现此功能），必须事先在 F 盘上建立自己的保存公钥的文件夹，如"F: 张三的密钥"文件夹。下面就将公钥保存在这个文件夹中（见图 2-5-16 ～图 2-5-17）。

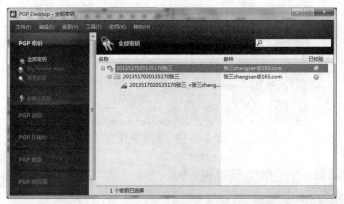

图 2-5-13　"PGP Desktop- 全部密钥"窗口

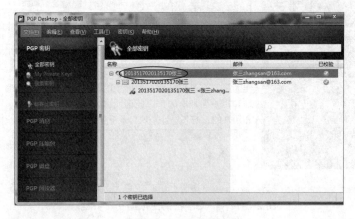

图 2-5-14　选中密钥

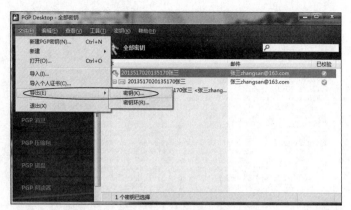

图 2-5-15 "密钥"选项

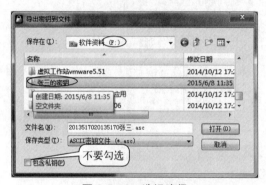

图 2-5-16 选择路径

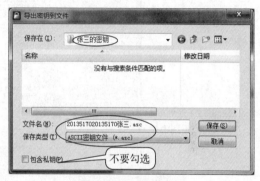

图 2-5-17 导出密钥

注意：此处仅导出公钥并准备下一步发送给别人，不要选中"包含私钥"复选框，否则就会连同私钥一起发送给他人，从而造成泄密。那为何此处要安排一个这样的选项呢？这是为了将公钥和私钥一起导出到自己的其他存储介质上而保存一份副本，以便当前硬盘损坏时有一个补救措施。

下面打开"F:\张三的密钥"文件夹查看，确实生成了"2013517020135170 张三 .asc"密钥文件，如图 2-5-18 所示。

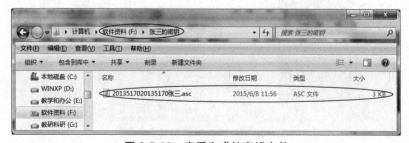

图 2-5-18 查看生成的密钥文件

用记事本打开"201351701234 张三 .asc"文件，如图 2-5-19 所示确实是用 PGP10.03 生成的张三的公钥（Public Key）。

图 2-5-19 "201351701234 张三 .asc" 文件

李四学生用同样的方法生成自己的密钥，并将其公钥导出到自己的"F:\李四的密钥"文件夹中，如图 2-5-20 所示。

图 2-5-20 将公钥导出到文件夹

（3）公开分发自己的公钥（交换公钥文件）

① 可以将自己的公钥放在公司共享的网站某一文件夹中（此处以教师机上的"全班同学的公钥"文件夹为例），或者广泛发送给自己的家人、朋友，告诉他们以后给自己发送重要文件时，通过 PGP 使用此公钥加密后再发送。这样做文件非常安全，可以防止个人隐私或者商业机密外泄。

现在实验一下，使用局域网的"共享"功能，将自己的公钥复制／粘贴到教师机的 F 盘"全班同学的公钥"文件夹中。之后，将与自己有文件往来的其他同学的公钥文件复制／粘贴到自己 F 盘上的密钥文件夹中。

② 也可以两个同学之间用复制／粘贴的方法交换公钥文件。例如，张三同学和李四同学相互用"共享"的方法各自将对方的公钥文件粘贴到自己的密钥文件夹中。这样，"张三的密钥"文件夹中就有了李四的公钥文件"201351704321 李四 .asc"，反之亦然，如图 2-5-21 所示。

图 2-5-21　交换公钥文件

（4）将对方的公钥挂载到自己的密钥环上

在自己 F 盘"张三的密钥"文件夹中看到了别人的文件。如"201351704321 李四 .asc"文件，须将其导入到自己的密钥环上方可使用。先选中张三的密钥，使之变蓝色，如图 2-5-22 所示。再单击"文件"→"导入"命令（见图 2-5-23），选择李四的密钥文件，如图 2-5-23 所示。若导入成功，则在自己的密钥环上看到了李四的公钥文件，如图 2-5-24 所示。

图 2-5-22　导入文件

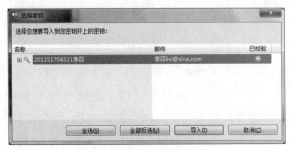

图 2-5-23　选择文件

图 2-5-24　导入成功

2. 张三加密并传送一个文件给李四

张三同学事先用记事本创建一个文本文档,如图 2-5-25 所示,接下来使用李四的公钥加密"张三给李四的文档"文件。

① 选中"张三给李四的文档"文件并右击,在弹出快捷菜单中选择 PGP Desktop(G) → "使用密钥保护张三给李四的文档 .txt"命令,如图 2-5-25 所示。

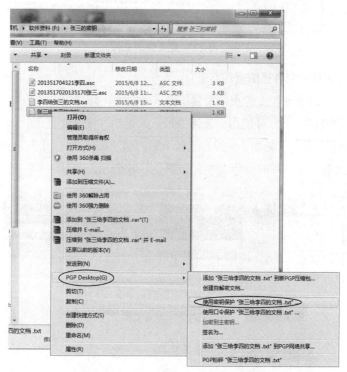

图 2-5-25　使用密钥保护文档

② 打开"PGP 压缩包助手"对话框,选择用对方的"201351704321 李四"的公钥,如图 2-5-26 所示。注意:由于软件安装或破解的原因,此处可能出错而弹出一个出错窗口,如图 2-5-27 所示。这是因为 PGP 系统找不到张三自己的主密钥,现在必须手动添加这个主密钥。

若没有出错则单击"添加"按钮,添加到下面的大框内(属于可使用的所有公钥),准备对文件进行加密,如图 2-5-28 所示。

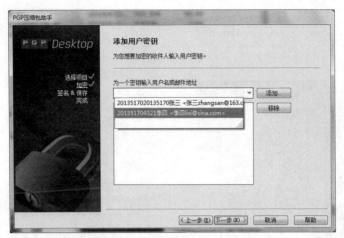

图 2-5-26　选择用对方的公钥

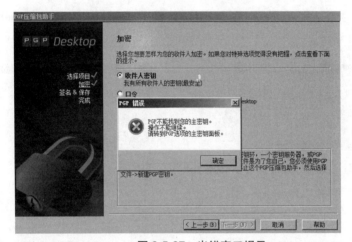

图 2-5-27　出错窗口提示

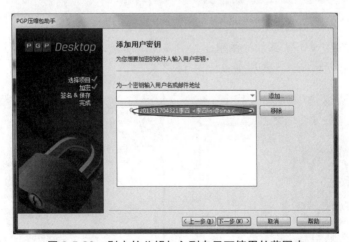

图 2-5-28　别人的公钥加入到自己可使用的范围内

a. 若出错，则参见如下处理。单击"工具"→"选项"命令，如图 2-5-29 所示，单击"主密钥"
选项卡，如图 2-5-30 所示。

图 2-5-29　出错后操作

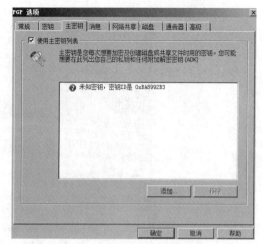

图 2-5-30　出错后准备自己添加的主密钥

　　b．选中框中所有的项，单击"移除"按钮，如图 2-5-31 所示，删除原来所有残留项目，从而得到如图 2-5-32 所示。

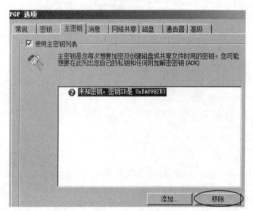

图 2-5-31　删除残留项目

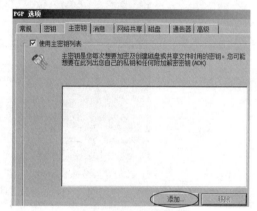

图 2-5-32　删除完成

　　c．在图 2-5-32 中单击"添加"按钮，如图 2-5-33 所示，其左边框中有所有密钥，选中张三自己的主密钥并单击"添加"按钮，如图 2-5-34 所示。

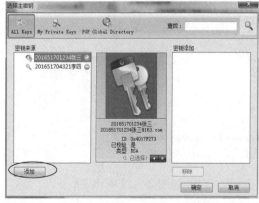

图 2-5-33　选择密钥

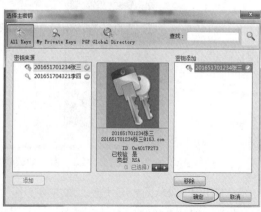

图 2-5-34　添加密钥

　　d．单击"确定"按钮，如图 2-5-35 所示，在图 2-5-35 中再单击"确定"按钮，即可回到图 2-5-28。

图 2-5-35　添加完成

　　e．在图 2-5-28 中单击"下一步"按钮，完成加密，接下来就要用张三自己的私钥对刚才加过密的文件进行签名，如图 2-5-36 所示。

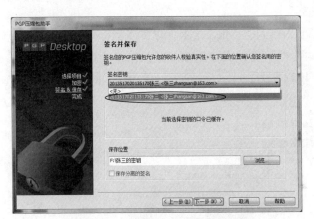

图 2-5-36　"PGP 压缩包助手"界面

　　f．单击"下一步"按钮，就完成了签名＆保存，在"张三的文档"文件夹中看到了被加密且签过名的文件"张三给李四的文档 .txt.pgp"，它被李四的公钥加过密，且由张三的私钥"签过名"，此后，张三抵赖不了自己的行为，如图 2-5-37 所示。

图 2-5-37　加密且签过名的文件

g．现在可用记事本打开"张三给李四的文档 .txt.pgp"，看到加密后的内容是一堆乱码，如图 2-5-38 所示。

图 2-5-38　加密后的文件内容

将上述"张三给李四的文档 .txt.pgp"用共享功能发送给李四，李四用自己的私钥解密，并用张三的公钥验证张三的私钥签名。（注意：李四事先要将张三的公钥导入到自己的密钥环上，才能使用张三的公钥来验证张三的私钥签名。）

3. 李四解密收到的文件

李四在自己的机器上对收到的"张三给李四的文档 .txt.pgp"进行解密。

① 在"F:\李四的文档"文件夹中选中"张三给李四的文档 .txt.pgp"并右击，选择"PGP Desktop"→"解密 & 校验（D）'张三给李四的文档 .txt.pgp'"选项，如图 2-5-39 所示。

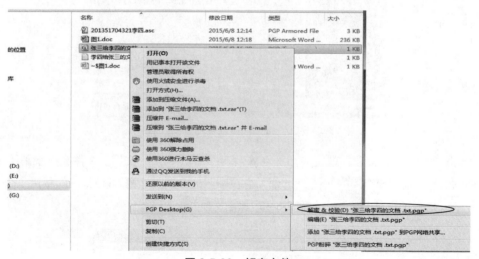

图 2-5-39　解密文件

② 首次解密会弹出如下对话框，因为李四要用到自己的私钥，所以系统会要求验证使用此私钥的密码口令，如图 2-5-40 所示，李四正确输入自己的私钥密码（在建立李四的密钥对时键入的：87654321），如图 2-5-41 所示。

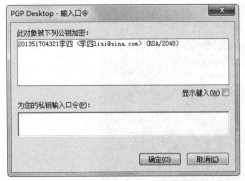
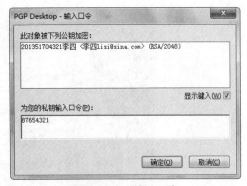

图 2-5-40　"PGP Desktop- 输入口令"对话框　　　　　图 2-5-41　输入口令

③ 单击"确定"按钮后，在"李四的文档"文件夹中就出现了解密后的文件"张三给李四的文档 .txt"，如图 2-5-42 所示。

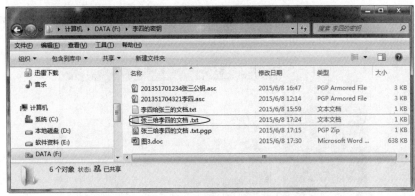

图 2-5-42　解密文件出现

④ 用记事本打开后看到了解密后的明文文件，如图 2-5-43 所示。

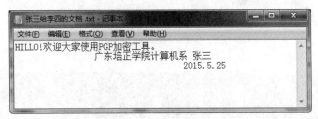

图 2-5-43　解密文件内容

用同样的方法，李四可以将自己给张三的文档"李四给张三的文档 .txt"用张三的公钥加密并用李四的私钥签名后发送给张三。

4. 用 PGP 创建一个加密的逻辑盘

（1）创建一个加密逻辑盘

① 进入 PGP 主界面，单击"PGP 磁盘"→"新建虚拟磁盘"，设置好必需的参数（如容量大小 GB、文件格式、装载盘名等），如图 2-5-44 所示。

图 2-5-44　创建加密逻辑盘

　　② 输入新用户名及其用来保护自己私钥的密码口令，如图 2-5-45 所示。单击"确定"按钮，如图 2-5-46 所示。

图 2-5-45　输入新用户名

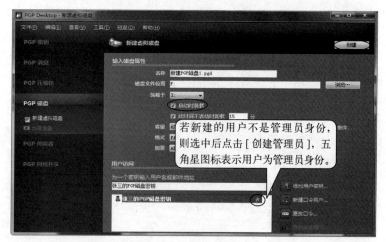

图 2-5-46　创建虚拟磁盘

③ 单击"创建"按钮，即可创建一个 PGP 磁盘（其实就是一个被 PGP 加密过的一个文件夹）出现如图 2-5-40 所示，被加密的磁盘创建成功（此处是 I 盘），如图 2-5-47 所示。

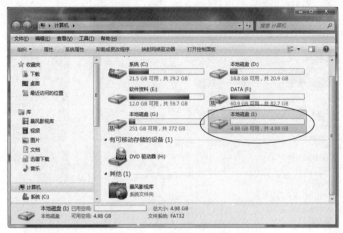

图 2-5-47　本地磁盘创建成功

（2）装载一个 PGP 磁盘

由于创建磁盘时选中了"启动时装载"复选框，今后启动计算机为了在桌面上出现 I 盘的图标，就会出现需要校验口令。装载一个 PGP 磁盘，如图 2-5-48 所示。

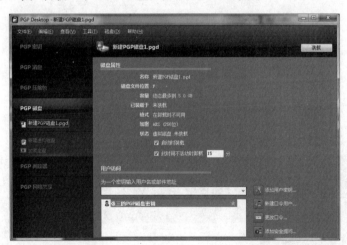

图 2-5-48　装载一个 PGP 磁盘

在 PGP 磁盘被装载的情况下，今后启动计算机，就会出现如下图校验口令，如图 2-5-49 和图 2-5-50 所示。

图 2-5-49　"输入口令"对话框

图 2-5-50　输入口令

口令正确就会看到 PGP 磁盘 I，单击"取消"按钮或者口令输入错误，就不会出现 PGP 磁盘 I 了。

（3）卸载 PGP 磁盘

选中要卸载的磁盘，右击并选择"PGDesktop（G）"→"卸载磁盘"命令，磁盘图标便消失了，如图 2-5-51 所示。

图 2-5-51　卸载 PGP 磁盘

5. 加密（密码口令保护）逻辑盘（分区）

选中一个被加密的逻辑盘（分区），如图 2-5-52（如 G 盘）所示。

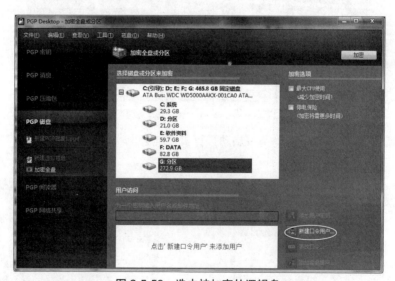

图 2-5-52　选中被加密的逻辑盘

单击"新建口令用户"选项，出现如图 2-5-53 所示。

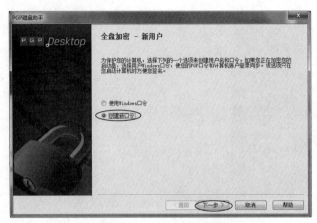

图 2-5-53 新建口令用户

选中"创建新口令"单选按钮，单击"下一步"按钮，出现如图 2-5-54 所示，选择"继续只用口令认证"单选按钮。

图 2-5-54 创建新口令

在用户名文本框中输入新用户名或选择已存在的老用户名，如图 2-5-55 所示。

图 2-5-55 输入用户名和口令

单击"下一步"按钮，如图 2-5-56 所示。

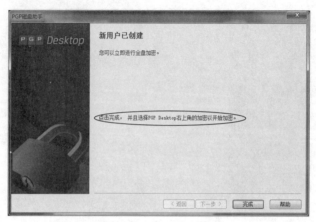

图 2-5-56　新用户已创建

单击"完成"按钮，如图 2-5-57 所示。

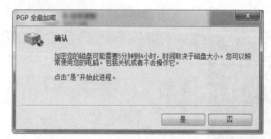

图 2-5-57　"PGP 全盘加密"对话框

单击"确认"按钮，等待加密完成。

6. 导出密钥环

自己的密钥环非常重要，应该有多个备份，将自己的密钥环导出保存其他地方以防不测。选中自己密钥环上的所有密钥，如图 2-5-58 所示。

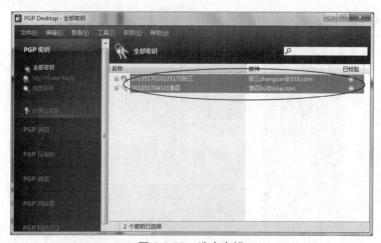

图 2-5-58　选中密钥

右击密钥，在弹出的快捷菜单中选择"导出"命令，如图 2-5-59 所示。

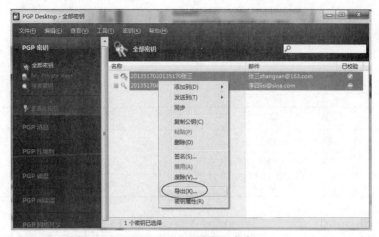

图 2-5-59　"导出"命令

选择保存密钥环文件的其他磁盘或文件夹，输入密钥环文件名称，选中"包含私钥"复选框，单击"保存"按钮，如图 2-5-60 所示。

图 2-5-60　导出密钥

接着，可以进入保存密钥环文件的磁盘或文件夹，查看是否保存好自己密钥环文件，如图 2-5-61 所示。

图 2-5-61　查看密钥环文件

习题参考答案

第1章 概论

1	2	3	4	5	6	7	8	9	10
C	A	D	A	C	B	C	A	C	B
11	12	13	14	15	16	17	18	19	20
B	D	A	D	A	B	A	C	B	B

第2章 物理层

1	2	3	4	5	6	7	8	9	10
A	A	B	C	A	C	C	A	B	A
11	12	13	14	15	16	17	18	19	20
C	A	C	A	B	C	A	C	D	A

第3章 数据链路层

1	2	3	4	5	6	7	8	9	10
A	D	A	C	C	D	B	B	C	D
11	12	13	14	15	16	17	18	19	20
B	A	B	A	B	A	B	C	A	A

第4章 网络层

1	2	3	4	5	6	7	8	9	10
C	A	A	B	A	B	B	B	C	A
11	12	13	14	15	16	17	18	19	20
B	A	A	B	A	C	A	B	A	A
21	22	23	24	25	26	27	28	29	30
B	A	A	A	A	A	B	B	A	A

第5章 传输层

1	2	3	4	5	6	7	8	9	10
A	D	B	C	B	A	C	A	A	A
11	12	13	14	15	16	17	18	19	20
A	D	C	B	D	A	A	B	C	D
21	22	23	24	25	26	27	28	29	
A	D	B	A	A	B	B	B	A	

第 6 章　应用层

1	2	3	4	5	6	7	8	9	10
B	C	D	D	D	A	B	C	B	C
11	12	13	14	15	16	17	18	19	20
D	A	C	B	C	A	A	C	D	C

第 7 章　网络安全

1	2	3	4	5	6	7	8	9	10
C	A	D	D	C	B	C	D	D	D
11	12	13	14	15	16	17	18	19	
D	C	A	C	C	B	C	B	D	

参 考 文 献

[1] 谢希仁.计算机网络 [M].7 版.北京：电子工业出版社，2017.

[2] 库罗斯，罗斯.计算机网络自顶向下方法 [M].陈鸣，译.北京：机械工业出版社，2014.

[3] 吴功宜，吴英.计算机网络 [M].4 版.北京：清华大学出版社，2017.

[4] 吴功宜，吴英.计算机网络教师用书 [M].4 版.北京：清华大学出版社，2017.

[5] 雷振甲.网络工程师教程 [M].5 版.北京：清华大学出版社，2018.

[6] 张自力.基于问题学习的计算机网络教程 [M].北京：电子工业出版社，2013.

[7] 李春杰.计算机网络 [M].北京：科学出版社，2017.

[8] 李环.计算机网络 [M].2 版.北京：中国铁道出版社，2018.

[9] 安淑芝，黄彦.计算机网络 [M].3 版.北京：中国铁道出版社，2008.

[10] 鲍卫兵.计算机网络 [M].北京：清华大学出版社，2017.